中国新能源电池回收利用产业发展报告

（2023）

中国工业节能与清洁生产协会
新能源电池回收利用专业委员会　编著

机械工业出版社

本报告是中国工业节能与清洁生产协会新能源电池回收利用专业委员会在持续研究新能源电池回收利用产业的基础上推出的产业研究专著，主要总结了中国新能源电池回收利用产业发展情况，梳理并分析了 2022 年度国家层面及地方层面发布的电池回收利用行业政策及标准；基于行业公开数据、国家监管平台数据和国家溯源管理平台数据，总结分析新能源电池原材料、电池生产、电池应用、回收利用各个环节发展情况，多维度交叉分析动力电池市场表现、竞争格局、技术发展等现状，充分挖掘溯源数据价值；梳理了退役电池回收利用关键技术创新、设施设备创新、商业模式创新等方面的研究进展，分析各技术、设备及模式的创新性、适用性、经济性；梳理并分析地方试点、汽车生产企业、电池生产企业、综合利用企业在推动退役电池回收利用方面进行的积极尝试以及取得的进展，并挑选典型案例进行深入分析，研究其发展路径、发展模式、发展成效等，分析创新性、推广性、经济性；最后邀请多位专家对行业发展趋势、政策导向、技术发展及商业模式等几个方面进行了评述。本报告系统、完整、深入地分析了我国新能源电池回收利用产业的发展现状及存在的问题，可为政策决策、行业研究、企业发展提供重要参考。

图书在版编目（CIP）数据

中国新能源电池回收利用产业发展报告 . 2023 / 中国工业节能与清洁生产协会新能源电池回收利用专业委员会编著 . — 3 版 . — 北京：机械工业出版社，2023.11
  ISBN 978-7-111-74045-2

  Ⅰ . ①中… Ⅱ . ①中… Ⅲ . ①新能源 – 汽车 – 蓄电池 – 综合利用 – 产业发展 – 研究报告 – 中国 – 2023 Ⅳ . ① X734.2

  中国国家版本馆 CIP 数据核字（2023）第 191388 号

机械工业出版社（北京市百万庄大街 22 号　邮政编码 100037）
策划编辑：王　婕　　　　　　责任编辑：王　婕　何士娟
责任校对：潘　蕊　徐　霆　　责任印制：刘　媛
北京中科印刷有限公司印刷
2024 年 1 月第 3 版第 1 次印刷
169mm×239mm · 18 印张 · 2 插页 · 263 千字
标准书号：ISBN 978-7-111-74045-2
定价：168.00 元

电话服务　　　　　　　网络服务
客服电话：010-88361066　机 工 官 网：www.cmpbook.com
　　　　　010-88379833　机 工 官 博：weibo.com/cmp1952
　　　　　010-68326294　金　书　网：www.golden-book.com
封底无防伪标均为盗版　机工教育服务网：www.cmpedu.com

编委会

中国工业节能与清洁生产协会
新能源电池回收利用专业委员会
介绍

中国工业节能与清洁生产协会新能源电池回收利用专业委员会（以下简称专委会）是经中国工业节能与清洁生产协会批准，由相关企业、高等院校、科研院所、社会团体等单位参加的全国性、跨行业、非营利组织。中国工业节能与清洁生产协会业务上接受工业和信息化部节能与综合利用司的指导，专委会在中国工业节能与清洁生产协会的领导下开展新能源电池回收利用相关工作，作为政府与企业的桥梁和纽带，致力于为政府当好参谋，为行业搭好平台，为企业做好服务。主要业务范围包括：

根据国家相关产业政策和法律法规，引导、培育行业创新发展、公平竞争、服务市场的健康行为；受政府相关部门委托，研究提出行业发展规划、产业发展政策建议；提出产业准入规范的相关意见和建议等；组织和承担行业重大、重点问题的调查研究，提出推动新能源电池回收利用产业持续健康发展的政策措施建议；促进产学研联合，推动新能源电池全生命周期产业链发展；推动行业标准化体系建设，组织标准项目的制定、修订和实施；基于新能源汽车国家监测与动力蓄电池回收利用溯源综合管理平台，组织开展行业大数据的采集、统计、数据处理、分析等整理工作，建立向社会公开发布的制度，推动和促进新能源电池回收利用领域技术创新和产业化建设；组织和承担新能源电池回收利用领域的政策宣贯、展览展示、技术交流、人才交流、业务培训、科技成果鉴定与推广应用等活动；组织会员及相关单位围绕新能源电池回收利用领域，开展国际经济技术交流与合作等。

专委会坚持创新、协调、绿色、开放、共享发展理念，贯彻落实《中华人民共和国清洁生产促进法》等相关法律法规，为政府相关部门在发展战略、规划、政策等方面做好支撑，竭尽所能地为行业企业的发展做好服务。协调组织产业开发关键共性技术，推动构建新能源电池回收利用产业链及体系，促进行业持续健康发展。

前　　言

党的二十大报告指出，"推动经济社会发展绿色化、低碳化是实现高质量发展的关键环节。""十四五"期间，我们需要站在人与自然和谐共生的高度谋划发展，加快发展方式绿色转型。新能源电池兼具资源、环境和安全三重属性，在进入全面市场化的拓展期，做好新能源电池回收利用是缓解资源约束瓶颈的战略选择，是加快发展方式绿色转型的重要举措，也是助力全产业链深度脱碳的基础保障。

我国一直高度重视新能源电池的回收利用，工业和信息化部等部委不断完善顶层管理机制，地方主管部门结合自身实际出台配套政策，行业企业加快技术创新步伐，共同推动我国新能源电池回收利用行业发展取得一定成效。一是陆续出台多项回收利用管理举措，初步形成适合我国国情的新能源电池回收利用政策管理体系；二是推动动力电池全国统一编码，并建立国家溯源管理平台，实现可追溯车辆动力电池全生命周期的溯源监管；三是培育遴选废旧动力电池综合利用行业规范企业，形成可满足当前及未来一段时期废旧电池回收处置需求的综合利用能力；四是指导相关企业配套设立回收服务网点，基本实现应收尽收，回收步伐明显加快。

新能源电池回收利用是一项比较复杂的系统工程，产业快速发展的同时也存在诸多挑战，应聚焦产业发展新技术和新态势，不断推动产业追求高质量发展。由中国工业节能与清洁生产协会新能源电池回收利用专业委员会撰写的《中国新能源电池回收利用产业发展报告（2023）》，系统总结了2022年我国新能源电池回收利用产业及其相关技术发展的新进展和新变化，重点剖析存在的问题，把握产业发展脉搏，提出产业发展建议，为政策决策、行业研究和企业发展提供参考。

本年度报告由总报告、政策法规、产业发展、数据应用、创新发展、成果借鉴、专家视点及附录八个部分组成，涵盖内容全面、数据信息丰富、分析论证扎实，研究亮点鲜明。

总报告系统总结了我国新能源电池全产业链发展现状，从不同角度分析新能源电池产业及其相关技术的发展现状和问题，重点评析了我国新能源电池回收利用产业发展取得的良好成效和面临的问题挑战，阐明我国新能源电池回收利用产业在管理举措、标准体系、技术装备、行业竞争、产业布局等方面存在的问题，聚焦当前新能源电池回收利用发展短板，并借鉴国内外优秀发展模式，为产业提出高质量发展建议。

分章节来看，第2章总结并归纳分析了我国新能源电池回收利用行业相关政策标准发布实施情况，分析表明我国政策和标准发布实施进度与国内回收利用产业的发展进程正协同推进。第3章继续拓展数据维度，深入分析产业发展全貌，系统性地总结我国新能源电池从上游材料端到中游应用端、再到下游回收端的全产业链发展现状。第4章依托国家溯源管理平台及国家监管平台数据，重点分析了我国车用动力电池的市场现状、竞争格局、技术发展等情况，同时结合车辆运行数据，构建退役预测模型，对大量数据进行模型化计算，得到车用动力蓄电池的历史及未来退役量精准化预测分析结果。第5章从不同角度分析了新能源电池回收利用产业创新发展的现状，加强对梯次利用及再生利用先进技术现状和未来技术路线的分析研究，增加对关键环节设施设备技术进展的梳理，也总结对比了四种不同回收主体商业模式的特点和优劣势。第6章通过深入剖析我国典型地区及优秀企业在新能源电池梯次利用、再生利用领域试点示范采取的发展路径和取得的推广成果，给予新能源电池回收利用行业发展借鉴经验，为产业健康可持续发展提供有益参考。另外，第7章继续围绕发展趋势、政策导向、技术发展及商业模式等几个方面，收录十位行业专家的精彩评述，充分发挥专家智库作用，为广大行业人士提供学习参考的平台。

《中国新能源电池回收利用产业发展报告（2023）》的出版，离不开行业专家、合作伙伴的支持。在报告编撰的过程中，北京理工大学、华中科技大学、北京工业大学、北京交通大学、北方工业大学、广州工业智能研究院、中国科学院广州能源研究所、中国汽车工程研究院股份有限公司、山东动力电池回收利用协会、贵州省新能源汽车动力蓄电池回收利用专业委员会、珠海中力新能源科技有限公司、南通北新新能科技股份有限公司、蓝谷智慧（北京）能源科技有限公司、河南利威新能源科技有限公司、武汉蔚澜新能源科技有限公司、瑞浦兰钧能源股份有限公司、广州汽车集团股份有限公司、山东绿能环宇低碳科技有限公司、广东宇阳新能源有限公司、重庆弘喜汽车科技有限责任公司、赣州腾远钴业新材料股份有限公司、上海伟翔众翼新能源科技有限公司的管理者、专家和相关学者给予了很大支持和帮助，在此表示诚挚的谢意！

希望报告能够持续为政府部门、新能源电池产业链上下游企业、行业机构、科研院所和广大读者提供丰富的基础信息和重要的参考价值。

由于作者经验水平有限，报告中难免存在疏漏和不足，敬请各位专家、读者予以批评指正！

中国工业节能与清洁生产协会

新能源电池回收利用专业委员会

目　　录

第 2 章　政策法规

第 3 章　产业发展

第4章 数据应用

第5章　创新发展

第6章　成果借鉴

第7章　专家视点

第 1 章　总报告

1.1　新能源电池产业发展现状

1.1.1　产品应用加速拓展，市场规模快速扩大

2022 年，我国锂电池市场规模进一步扩大，行业总产值突破 1.2 万亿元，行业应用加速拓展，为新能源高效开发利用和全球经济社会绿色低碳转型做出积极贡献。根据行业规范公告企业信息及研究机构测算，2022 年全国锂电池产量达 750GW·h，同比增长超过 130%，储能型锂电池产量突破 100GW·h，正极材料、负极材料、隔膜、电解液等锂电池一阶材料产量的同比增长均达 60% 以上。另外，2022 年，锂电池在新能源汽车领域以及风光储能、通信储能、家用储能等储能领域加快兴起并迎来增长窗口期，2022 年全国新能源汽车动力电池装机量约为 295GW·h，储能锂电池累计装机增速超过 130%。随着锂电池技术不断提升，成本持续下降，电动自行车和电动船舶等市场也在加速变革，继续带动锂电池市场规模迅速扩大。

1.1.2　中国企业全球领先，产业链条逐渐完善

2022 年，得益于新能源汽车和储能行业的蓬勃发展，中国企业锂电池出货量的全球占比进一步提升，中国在全球锂电池市场继续保持领先水平。据韩国 SNE Research 统计，2022 年全球动力电池装机量达到 517.9GW·h，全球前十企业市场占比为 91.4%，行业集中度较高，前十企业主要是来自中国、日本、韩国的企业，已形成三足鼎立之势，我国动力电池企业持续扩大优势，装机量前十企业中国占据 6 个席位，市场份额高达 60.4%，较 2021 年增长超过 12 个百分点。同时，正极、负极、电解液、隔膜等电池产业的关键制造环节，中国都有大量企业布局且在全球拥有领先优势，据高工产研锂电研究所（GGII）统计，我国正极材料制造全球占比 42%，负极材料全球占比 65%，电解液全球占比 65%，隔膜全球占比 43%。此外，导电浆料、结构件等配套占比也在大幅增加。我国锂电池以完整产业链形态为世界提供产品和服务。

1.1.3　技术进步加快步伐，先进产品层出不穷

应用场景多元化对锂电池技术产生多元化需求，并对高品质锂电池产生强劲需求，叠加市场竞争加剧，锂电池企业不断加快新技术研发步伐，围绕高效系统集成、超大容量电芯等方向加快布局，先进产品层出不穷，不断提升先进产品供给能力，这也让中国锂电池技术开始领跑全球，为全球交通电动化和能源体系变革提供技术赋能。2022 年，中国动力电池企业继续推动全球动力电池技术创新，并不断推出新产品。新一轮电池创新以"结构 + 材料"创新为主。结构层面，宁德时代发布 CTP 3.0 麒麟电池，中创新航发布 OS 高锰铁锂电池，蜂巢能源发布龙鳞甲电池，孚能科技发布 SPS 大软包电池系，瑞浦兰钧发布问顶电池，欣旺达发布超级快充动力电池产品 SFC480。材料层面，LFMP（磷酸锰铁锂）、M3P（磷酸盐体系的三元材料电池）、无钴电池、固态电池、钠离子、高锰化等材料体系也即将进入产业化量产阶段。围绕着新结构和新材料体系的演化，硅系负极、LiSFI 电解质、复合集流体、补锂材料等相关材料也进入了产业化加速新阶段。

1.1.4　锂盐价格冲高回落，行业波动风险可控

2022 年，镍、钴、电池级碳酸锂价格同比上涨明显，现货均价同比分别上涨 44.1%、18.2%、301.2%。其中，锂盐价格年内屡创新高。2022 年，全球锂矿供应仍以成熟的澳大利亚锂矿和在产的南美盐湖项目为主，供应量较 2021 年有所增加，但新增的产能释放不及预期，同时在新能源汽车和储能市场持续的需求拉动下，锂盐整体仍处于供给紧平衡的状态，导致锂盐价格延续 2021 年增长态势，并屡创新高，电池级碳酸锂均价由 2022 年年初的 30 万元 /t 上涨到近 60 万元 /t，氢氧化锂均价超过 55 万元 /t。锂价的短期上涨引起一轮舆论风潮，对此，市场监管部门加大监管力度，严格查处锂电产业上下游囤积居奇、哄抬价格、不正当竞争等行为，维护市场秩序。同时 2022 年年末终端需求放缓，锂盐价格冲高后呈明显回调趋势。进入 2023 年后，由于前期产业链中游产能和库存大幅扩张，终端需求增速放缓，导致锂市场阶段性供过于求，锂盐价格加速下跌。目前我国锂电池产业链较为完善，市场已具备一定的自我调节机制，政策层面也在推动加强重要能源、矿产资源的国内勘探开发以及国外布局，周期性的价格波动风险整体可控。

1.1.5　国外市场需求高涨，多种形式加速出海

2022 年国外市场需求继续高增长，带动国内主流电池企业出口规模提升，据中国海关总署数据，2022 年中国出口锂电池 37.73 亿个，出口额接近 3426.56 亿元，比 2021 年出口额（1835.26 亿元）增长 86.7%，创历史新高。全球新能源市场加速发展背景下，中国企业力争在全球锂电池市场掌握先机，采用多种形式加速布局国外市场。

一是产能出海，国外建厂布局上游电池生产原料。2020 年宁德时代便开始尝试参与加拿大等国的锂矿项目，2022 年 4 月，宁德时代又发布公告称，拟通过控股子公司广东邦普在印度尼西亚建设动力电池产业链项目，开展镍资源开发、冶炼与深加工项目。2022 年 12 月，蜂巢能源宣布拟投资澳大利亚公司，远景动力、亿纬锂能、孚能科技等电池企业都已经在欧洲、美国等地

规划布局生产基地。二是技术出海，用技术授权和服务等方式与国外企业开展合作。目前，中国技术已成为全球动力电池创新 2.0 时代的引领者。2022年 7 月，中创新航与德国 BMZ 集团开展深度合作，共同拓展欧洲等多个市场，中创新航的产品将配套 BMZ 集团产品。宁德时代基于 CTP 技术的 LFP 电池产品也获得了众多国际车企的认可，国轩高科则在美国硅谷、美国克利夫兰、日本筑波、新加坡等地成立了研发中心。受部分国家的贸易保护政策影响，采用技术合作方式具有较高的可行性。三是资本出海，利用融资渠道进入国外资本市场。目前，国轩高科、格林美、杉杉股份、欣旺达发行的 GDR 在瑞交所正式上市交易，先导智能、星源材质 GDR 瑞士上市已获证监会核准；天赐材料、华友钴业 GDR 瑞士上市获证监会受理，宁德时代正考虑在瑞士发行GDR。

1.2 新能源电池回收利用产业发展现状

1.2.1 政策标准逐项落地，有序推进回收利用产业发展进程

自 2018 年以来，我国相继出台动力电池回收利用系列管理政策，逐渐形成了"顶层制度－溯源管理－行业规范－试点示范－事中事后监管"的常态化工作机制，并逐步落实相关政策举措，推动我国废旧动力电池回收利用产业规范发展。进入 2022 年，我国持续加强对废旧动力电池回收利用方面的重视，发布了多项相关政策，包括废旧物资循环利用体系建设、重金属污染防控以及危废环境管理等方面，深入聚焦布局废旧动力电池回收体系建设工作，明确废旧动力电池回收利用工作对于提高资源利用效率、保障新能源汽车产业持续健康发展、减轻环境污染的良性促进作用。另外，随着废旧动力电池回收利用产业的快速发展，回收利用细化管理要求迫在眉睫，因此，《新能源汽车动力蓄电池回收利用管理办法》已被列入工业和信息化部 2023 年规章制定工作计划中。

随着废旧动力电池回收利用产业发展进程推进、技术工艺创新以及产品应用推广，行业对废旧电池回收利用标准体系的完整性、先进性和创新性需求持续增加，我国也逐渐发布多项废旧电池回收利用相关的国家标准和行业标准，更好地发挥标准化在推进回收利用产业发展的基础性、引领性作用。目前，我国现行有效的与回收利用相关的国家标准有 16 项，行业标准 20 项，主要为推荐性标准，涉及电池全生命周期的生产、销售、使用、回收及再利用等多个环节，其中，梯次利用系列标准的梯次利用要求、产品标识和再生利用系列标准的放电规范已于 2022 年开始实施，为梯次利用产品的生产和销售提供了标准化依据，延长了产品的生命周期，也是废旧电池回收利用管理政策的重要支撑。

整体上，我国废旧动力电池回收利用的政策和标准发布实施进度与国内动力电池回收利用产业的发展进程正协同推进，常态化管理制度促进我国形成规范有序的回收利用产业链条。

1.2.2　溯源管理持续优化，相关责任主体有序纳入溯源体系

2018 年，工业和信息化部发布实施《新能源汽车动力蓄电池回收利用溯源管理暂行规定》，上线"新能源汽车国家监测与动力蓄电池回收利用溯源综合管理平台"（以下简称国家溯源管理平台），以编码为信息载体，对动力蓄电池生产、销售、使用、报废、回收、利用等全过程进行信息采集，实现电池全生命周期信息的溯源管理。依托国家溯源管理平台，工业和信息化部构建了国家和地方两级监管机制，为动力电池行业发展、资源有效利用，提供了重要信息支撑。截至 2022 年底已将超 1400 万辆新能源汽车纳入溯源体系，累计装机配套电池包超 1860 万包，累计装机电量超 708GW·h。从年度溯源情况来看，2022 年国家溯源管理平台接入车辆达到 588 万辆，装机配套电池包超 622 万包，装机电量超 288GW·h。截至 2022 年底，国家溯源管理平台车载管理模块注册汽车生产企业合计 488 家，以新能源乘用车、客车、专用车等企业为主。回收利用模块已注册企业 790 余家后端企业，其中回收拆解企业 470 余家，综合利用企业 350 余家，部分后端企业可同时具备拆解、

梯次和再生能力，各环节相关责任主体有序纳入溯源体系。

1.2.3 回收网络加速建设，多方发力畅通废旧电池回收渠道

我国动力电池多元化回收网络正在逐步构建，并不断强化监督管理，畅通回收渠道。近年来，新能源汽车生产企业积极履行生产者责任，通过企业自建、合作共建等方式，积极建设回收服务网点，截至 2022 年底，在全国已建成 10000 余个回收服务网点，可实现全面覆盖，就近回收。同时，行业内企业不断利用自身资源优势开拓上下游合作，逐步延伸产业链覆盖，尝试形成从电池生产到电池再制造的闭环。以格林美、中远海运等为代表的再生资源利用、仓储物流企业积极参与回收服务网点建设，形成了"重点区域集中贮存＋周边地区网状收集"的回收网络格局，格林美依托自身全国 16 大产业园布局优势，在全国建立回收服务网点超 130 个，与 570 余家主机厂、电池厂、运营商及报废汽车拆解企业等各环节责任主体建立合作关系，构建全国性回收渠道。此外，一些第三方行业机构也探索建设了"互联网＋回收"的第三方服务平台，形成线上线下结合的新型回收模式，如长沙矿冶研究院上线的回收共享平台——锂汇通，通过线上牵引、线下网点与物流优化的支撑，形成"废旧电池残值评价－交易－检测分级－破碎加工－物流优化配送－数据服务"的一站式电池收集服务。

1.2.4 骨干企业培育壮大，众多企业积极布局回收利用产业

废旧电池回收量逐年增长，回收利用行业快速发展，为了促进行业健康发展，加强行业规范管理，我国持续培育骨干企业，推动资源要素向优势企业集聚。同时，广阔的市场前景吸引相关企业加速进入，产业布局逐渐完善。截至 2022 年底，工业和信息化部已公告发布 4 批符合《新能源汽车废旧动力蓄电池综合利用行业规范条件》的企业名单，共计 84 家企业入选，其中梯次利用企业 44 家，再生利用企业 32 家，综合利用企业 8 家。前四批入选企业已覆盖全国 20 个省级行政区域的 55 个市（含直辖市），主要分布于广东、江苏、湖南、安徽和江西等省份，覆盖区域合计占全国新能源汽车保有量的

九成左右。随着企业持续强化攻关关键技术，平均回收率不断提高，我国动力电池回收利用颇见成效，在一定程度上缓解了电池原材料供应紧张的局面。截至 2022 年底，全国 120 余家梯次和再生利用企业累计回收动力电池 22 万余吨，其中约 32% 的废旧电池进行梯次利用，主要应用于低速车、基站备电及储能领域，约 68% 的废旧电池进行再生利用，2022 年回收的金属量占当年生产所需资源量的 3%~6%。废旧电池退役量逐年增长，回收利用市场前景广阔，新进企业类型不断丰富，除新能源汽车、动力电池产业链相关企业，铅酸电池回收、环保等行业企业也纷纷布局动力电池回收利用，外资电池企业也高度关注中国废旧电池回收市场，加速布局相关业务。

1.2.5　研发创新持续加强，新理念和新技术已逐步推广应用

各研究机构及回收利用企业积极研发并布局各项创新技术，为推动行业发展提供关键支撑。预处理技术方面，废旧电池安全、高效拆解是实现梯次利用、再生利用的第一步，也是非常关键的一环，行业内先进企业已将新技术和新理念运用到电池包拆解中，如机器视觉识别、柔性混流拆解、拆解深度智能决策和人工智能（AI）拆解等技术已在逐步运用。梯次利用技术方面，行业内主要聚焦在寿命预测、检测分选、电池均衡等关键技术方面，但产业化应用还未大规模普及，关键技术研究仍处于探索阶段，如快速准确的性能评估技术、低成本的分选重组技术、在线安全状态预警技术。再生利用技术方面，再生利用工艺相对成熟，全流程以湿法冶金为主体，并已研发出工艺联用、全组分回收以及选择性提锂等技术手段，改善了传统湿法回收和火法回收的不足。同时，国内对于废旧电池中金属的回收率和湿法排放废水的循环率已做出了明确的要求，再生利用行业也不断提升有价金属的回收率，部分龙头企业甚至将锂的回收率提升到 90% 以上。但目前关注点已向大力发展开发清洁绿色高效的回收技术迈进，并逐渐优化简化回收工艺，走上节碳减排的发展道路。

1.3 新能源电池回收利用产业发展面临的问题与挑战

1.3.1 监管缺乏刚性依据，管理举措亟须细化

废旧电池回收利用在新能源电池全产业链条中承担重要枢纽的作用，能够推动新能源电池产业的可持续发展。近年来，我国高度重视废旧电池回收利用，将建立车用动力电池等产品的生产者责任延伸制度纳入《中华人民共和国固体废物污染环境防治法》，同时落地执行多项废旧电池回收利用相关管理政策，协同推进我国废旧电池回收利用产业的发展进程，可较好地指引废旧电池回收利用产业的发展方向。但目前仍未出台针对废旧电池回收利用的具备强制约束力的上位法，各管理部门间高效联动管理机制尚未形成。我国对回收利用企业采取自愿性公告的管理方式，对未履行溯源责任等行为尚不能进行有效规范和管理，导致企业落实相关责任的积极性和合规性均不强，回收利用行业的监管缺乏刚性依据。而且电池全生命周期管理涉及多个相关方，现有管理举措尚未能全面覆盖，细化要求上仍有欠缺，需要完善构建能够协调各环节相关方的有效机制。

1.3.2 标准体系亟待构建，关键标准加快研制

退役电池回收利用标准的制定应基于全生命周期原则，从新产品设计阶段就考虑未来报废回收的梯次利用和再生利用问题，因此，标准的制定应该涉及电池的设计与生产、报废与回收、梯次利用、再生利用等全生命周期的多个环节，以及各个环节的基础通用和管理规范，并将绿色设计和清洁生产理念贯穿于各个环节。一是目前退役电池回收利用产业的管理政策文件对行业做出规范性要求，但缺乏一定实操性，部分标准实施基础较弱，基础共性标准亟须出台。二是已发布实施的标准主要聚焦在前期处理环节，应加快安全性能判别、分选重组及再退役等后续阶段规范标准研制，而且回收、梯次、再生等环节的关键技术仍需突破，检测成本难以控制，回收利用效率仍待提升，

相关急用先行标准亟须加快推进。三是《欧盟电池与废电池法规》已对电池的碳足迹、使用再生原材料的比例、产品标识、电池健康状况与寿命的信息开放、回收和再利用等做出严格规定，但我国现有回收利用标准尚未充分考虑电池全生命周期的低碳化要求，需加快相关环节标准的研制。

1.3.3 降本提效需要深化，技术装备有待突破

废旧电池的回收利用涉及检测、拆解、破碎、分选、冶炼等多个环节，但电池品种繁多，电池构造复杂且没有固定标准，回收来源复杂，回收利用各环节的关键技术及所需装备仍需继续突破。

预处理方面，目前由于电池构造和接口种类繁多，高效拆解存在困难，高效系统集成的电池结构设计也加大未来电池拆解的难度。目前自动化拆解存在技术难点，影响自动化、智能化拆解装备的推广应用，而且自动化拆解对生产线的柔性配置要求比较高，导致处置成本过高。

梯次利用方面，废旧电池梯次利用产业相关鼓励政策、管理规范、标准体系等已愈发健全，但产业化应用还未大规模普及，关键技术研究仍处于探索阶段。废旧电池检测作为产业链的重要环节，依然存在余能检测效率低、无法准确评估健康状态等主要问题，梯次产品认证政策已发布，但仍待有效落地实施。

再生利用方面，再生工艺相对成熟，但仍存在为提高有价金属回收率而使用复杂冗长的回收流程，过程中也伴随着热处理大量废气排放（SO_x、NO_x 等）以及酸性高盐有机废水污染物排放，全过程的尾气、粉尘、冶炼残渣、废气净化灰渣、分选残余物都需要进行安全环保处理，应全面注重废旧电池回收利用安全高效、低成本及可持续的发展要求。

1.3.4 回收行情波动较大，行业无序竞争加剧

废旧电池回收价格由市场决定，主要取决于废旧电池退役时的健康状态、电池类型及上游原材料行情等多种因素，特别是梯次利用仍缺乏明确的定价机制。2022 年上游原材料价格高涨，尤其是碳酸锂价格呈现翻倍飙升的情况

下，电池回收价格也会相应提高，但在市场供需失衡叠加对未来材料价格持续上涨的高预期，使得回收企业愿意出高价购买废旧电池，部分不规范企业也凭借设备简单、投资低，且不考虑环保成本，以高报价掌握更多的回收渠道，加剧行业无序竞争。价格上涨过快会使产业链各环节成本大幅增加，削弱中小型企业抗压能力。2022 年末至 2023 年初，随着碳酸锂价格行情转换，通过价格传导，废旧电池回收业务出现新的转变，过去不断攀升的废旧电池回收价格回落，借由价差倒卖构建的模式出现挑战，行业内部分企业已面临盈利空间收缩、处置高价库存等问题，影响行业健康发展。

1.3.5 规划产能提升较快，产业布局尚不均衡

上游原材料供需矛盾的加剧，引发产业链上下游对废旧电池回收利用的关注，多家企业加速涌入回收利用行业。同时率先抢占赛道的重点企业也继续扩大与巩固其市场格局，如宁德时代发布公告称，控股子公司广东邦普循环科技有限公司拟在广东佛山投资建设一体化新材料产业生产基地，涵盖 50 万 t 废旧电池材料的回收、三元和磷酸铁锂正极材料的生产、负极再生石墨制造等项目。除此之外，特斯拉、比亚迪等行业巨头也纷纷加码动力蓄电池回收业务布局，短期内规划建设产能快速提升。已公告发布的四批符合规范条件企业中梯次利用企业合计产能近 50 万 t/ 年，主要集中在动力蓄电池生产配套相对比较成熟的区域，再生企业合计产能近 120 万 t/ 年，主要集中在电池上游材料以及冶金产业基础较好的区域，东北、西北等区域受环境因素及经济因素的影响，废旧电池回收行业发展相对滞后，全国总体产业布局尚不均衡。而且截至 2022 年底，我国 120 余家梯次和再生利用企业累计回收动力电池 22 万余吨，废旧电池回收利用规划建设产能已经远大于实际回收量，且存在废旧电池流入贸易商及非规范企业的问题，造成产能利用率低，处理产能过剩局面或短期难以化解。

1.4 新能源电池回收利用产业发展经验借鉴

1.4.1 国内形成多种可推广借鉴的回收模式

1. 试点地区落实工作任务并形成形式多样的发展模式

试点工作开展后，京津冀、广东、浙江、四川及湖南等地区分别出台试点实施方案，从回收利用体系构建、创新商业模式探索、先进技术研发及应用、政策激励机制建立等方面确定试点工作任务，江苏和安徽在 2021 年启动退役动力电池回收利用区域中心站培育工作。目前，各试点地区基本完成相关工作目标任务，并形成多种可推广借鉴的发展模式。如江苏以区域回收中心为纽带构建覆盖全省的回收体系，在一定区域范围内建设大型动力电池回收利用区域综合服务中心站，承担本区域为主、辐射周边的退役动力电池回收工作，具备贮存、拆解、检测、分选、材料加工、物流等梯次利用和资源再生前期需求服务于一体的支撑功能；将全省动力电池回收服务网点纳入回收体系，构建覆盖全省的回收体系，全省从事动力电池回收业务的企业全部进入回收体系内运转，实现全省退役电池应收尽收、就近回收、就近利用。

2. 重点企业加快建立动力电池全生命周期价值链闭环模式

回收利用产业发展势头强劲，业内企业利用自身资源优势开拓上下游合作，逐步延伸产业链覆盖，尝试形成从电池生产到电池再制造的闭环，并具备较好的借鉴推广意义。

电池回收代表企业格林美注重回收网络和产业合作生态建设，致力于打造新能源电池全生命周期价值链，率先提出建设一级终端回收、二级回收储运、三级拆解与梯级利用、四级再生利用的全国性回收网络体系，与国内外570 余家主机厂、电池厂、运营商、报废汽车拆解企业等建立了合作关系，推出"废物换材料""废物打包模式"以及"定向循环利用"等回收利用新模式，并积极推进动力电池数字化全生命周期管理，在动力电池回收业务领域建立起产业链优势。

电池材料代表企业华友钴业致力于钴新材料和新能源锂电材料的研发与制造，全力打造从钴镍资源开发、钴新材料、新能源锂电材料到循环利用的纵向一体化产业结构。旗下全资子公司华友循环依托全产业链优势，与国外有影响力的整车企业深度合作，和客户积极探索梯次利用和再生利用商业模式，实现"梯次利用商业市场开发和废物换材料"的重大创新，形成"回收体系、梯级利用、资源化利用、废料换材料"的全产业链闭环管理模式。

电池生产代表企业宁德时代纵向延伸产业链，充分发挥产业协同优势，前瞻性布局回收业务以增强自身电池材料供应的保障，依托邦普循环，携手打造"电池生产→使用→梯次利用→回收与资源再生"的生态闭环。

整车生产企业广汽集团全资控股的汽车工业废弃物循环利用企业依托广汽集团各品牌主机厂的废旧电池渠道资源，确立"动力电池售后网络建设－退役动力电池梯次利用－报废电池精细化拆解－电池材料再利用"的发展路线。未来，广汽集团计划到 2025 年投资 800 亿~1000 亿元，建立"锂矿＋基础锂电原料生产＋储能与动力电池生产＋充换电＋储能＋电池回收"纵向一体化的新能源全产业链布局。

1.4.2 国外具备相对成熟的回收法律体系

1. 欧洲以法律保障为主，健全回收体系

欧盟最先进行法律准备，已形成由动力电池生产企业承担电池回收主要责任的生产者责任机制，配套政策体系相对完善，主要依据《关于报废汽车的指令》（2000/53/EC）、《电池指令》（2006/66/EC）、《关于废物的指令》（2008/98/EC）等指令约束车用动力电池的回收利用。随着行业的发展，欧盟委员会发布《欧盟电池和废电池法规》，通过对污染物的限制、碳足迹、再生料成分、生产者责任延伸、尽职调查、全生命周期信息追溯等信息提出新的要求，旨在确保投放到欧盟市场的电池在整个生命周期中均具有可持续性和安全性。欧盟在动力电池法律层面执行严格的生产者责任延伸制度，值得我国借鉴。

欧盟各国中，德国的动力电池回收行业最为成熟，相继出台《电池法》（BatteG）、《报废汽车回收法》、《循环经济法》，明确要求电池产业链上的生产商、销售商、回收商和消费者均负有对应的回收责任和义务，同时设立基金和押金制度完善回收体系市场化建设。

2. 日本以电池生产商为责任主体，搭建回收体系

日本成熟的循环经济发展体系为动力蓄电池的回收利用提供了良好的基础，整个社会已形成主观积极性高的电池回收风潮。日本拥有完善的废旧电池回收政策体系，推动构筑基本法–综合法–专项法多层次法律体系，为动力电池回收打下基础，但日本尚未制定针对车用动力电池循环利用的政策法规。

日本的电池回收体系构建时间较早，从 1994 年开始，日本电池生产企业开始执行电池回收计划，建立起"生产–销售–回收"的逆向物流电池回收利用体系，这种回收再利用系统是建立在每一个厂家自愿的基础上，零售商家、汽车经销商、加油站等免费从消费者那里回收废旧电池，动力电池生产商统一回收后交给专业的回收公司，最后专业的回收公司对废旧电池进行分解处理。日本汽车生产企业在进行产品市场投入时，已经建立废旧电池回收方案，汽车生产企业与报废汽车协会向报废汽车回收拆解企业提供拆解手册、电池拆卸手册等信息，形成规范统一的回收流程。

3. 美国以押金制度辅助，保证回收效率

美国主要通过环境保护相关法案对电池回收进行管理，再以市场监管的方式，从联邦–州–地方政府层层立法，三个层次的法律规范互相补充、互相规范，形成一个较为完善的电池回收管理法律制度体系。

在车用动力电池及锂电池梯次利用领域，美国法律规范和回收体系尚在建设中，但美国针对铅酸电池领域建立了完善的电池回收法律法规。在回收环节，采取生产者责任延伸制度约束电池生产厂商、押金制度约束消费者，保证各个环节的电池回收效率。美国政府采取"押金制度"促使消费者积极上交废旧电池，同时又采取附加环境费的方式推动电池回收，即消费者购买

电池时收取一定数额的手续费和电池生产企业出资一部分回收费，作为产品报废回收的资金支持，同时废旧电池回收企业以协议价将提纯的原材料卖给电池生产企业，美国通过协议价格引导电池生产企业履行生产商的责任，并确保废旧电池回收企业获得利润。

1.5 新能源电池回收利用产业发展措施建议

1.5.1 加强责任延伸制度管理约束，加快生命周期标准体系建设

我国已发布实施的废旧电池回收利用管理举措多为环境保护类的综合性法律，行业监管缺乏刚性依据，导致企业落实相关责任的积极性和合规性不强，各管理部门间高效联动管理机制尚未形成，同时推进废旧电池全生命周期标准体系协同建设也迫在眉睫。

强化政策支持作用，加强生产者责任延伸制度管理约束。加强对电池全生命周期内的价值进行系统的管理和挖掘，加快起草出台《新能源汽车动力蓄电池回收利用管理办法》，与已有政策进行良好衔接，科学合理研究和设计各环节参与主体应满足的条件、承担的法律责任，明确各相关监管主体及其监管责任，明确含消费者在内的各主体的罚则。推动建立各部委间联动机制，引导形成多方参与、协同推进的长效工作机制，并加大对企业的检查及督导力度，及时向社会公布企业履责情况，推动相关主体切实履行责任。开展针对废旧电池回收利用各环节主体的常态化安全、环保监督和检查，营造公平竞争的市场环境。充分利用国家支持资金，对高效再利用、装备研发及专业化推广等方面给予支持。

突出标准引领作用，从坚持产品全生命周期理念出发制修订急用先行标准。回收利用领域标准的制修订需要从新产品设计阶段就考虑未来报废回收的梯次利用和再生利用问题。目前已发布实施的标准主要集中在回收利用过程中的拆解、性能检测、拆卸和包装运输等前期处理环节，应加快安全性能

判别、分选重组及再退役等后续阶段规范标准研制，加强废旧电池回收利用安全性管理，要更多关注涉及公共安全和环境隐患的问题，确保废旧电池在安全环保的前提下进行回收利用。而且在保证废旧电池回收利用标准紧跟政策和技术发展趋势，确保标准的时效性和适用性的基础上，协同推进国家标准、行业标准和团体标准。

1.5.2 推进重点技术装备研发应用，加强攻关绿色安全高效技术

我国在废旧电池回收利用领域已有深厚的技术积累，但仍存在许多难点需要突破。而且科技进步加快了高能量密度动力电池种类的更迭速度，有必要不断完善废旧电池回收利用技术出现的短板，推进关键技术、工艺和装备的研发应用，鼓励向安全高效、清洁绿色方向发展，扩大梯次和再生产品应用范围。

预处理方面，需加大废旧电池前端处理关键技术的研发攻关。废旧电池在进行资源回收之前，需要首先进行最为关键的预处理过程，合理有效的预处理过程，可以提前回收部分物料，降低后续电池回收工艺的难度。但目前预处理过程中的拆解和放电处理均存在行业共性问题，拆解技术仍处于人工拆解或者半自动化拆解阶段，效率低且存在安全风险，放电过程则存在负载放电效率低、能耗高等问题。因此，应加大对废旧电池前端处理关键技术研发攻关的支持力度，提高拆解破碎效率，如支持人工拆解、机械化拆解向自动化、智能化拆解方式转变，推进安全环保带电破碎设备的研发应用。

梯次利用方面，仍需突破产业化发展的技术壁垒。梯次利用产业化应用还未大规模普及，关键技术研究仍处于探索阶段。废旧电池检测作为梯次利用过程的重要环节，依然存在余能检测效率低、无法准确评估健康状态等主要问题，应加快完善电池性能评估体系，加强国家新能源汽车监测与动力蓄电池回收利用溯源综合管理平台建设，完善动力蓄电池在生产、运行、售后、梯次等环节的数据信息采集，充分结合大数据分析技术，加快形成可产业化应用的动力电池安全及剩余寿命评估方法。另外，梯次产品质量问题也会引发安全事故，但梯次产品监管认证仍处于空白状态，检测机构应承担起检测

监督、监管认证的责任，同时建议上下游企业建立起信息共享、数据共用的机制，共同提高新能源电池全生命周期的利用效率。

再生利用方面，关注点应向开发清洁绿色高效的回收技术迈进。应不断完善预处理、浸提、纯化等关键步骤出现的短板，加快带电破碎及多级控氧热解、短流程深度提锂、铁磷高效除杂及高质量利用、石墨提纯及再生修复等核心技术的安全稳定运行，促进绿色高效短流程的完整回收体系从实验室走向大规模工业化，实验设备形成关键装备，安全高效地提升战略金属能源的回收率，优化能耗、污染、工艺等导致的回收体系短板。而且目前我国更多聚焦在价值量高的三元和磷酸铁锂正极材料再生回收，而负极材料和电解液的高效回收工艺技术涉及较少，仅有少数一体化垂直产业布局的企业开展此方面的工作。为了充分挖掘废旧电池的全组分价值，其他核心材料的回收技术及其产业化还需要深入研究。

1.5.3 规范闭环废旧电池回收体系，支持营造环境友好运营环境

废旧电池回收利用的市场运转和行业管理等方面仍处于起步阶段，回收利用体系尚不健全，市场尚未形成闭环的回收商业运营模式，规范废旧电池闭环回收体系建设，建立环境友好的废旧电池回收利用运营环境，将是今后一段时间的重点工作方向。

加强上下游企业协同合作，完善废旧电池回收网络。废旧电池回收利用产业链是一个各参与主体相互联系的生态闭环，其高效运转依赖于电池生产企业、汽车生产企业、废旧电池回收利用企业等各主体的有效协作。鼓励产业链各相关企业通过建立战略联盟、签订战略协议等形式，共建共用回收渠道，构建废旧电池回收绿色闭合生态圈，实现电池产品"从哪里来，到哪里去"的定向路径。同时加强后端回收利用企业与前端电池生产企业、汽车生产企业在电池结构标准化、通信协议开放等方面的联动，提高废旧电池高效利用程度。规范整合现有回收网络，加强区域中心站/企业规范建设，因地制宜新建和改造提升回收服务网点，加强重点联系企业制度建设，持续培育骨干综合利用企业，推动废旧电池回收专业化和规范化。支持回收企业运用互联网、

物联网、大数据和云计算等现代信息技术，可运用手机 APP、微信小程序等移动互联网媒介，实现网上预约、上门回收，推动线上线下协同发展，构建全链条业务信息平台和回收追溯系统。

鼓励多种回收模式并进发展，促进创新商业模式推广辐射。回收渠道的稳定性一方面影响企业回收成本，另一方面也决定企业后续再利用环节的业务量规模，行业内企业不断利用自身资源优势，已构建形成不同责任主体的回收模式，应鼓励多种回收模式并进发展，充分发挥调动企业积极性以形成延伸产业链覆盖，尝试形成从电池生产到电池再制造的闭环。加快破除体制机制障碍，为商业模式创新主体跨领域整合资源创造条件，鼓励更多的社会资源参与废旧电池回收利用商业模式创新。同时加快将已形成的创新模式进行推广示范，如"以废料换新料全产业链闭环""以租代售与互联网＋梯次利用管理"和"互联网＋回收利用"等商业模式。

融合互联网等新兴技术，提升回收行业信息化水平。采用互联网、物联网、大数据等手段，完善废旧电池评估机制和定价机制，提高废旧电池评估及分选效率，强化分类、包装、运输、存储、梯级利用等环节协作。加快研究我国电池全生命周期的数字化管理工具，并优先支持具备电池全生命周期大数据管理能力的企业进行产业化布局，充分发挥国家溯源管理平台的监管作用，会同有关部门建立信息共享机制，加强溯源协同监管，促进产业链上下游信息协同共享，完成"建设－运维－监督"的数字化及智能化全流程把控，遏制不规范回收利用渠道的发展。

1.5.4　引导企业合理规划产业布局，强化关键矿产资源保障能力

目前，我国镍、钴、锂等矿产资源仍主要依赖进口，对动力电池产业链供应链安全带来重大挑战。同时回收利用作为有效解决资源短缺矛盾的重要途径，近年来吸引众多企业快速进入行业，短期内规划建设产能快速提升。但随着上游产品价格高位震荡，锂电二阶材料价格反复冲高回落，价格波动影响各环节，部分企业利润收窄或受损，全产业链业务布局或将迎来变局，应科学合理谋划产业布局，采取相关举措确保矿产资源供应，提高镍、钴、

锂资源的安全保障能力。

科学合理规划产业布局，持续加强龙头企业培育。要准确把握产业发展特点和各地发展实际，引导回收利用企业合理规划产业布局，并持续培育规模化、规范化的龙头企业，纵向整合与横向联合，促进优势资源进一步集中，培育一批回收网络完整、规模效益良好、技术装备先进的龙头企业，提升回收利用企业经营水平，带动提升全行业服务能力和水平，促进产业链向两端延伸。

加快新材料创新研发，鼓励电池绿色设计和清洁生产。支持企业加大动力电池材料技术创新研发，强化政策措施扶持，将钠离子电池、无钴、低钴电池等技术列入关键技术攻关，促进电池技术和材料多元化，加快开发进程及产业化应用。推行动力电池绿色设计和清洁生产，优先使用可再生材料，如宁德时代与宝马集团达成圆柱电池供应框架协议，宁德时代将优先使用可再生能源电力和再利用材料生产高性能电芯。

引导企业加快矿产资源合理开发，并鼓励国外投资并购。减少减轻企业在国内矿产资源勘探中的经营成本投入和各项负担，激发矿产企业积极性，持续加强资源勘探投入。提高资源勘查力度和广度，引导带动社会资金投入资源勘查领域，大力提高关键矿产资源开采、加工等技术水平。同时，对资源进行统筹谋划，鼓励集约型的勘探开发模式，避免"碎片化"资源开发方式。鼓励和引导企业加强与资源丰富的国家开展经济技术合作，开展境外投资、海外并购和联合开采，在金融、运输、财税等方面给予支持。

加强废旧电池回收领域的国内外交流合作。有序推动具备条件的动力电池回收企业在国外扩大产能，进一步延伸产业链条，构建自主可控的国外矿产资源运输体系，形成区域内资源循环利用体系。充分利用多边和双边国际合作机制，推动建立全球动力电池资源自由流通市场机制，努力构建合作共赢的全球动力电池产业新生态。

加快研制适合我国国情的废料入关标准法规。得益于国际市场对我国新能源产品需求旺盛，以及国外储能市场锂电池需求增加，我国新能源汽车及锂电池出口规模不断壮大，这也带来关键矿产资源外流的风险，因此国外废旧电池的回收利用也至关重要。应鼓励企业积极探索废料入关、国外建厂等实现路径，深度绑定国外优势资源，谋求国外锂电池循环领域业务布局，并加快研制适合我国国情的废料入关标准法规，构筑电池全产业链的资源安全保障体系。

第 2 章　政策法规

2.1　管理制度

2.1.1　国家层面政策情况概述

近年来，国家多个部门陆续出台了对动力电池、储能电池、新能源汽车产业链的支持政策，促进和引导了锂电池材料技术及其回收行业的发展升级。从 2018 年开始，工业和信息化部高度重视动力电池回收利用工作，会同有关部门加快构建管理制度体系，推动回收利用体系建设。特别是在无国外经验借鉴的前提下，以生产者责任延伸制度为基本原则，研究制定了一系列专门针对新能源汽车动力电池回收利用的管理文件，并率先建立了全球首个动力蓄电池回收利用溯源平台，实现了全生命周期管理，为全球提供了新能源汽车动力电池回收利用管理的"中国方案"。

1. 多项管理政策联动实施，构建全生命周期管理机制

2018 年 2 月，工业和信息化部等七部门联合印发《新能源汽车动力蓄电池回收利用管理暂行办法》（工信部联节〔2018〕43 号）（以下简称《管理暂行办法》），明确了动力电池回收利用各相关主体责任，建立了以汽车生产企业为主的生产者责任延伸制度。此后，2018 年 7 月，七部门发布《关于做好新能源汽车动力蓄电池回收利用试点工作的通知》（工信部联节〔2018〕134 号），确定 17 个地区及中国铁塔股份有限公司为试点地区和企业，并确定各试点地区相应的目标任务。随后，工业和信息化部发布实施了《新能源汽车动力蓄电池回收利用溯源管理暂行规定》（中华人民共和国工业和信息化部公告 2018 年第 35 号）（以下简称《溯源管理暂行规定》），提出对动力蓄电池生产、销售、使用、报废、回收、利用等全过程进行信息采集，对各环节主体履行回收利用责任情况实施监测。2019 年 11 月，工业和信息化部发布实施了《新能源汽车动力蓄电池回收服务网点建设和运营指南》（中华人民共和国工业和信息化部公告 2019 年第 46 号），指导相关企业规范开展回收服务网点建设与运营工作。2019 年 12 月，工业和信息化部修订发布了《新能源汽车废旧动力蓄电池综合利用行业规范条件（2019 年本）》（中华人民共和国工业和信息化部公告 2019 年第 59 号）及公告管理办法，为适应行业发展新形势，强化环保、安全等要求，细化梯次及再生利用相关规定。2021 年 8 月，工业和信息化部等五部门发布实施了《新能源汽车动力蓄电池梯次利用管理办法》（工信部联节〔2021〕114 号）（以下简称《梯次利用管理办法》），进一步明确、细化了梯次利用企业和梯次产品的管理要求，提出梯次利用企业应履行生产者责任，落实溯源管理，承担保障梯次产品质量及产品报废后回收的义务，同时提出建立梯次产品自愿性认证制度。2023 年 3 月，市场监管总局和工业和信息化部联合发布了《关于开展新能源汽车动力电池梯次利用产品认证工作的公告》，明确市场监管总局、工业和信息化部根据行业发展和认证工作需要，共同确定并发布梯次利用产品认证目录。

经过多年的探索，我国形成了以生产者责任延伸制度为基本原则的动力电池回收利用政策体系框架，在顶层制度、试点示范、溯源管理、行业规范等方面多项管理政策联动实施，有效衔接，推动形成动力电池回收利用全生命周期管理机制，对于我国动力电池回收利用产业发展起到了重要推动作用。

2. 2022 年国家层面重点聚焦完善动力电池回收体系建设

随着我国动力蓄电池回收利用各项政策举措正逐步落实，动力电池回收利用体系建设初见成效。但为促进行业持续健康发展，仍需积极发挥政府的引导作用，加强回收利用行业管理。2022 年，我国持续加强动力电池回收利用的顶层规划，从推进工业绿色低碳循环发展、保障资源供给安全等方面继续出台多项举措，并更多聚焦进一步完善回收体系建设。

2022 年 1 月，国家发展改革委等部门联合印发《关于加快废旧物资循环利用体系建设的指导意见》（发改环资〔2022〕109 号）（以下简称《指导意见》），明确了"十四五"时期做好我国废旧物资循环利用工作的发展目标和主要任务，确定了推进思路和工作措施。《指导意见》明确了我国废旧物资循环利用建设的关键节点：一是构建规范有序的回收网络体系，进一步提高废旧物资规范回收水平；二是提高加工利用环节技术装备水平，提高资源材料回收率，更大幅度地降低碳排放；三是结合实际推动废旧物资多元化利用，有序推动二手旧货、再制造产业发展，实现产品去碳化。《指导意见》的印发，将对完善我国废旧物资循环利用体系，助力实现碳达峰碳中和目标提供重要支撑。

2022 年 2 月，工业和信息化部等八部门印发《关于加快推动工业资源综合利用的实施方案》（工信部联节〔2022〕9 号），再次提出要完善废旧动力电池回收利用体系。具体提出要推动产业链上下游合作共建回收渠道，构建跨区域回收利用体系；推进废旧动力电池在备电、充换电等领域安全梯次应用；在京津冀、长三角、粤港澳大湾区等重点区域建设一批梯次和再生利用示范工程；培育一批梯次和再生利用骨干企业，加大动力电池无损检测、自动化拆解、有价金属高效提取等技术的研发推广力度。

2022 年 7 月，工业和信息化部等三部门联合发布《关于印发工业领域碳达峰实施方案的通知》（工信部联节〔2022〕88 号），提出要大力发展循环经济。其中在加强再生资源循环利用方面，提出要延伸再生资源精深加工产业链条，促进钢铁、铜、铝、铅、锌、镍、钴、锂、钨等高效再生循环利用。研究退役光伏组件、废弃风电叶片等资源化利用的技术路线和实施路径。围绕电器电子、汽车等产品，推行生产者责任延伸制度。推动新能源汽车动力电池回收利用体系建设。

2022 年 11 月，工业和信息化部等三部门发布《关于印发有色金属行业碳达峰实施方案的通知》（工信部联原〔2022〕153 号），提出五大重点任务，其中包括建设绿色制造体系。具体提出要完善再生有色金属资源回收和综合利用体系，引导在废旧金属产量大的地区建设资源综合利用基地，布局一批区域回收预处理配送中心。

2022 年 11 月，工业和信息化部和国家市场监督管理总局联合发布《关于做好锂离子电池产业链供应链协同稳定发展工作的通知》（工信厅联电子函〔2022〕298 号），从推进锂电产业有序布局、保障产业链供应链稳定、提高公共服务供给能力、保障高质量锂电产品供给、营造产业发展良好环境五方面着力，保障锂电产业链供应链协同稳定，以解决国内锂电产业链供应链阶段性供需失衡严重，部分中间产品及材料价格剧烈波动超出正常范围的问题。

2022 年 12 月，中共中央、国务院印发《扩大内需战略规划纲要（2022—2035 年）》，文件提出要大力倡导绿色低碳消费。具体要求要加快构建废旧物资循环利用体系，规范发展汽车、动力电池、家电、电子产品回收利用行业。

2.1.2　地方层面政策情况概述

近年来，国家层面政策已从顶层设计上明晰我国动力电池回收利用产业发展的发展路径，地方层面也根据各个地市实际情况和发展重点，加快落实支持动力电池回收利用行业发展的更加细化和具体的配套举措，与相关产业政策的形成较好对接，以建立更为完善的回收利用政策管理体系。各层面政策效果叠加共振，可更有效地发挥政策引导作用，促进我国动力电池回收利用产业的快速发展。

1. 试点地区率先与产业政策形成对接，并全面完成任务目标

2018 年 7 月，工业和信息化部启动开展新能源汽车动力蓄电池回收利用试点工作，以试点地区为中心，向周边区域辐射。此后，试点区域开始部署相关工作，结合本地实际情况发布试点实施方案，明确目标、重点任务和具

体计划，并逐步落实各项工作。

各试点地区分别出台了本区域的回收试点方案，明晰本区域实施路径。经过多方配合努力，各试点地区基本达到预期任务目标，并推出多种可借鉴的发展模式，如江苏省以区域回收中心为纽带构建覆盖全省的回收体系。在一定区域范围内建设大型动力电池回收利用区域综合服务中心站，承担本区域为主、辐射周边的退役动力电池回收工作，具备贮存、拆解、检测、分选、材料加工、物流等梯次利用和资源再生前期需求服务于一体的支撑功能。将全省动力电池回收网点纳入回收体系，构建覆盖全省的回收体系，全省从事动力电池回收业务的企业全部进入回收体系内运转，实现全省退役电池应收尽收、就近回收、就近利用。

部分地区为了推进试点方案快速推进，也制定出台支持动力蓄电池回收利用的配套政策措施，将动力电池回收利用产业作为本地区重点领域进行着力培育，如江西省和湖南省各出台了 11 项配套政策，广西地区和甘肃省各出台了 5 项配套政策，广东省和四川省各出台了 4 项配套政策。江西省从技术研发、企业转型升级、税收优惠落实、财政支持等多方面积极推动动力电池回收利用产业链上下游高质量发展。广西壮族自治区在落实现有资源综合利用财税优惠政策的基础上，通过新能源汽车推广补贴、押金等方式促进动力电池回收，研究动力电池回收利用与新能源汽车相关支持政策结合，充分调动企业积极性。

2. 2022 年地方持续出台各项政策举措，完善回收利用管理体系

2022 年，在国家层面政策的推动下，各地方持续出台多项动力电池回收利用相关政策，将动力电池回收利用纳入地方重点规划及碳达峰行动方案中，明确发展方向，并聚焦在提出要求进一步完善地方动力电池回收利用管理体系，加强事中事后监管，提升行业规范化发展水平。

（1）动力电池回收利用成为实现双碳目标的重要途径

为了全面落实《2030 年前碳达峰行动方案》（国发〔2021〕23 号），多个地区有序开展本地区碳达峰相关工作，动力电池回收利用已逐渐成为各地方相关产业实现低碳转型和碳达峰目标的重要途径，助力解决资源环境问题

和实现双碳目标。

湖南省于 2022 年 6 月发布《湖南省制造业绿色低碳转型行动方案（2022—2025 年）》，其中提到深入推进新能源汽车动力电池回收利用，全面加强动力电池溯源管理，完善推广"互联网＋回收"等模式，推动获认证梯次产品在储能、备电、充换电等领域规模化梯次应用。

上海市于 2022 年 7 月发布《上海市瞄准新赛道促进绿色低碳产业发展行动方案（2022—2025 年）》，其中提出发展退役动力电池循环利用产业，建设本市动力电池全产业链溯源和管理回收利用网络体系，促进动力电池循环利用技术、工艺、装备、产业集聚发展。

天津市于 2022 年 8 月发布《天津市碳达峰实施方案》，明确提出健全资源循环利用体系，完善废旧物资回收网络，推动"两网融合"，建设"交投点、中转站、分拣中心"三级回收体系，推行"互联网＋回收"模式，推动再生资源应收尽收。

内蒙古自治区于 2022 年 11 月发布《内蒙古自治区碳达峰实施方案》，明确完善废旧物资回收网络，大力推广"互联网＋"资源回收利用模式。建立以城带乡的再生资源回收体系。

安徽省于 2022 年 12 月发布《安徽省碳达峰实施方案》，明确构建废旧物资循环利用体系，推广"互联网＋回收"模式，引导回收企业线上线下融合发展。

深圳市于 2022 年 12 月发布《深圳市促进绿色低碳产业高质量发展若干措施》，指出支持废旧物资循环利用，鼓励应用"互联网＋回收"模式开展废旧物资回收活动。

四川省于 2023 年 1 月发布《四川省碳达峰实施方案》，方案指出推行"互联网＋"回收模式，加强废纸、废塑料、废旧家电、废旧轮胎、废金属、废玻璃等再生资源回收利用，提升回收利用率和资源转化率。

（2）动力电池回收利用纳入地方相关产业重点规划

继"加快建设动力电池回收利用体系"于 2021 年首次写入政府工作报告后，2022 年，地方政府积极跟进相关举措，将动力电池回收利用写入本地区能源、新能源汽车及电池等相关产业重点规划。

四川省于 2022 年 3 月发布《"电动四川"行动计划（2022—2025 年）》，促进动力电池回收利用成为其中重点内容，具体包括制定动力电池回收利用支持措施，鼓励和引导社会资本参与动力电池回收利用，加快推进动力电池回收综合利用示范基地、示范项目、标杆企业建设，支持新能源汽车生产企业在销售城市设立动力电池回收服务网点，推广废旧动力电池"一站到达"回收利用模式等多项要求。

成都市于 2022 年 5 月发布《成都市"十四五"能源发展规划》，明确当前成都能源发展面临形势、发展目标、主要任务等，是未来五年成都能源发展的根本遵循。其中，做强清洁能源支撑产业和应用产业中包括健全动力电池回收利用体系，推进动力电池梯次利用，实现产业全生命周期发展。

云南省于 2022 年 4 月发布《云南省新能源电池产业发展三年行动计划（2022—2024 年）》，提出产业规模快速增长、产业链条持续完善等行动目标。力争到 2024 年，新能源电池关键材料产业规模明显壮大，形成 20 万 t 电池绿色循环利用的产能规模，新能源电池全产业链产值突破 1000 亿元。实现电池回收、处置及拆解网点布局合理，对新能源电池全生命周期监管，建成 1~2 个电池回收利用示范项目。

福建省于 2022 年 4 月发布《福建省新能源汽车产业发展规划（2022—2025 年）》，提出六大任务，其中构建新型产业生态中指出要进一步完善地方动力电池回收利用管理体系，积极研究建设全省统一的动力电池回收利用政府监管和追溯服务平台。同年 8 月，福建省发布了《福建省推进绿色经济发展行动计划（2022—2025 年）》，再次提到推进动力电池回收利用。该计划提出的重点任务中包括推进大宗固体废弃物综合利用，推进新能源汽车动力电池回收利用，支持示范项目列为省重点技改项目。构建废旧物资循环利用体系，加快完善废旧物资回收网络，提升再生资源分拣加工利用水平，推动再生资源规模化、规范化、清洁化利用。

上海市于 2022 年 5 月发布《上海市资源节约和循环经济发展"十四五"规划》，其中重点行动和重大工程包括动力电池梯次利用行动，明确上海市在动力电池梯次利用方面，要严格落实生产者责任延伸制度，鼓励电动汽车、动力电池生产企业采用押金、回购、以旧换新等方式，提高消费者交投积极性，建立完善新能源汽车动力电池回收利用体系，推动动力电池生产企业全面落实产品编码要求，建立全生命周期追溯系统。

重庆市于 2022 年 10 月发布《重庆市推进智能网联新能源汽车基础设施建设及服务行动计划（2022—2025 年）》，其中发展动力电池回收利用产业成为一项重点任务。其中，在推动梯次利用和再生利用方面，对关键技术、商业模式及产业化示范发展提出具体要求；在加强电池回收评价与质量监管方面，要求对动力电池生产、销售、使用、回收、梯次利用及再生利用等环节的产品信息、物质流向、责任主体等进行全流程管理。

合肥市于 2022 年 11 月发布《合肥市"十四五"新能源汽车产业发展规划》，提到要以建设"新能源汽车之都"为目标，打好补链延链强链组合拳，聚焦整车、智能网联系统、关键零部件、电池回收利用环节，构建具有全球竞争力的产业发展体系，并将推进电池全生命周期管理作为五大任务之一。

昆明市于 2022 年 11 月发布《昆明市"十四五"工业高质量发展规划》，其中提到昆明应发挥资源优势和区位优势，围绕电芯、电池制造，发展"资源—材料—电芯—电池—应用—梯次综合利用"全生命周期产业链，实现全市电池产业"全链条、矩阵式、集群化"发展。

（3）进一步明确强化动力电池全生命周期管理

完善动力电池溯源管理体系、监测各环节主体履行回收利用责任情况是对电池有效监管的重要手段，合肥市、成都市、重庆市在地方政策中均进一步明确要强化电池的全生命周期管理。

合肥市于 2022 年 5 月发布《2022 年合肥市工业节能与资源综合利用工作要点》，提到要深化新能源汽车动力电池回收利用试点，强化新能源汽车动力电池全生命周期溯源管理，完善回收利用体系，充分发挥区域中心企业以点带面辐射带动作用，促进动力电池梯次利用和高效再生利用。

成都市于 2022 年 5 月发布《关于成都市优化产业结构促进城市绿色低碳发展行动方案》，指出成都市要实施动力电池回收利用示范工程，建立全生命周期追溯监管体系。

重庆市于 2022 年 5 月发布《重庆市新能源汽车换电模式应用试点工作方案》，提出严格落实电池监管是重点任务。通过对动力电池全生命周期数据监管，同时监测各环节主体履行回收利用责任情况，为梯次利用提供数据支撑，实现新能源汽车动力电池产品信息共享、来源可查、去向可追、节点可控，同时保障经济利益的最大化。

（4）深化回收利用试点示范、财税支持示范项目

在回收利用产业激励方面，四川省、广州市、合肥市将补贴做到实处，明确补贴额度，对试点示范项目、企业进行鼓励以促进产业良性发展。深圳市、三亚市也纷纷研究制定动力电池回收利用补贴方案。

四川省于 2022 年 5 月发布《关于组织开展新能源汽车动力蓄电池回收利用示范企业等创建工作的通知》，拟在全省组织开展新能源汽车动力电池回收利用示范企业、示范项目、示范场景创建工作，明确鼓励新能源汽车生产企业、动力电池及材料研发生产企业、报废机动车回收拆解企业等开展动力电池回收利用业务，参与创建申报。文件还提出将在落实税收优惠政策、创新金融服务模式方面提供保障措施。

广州市于 2022 年 7 月发布《广州市支持汽车及核心零部件产业稳链补链强链的若干措施》，提到筹划建设粤港澳大湾区绿色循环汽车零部件再制造产业园，开展汽车使用全生命周期管理试点、废旧动力电池梯次利用及再生利用产业试点示范。每个试点示范项目按照项目固定资产投资额给予不超过30% 的奖励，单个企业最高不超过 1 亿元，同时给予试点示范项目 5 年贷款贴息补助，单个企业每年最高不超过 1000 万元。

合肥市于 2022 年 9 月发布《关于申报 2022 年合肥市新能源汽车财政奖补资金的通知》，明确动力电池回收奖励。支持企业建立废旧动力电池回收系统，回收处理本地整车配套及生产的动力电池，按回收电池电量给予不高于 20 元 /kW·h 的回收奖励，单个企业不超过 500 万元。

三亚市于 2022 年 10 月发布《三亚市新能源汽车换电模式应用试点建设方案》，鼓励开展动力电池梯次回收利用。吸引具有规模化梯次回收利用能

力的"白名单"企业布点三亚，安排一定规模资金作为退役动力电池利用产业发展的引导资金，重点用于动力电池梯次回收利用示范性项目建设和要素支持。研究制定动力电池梯次回收利用补贴方案。

深圳市于 2022 年 12 月发布《深圳市促进绿色低碳产业高质量发展的若干措施》，明确支持废旧物资循环利用，鼓励废旧汽车回收、拆解、再生利用项目以及动力电池梯次利用、再生利用项目建设，给予示范项目财政资金支持。

2.1.3　重点政策解读

1. 行业管理措施加快修订，利好产业持续健康发展

为加快构建新能源汽车动力电池回收利用制度，研究建立回收利用管理机制，2018 年 2 月，工业和信息化部等七部委联合印发《新能源汽车动力蓄电池回收利用管理暂行办法》（工信部联节〔2018〕43 号）（以下简称《管理暂行办法》），明确电池生产企业、汽车生产企业、梯次利用企业、再生利用企业等相关方责任和监管措施，为新能源汽车动力电池回收利用行业健康发展提供重要保障。

《管理暂行办法》包括总则、设计生产及回收责任、综合利用、监督管理、附则 5 部分，以及 1 个附录，内容主要体现在六个方面。一是确立生产者责任延伸制度，明确汽车生产企业作为动力电池回收的主体，应建立动力电池回收服务网点并对外公布，同时梯次利用企业作为梯次利用产品生产者，要承担其产生的废旧动力电池的回收责任，确保规范移交和处置。二是开展动力电池全生命周期管理，针对动力电池设计、生产、销售、使用、维修、报废、回收、利用等产业链上下游各环节，明确相关企业履行动力电池回收利用相应责任，保障动力电池的有效利用和环保处置，构建闭环管理体系。三是建立动力电池溯源信息系统，以电池编码为信息载体，构建国家溯源管理平台，实现动力电池来源可查、去向可追、节点可控、责任可究。四是推动市场机制和回收利用模式创新，鼓励企业探索新型商业模式，加快形成市场化机制，推动关键技术和装备的产业化应用，支持开展动力电池回收利用的科学技术

研究，引导产学研协作，以市场化应用为导向，开展动力电池回收利用模式创新。五是实现资源综合利用效益最大化，鼓励按照先梯次利用后再生利用原则，开展动力电池的再利用，通过对动力电池的多层次、多用途合理利用，提升综合利用水平与经济效益。六是明确监督管理措施，明确各有关管理部门可在各自职责范围内，通过责令企业限期整改、暂停企业强制性认证证书、公开企业履责信息、行业规范条件申报及公告管理等措施对企业实施监督管理。

《管理暂行办法》实施过程中，也遇到相关问题，如管理缺乏强制约束力、各部门协同监管困难、新问题新情况管理存在空白、回收利用企业门槛低、溯源管理制度有待优化完善等。为解决上述问题，《新能源汽车动力蓄电池回收利用管理办法》已被列入工业和信息化部《2023 年规章制定工作计划》中。

2. 规范要求持续落地实施，助推提升行业规范水平

为适应行业发展新形势，加强废旧动力电池综合利用行业管理，规范行业和市场秩序，促进废旧动力电池综合利用产业规模化、规范化、专业化发展，工业和信息化部修订发布了《新能源汽车废旧动力蓄电池综合利用行业规范条件（2019 年本）》（以下简称《规范条件》）和《新能源汽车废旧动力蓄电池综合利用行业规范公告管理暂行办法（2019 年本）》（中华人民共和国工业和信息化部公告 2019 年第 59 号）（以下简称《公告管理暂行办法》）。

《规范条件》围绕企业布局与项目选址、技术装备和工艺、资源综合利用及能耗、环境保护、产品质量和职业教育、安全生产、人身健康和社会责任等方面对梯次利用企业和再生利用企业提出相关要求。

在企业布局与项目选址方面，要求企业项目建设要符合国家政策以及地区相关要求，同时要求企业布局与企业废旧动力电池回收规模相适应。

在技术装备和工艺方面，对场地、溯源管理、产线提出相关要求。其中场地方面，要求企业具备土地证或土地租用合同不少于 15 年，场地要满足硬化、防渗漏、耐腐蚀等要求，面积与企业综合利用能力相适应。溯源管理方面，要求梯次利用企业申请厂商代码，规范编码标识，建立梯次产品回收

体系，同时具备信息化溯源能力，规范上传溯源信息，再生利用企业要求相对较低，要求具备信息化溯源能力并规范上传溯源信息即可。产线要求方面，要求企业采用节能、节水、环保、清洁、高效、智能的新技术和新工艺，淘汰能耗高、污染重的技术及工艺，此外还要求梯次利用企业具备废旧电池主要性能指标以及安全性的检测技术及设备，具备机械化或自动化拆分设备以及无损化拆分工艺，具有梯次产品质量、安全等性能检验技术设备和工艺；再生利用企业具有安全拆解与再生利用机械化作业平台及工艺，具备产业化应用的湿法、火法或材料修复等工艺，使用环保效益好、回收效率高的再生利用技术及工艺。

在资源综合利用及能耗方面，对资源综合利用、能源消耗提出相关要求。其中资源综合利用方面，要求企业生产过程中产生的零部件、材料（如石墨、橡胶等）及不可利用残余物合理回收和规范处理，并做好跟踪管理，此外要求梯次利用企业规范回收报废梯次产品并移交至再生利用企业，再生利用企业镍、钴、锰的综合回收率应不低于98%，锂回收率不低于85%，工艺废水循环利用率不低于90%。能源消耗方面，要求企业建立用能考核制度，加强各环节能耗管控，降低综合能耗。

在环境保护方面，要求企业项目建设符合环境保护"三同时"要求并竣工验收，通过环境管理体系认证，申请排污许可证，实施废气及废水在线监测，具备环保收集与处理设施设备，制定突发环境事件或污染事件应急设施与处理预案，同时针对再生利用企业，要求定期开展清洁生产审核并通过验收。

在产品质量和职业教育方面，对质量管理和职工教育提出要求。其中质量管理方面，要求企业具备完善的质量管理制度，通过质量管理体系认证，制定不低于国家或行业标准的企业质量管理标准，建立完整的信息化生产过程管理体系。在职工教育方面，要求建立职业教育培训管理制度及职工教育档案，定期开展培训，工作人员规范作业，持证上岗。

在安全生产、人身健康和社会责任方面，对安全生产、职工健康提出要求。其中安全生产方面，要求企业项目建设符合安全生产"三同时"要求并竣工验收，配备相应的安全防护设施、消防设备和安全管理人员，作业环境及电池运输符合国家相关法规及标准，开展安全生产标准化和隐患排查治理体系建设。职工健康方面，要求企业具备安全生产、劳动保护和职业危害防治条件，通过职业健康安全管理体系认证，用工制度符合《劳动保护法》规定。

《公告管理暂行办法》明确了规范条件企业申报审核流程以及公告后监督管理措施。其中申报审核流程方面，申报企业首先需填写申请书报送省级工信主管部门初审，通过后省级工信主管部门将企业申请材料及审核意见报送工业和信息化部，工业和信息化部组织专家进行材料审核和现场审查，确定符合《规范条件》要求的企业名单并在网站公示。公告后监督管理措施方面，要求各省级工业和信息化部主管部门对列入公告名单的当地企业进行不定期监督检查，将监督检查结果于每年 4 月 30 日前报送工业和信息化部，同时要求已公告企业按照《规范条件》要求组织生产经营活动，并在每年第一季度结束前通过省级工业和信息化部主管部门向工业和信息化部提交《新能源汽车废旧动力蓄电池综合利用行业规范条件执行情况和企业发展年度报告》，此外已公告企业如与《规范条件》相关的情况发生变化时，及时报省级工业和信息化部主管部门，并在 1 年内完成整改升级，并补充必要证明材料。

截至 2022 年底，工业和信息化部已公告 4 批共 84 家符合《新能源汽车废旧动力蓄电池综合利用行业规范条件》企业名单，其中 44 家梯次利用企业，32 家再生利用企业，8 家综合利用企业，新能源汽车废旧动力电池综合利用行业整体规范化管理水平有所提升，有力推动了废旧动力电池规模化、安全化、环保化及高值化利用。但与此同时，当前行业仍存在一些问题，如废旧动力电池预处理的企业尚未纳入行业规范管理范围、部分已公告企业未持续按《规范条件》要求开展回收利用工作、部分企业申报产能与实际产能不匹配等，因此应该做好已公告企业监督管理工作，实行"有进有出"动态调整机制，加强行业规范化管理，培育壮大梯次和再生利用骨干企业。

3. 梯次利用管理逐步完善，加快梯次产品推广应用

为加强新能源汽车动力电池梯次利用管理，提升资源综合利用水平，保

障梯次利用电池产品（以下简称"梯次产品"）的质量，保护生态环境，进一步规范和引导行业高质量发展，2021 年 8 月，工业和信息化部印发《新能源汽车动力蓄电池梯次利用管理办法》（工信部联节〔2021〕114 号）（以下简称《梯次利用管理办法》），明确梯次产品生产、使用、回收利用全过程相关要求，完善梯次利用管理机制。

《梯次利用管理办法》以引导产业高质量发展为出发点，一是突出梯次利用企业的主体责任，要求企业在梯次产品设计生产、包装运输、回收利用等全生命周期内履行生产者责任，落实相应管理要求；二是强调产品质量与环保处置，明确梯次利用企业在产品研发、试验验证、生产质量管理、报废回收等方面要求，保障梯次产品电性能和可靠性，以及产品报废后的规范回收处置；三是强化行业协同发展，对产业链合作、数据共享及知识产权保护等提出原则性要求，引导行业规范有序发展，提升整体技术水平；四是重视发挥市场机制作用，通过产品认证等措施推动行业提升梯次产品质量；五是注重政策联动，与已实施的《新能源汽车废旧动力蓄电池综合利用行业规范条件》《新能源汽车动力蓄电池回收利用溯源管理暂行规定》《新能源汽车动力蓄电池回收服务网点建设和运营指南》，以及市场监管总局的认证制度等形成政策合力。

2023 年 3 月，国家市场监督管理总局、工业和信息化部印发《关于开展新能源汽车动力电池梯次利用产品认证工作的公告》（2023 年第 7 号）（以下简称《梯次产品认证公告》），鼓励有条件的地方在重点工程中使用获证梯次利用产品，鼓励符合条件的生产获证梯次利用产品的企业申请认定为专精特新"小巨人"企业，支持保险机构发展适合梯次利用产品的财产保险和产品责任保险，为其应用推广提供风险保障，鼓励开发银行统筹用好抵押补充贷款资金、绿色信贷、绿色融资服务等，给予低成本资金支持。

《梯次利用管理办法》以及《梯次产品认证公告》的实施，将健全动力电池梯次利用市场体系，加快梯次产品推广应用，提升梯次产品市场认可度，降低梯次利用企业运营压力，促进动力电池梯次利用行业健康有序发展。

2.2 标准体系

2.2.1 退役电池回收利用标准现状概述

标准化工作是行业发展的技术性基础工作，在便利经贸往来、支撑产业发展、促进科技进步、规范社会治理中的作用日益凸显。近年来，我国对标准化工作的重视不断提升，顶层设计不断强化。2021 年 10 月 10 日，中共中央、国务院印发《国家标准化发展纲要》（以下简称《纲要》），《纲要》布局了标准化自身的发展和服务经济社会发展的重要任务，指明了标准化发展的方向和目标。同时，《纲要》提出要加强关键技术领域标准研究，要在两化融合、新一代信息技术、大数据、区块链、卫生健康、新能源、新材料等应用前景广阔的技术领域，同步部署技术研发、标准研制与产业推广，加快新技术产业化步伐。2022 年 7 月 6 日，《贯彻实施〈国家标准化发展纲要〉行动计划》（国市监标技发〔2022〕64 号）印发，要求有序推进任务落实，更好发挥标准化在推进国家治理体系和治理能力现代化中的基础性、引领性作用。

为了落实《纲要》的相关要求，2022 年 2 月 15 日，国家标准化管理委员会印发《2022 年全国标准化工作要点》（国标委发〔2022〕8 号），分别从健全高质量发展的标准体系、增强标准化发展动力、强化标准实施与监督、深化标准制度开放、提升标准化治理能力等方面进行了详细的工作部署。随后，多个领域分别紧贴技术发展趋势和行业实际需求，制定本领域的标准化工作要点，提升标准化工作的引领支撑作用。2022 年 3 月 18 日，工业和信息化部发布《2022 年汽车标准化工作要点》，提出要加快新兴领域标准研制，在新能源汽车领域要开展动力电池耐久性标准预研，推进动力电池电性能、热管理系统、排气试验方法及动力电池回收利用通用要求、管理规范等标准研究，促进动力电池性能提升和绿色发展。其中，加快动力电池回收利用相关标准的研究制定再次被提出。

　　随着退役电池回收利用产业发展进程推进、技术工艺创新以及产品应用推广，对退役电池回收利用标准体系的完整性、先进性和创新性需求持续增加，我国也逐渐发布多项退役电池回收利用相关的国家标准和行业标准。退役电池的回收利用应基于全生命周期，从新产品设计阶段就考虑未来报废回收的梯次利用和再生利用问题，因此，标准的制定应该涉及电池的设计与生产、报废与回收、梯次利用、再生利用等全生命周期的多个环节，以及各个环节的基础通用和管理规范。截至 2023 年 4 月 1 日，我国现行有效的与回收利用相关的国家标准有 16 项，行业标准 20 项，主要为推荐性标准，可涵盖电池全生命周期的生产、销售、使用、回收及再利用等多个环节。

　　国家标准方面，现行有效的退役电池回收利用方面的国家标准有 16 项，其中 10 项适用于车用动力电池，且主要覆盖梯次利用和再生利用环节，其余 6 项适用于应用领域更为广泛的废旧电池或锂电池废料。我国退役电池回收利用行业现行有效的国家标准见表 2-1。整体来说，退役电池回收利用的国家标准已涉及电池全生命周期的多个环节，但未适用于多领域退役电池，仍难以满足梯次利用复杂使用场景需求及再生利用多环节技术要求。

表 2-1　我国退役电池回收利用行业现行有效的国家标准

序号	标准名称	实施时间
1	GB/T 34013—2017《电动汽车用动力蓄电池产品规格尺寸》	2018/2/1
2	GB/T 34014—2017《汽车动力蓄电池编码规则》	2018/2/1
3	GB/T 38698.1—2020《车用动力电池回收利用 管理规范 第 1 部分：包装运输》	2020/10/1
4	GB/T 34015—2017《车用动力电池回收利用 余能检测》	2018/2/1
5	GB/T 34015.2—2020《车用动力电池回收利用 梯次利用 第 2 部分：拆卸要求》	2020/10/1
6	GB/T 34015.3—2021《车用动力电池回收利用 梯次利用 第 3 部分：梯次利用要求》	2022/3/1
7	GB/T 34015.4—2021《车用动力电池回收利用 梯次利用 第 4 部分：梯次利用产品标识》	2022/3/1
8	GB/T 33598—2017《车用动力电池回收利用 拆解规范》	2017/12/1
9	GB/T 33598.2—2020《车用动力电池回收利用 再生利用 第 2 部分：材料回收要求》	2020/10/1

（续）

序号	标准名称	实施时间
10	GB/T 33598.3—2021《车用动力电池回收利用 再生利用 第3部分：放电规范》	2022/5/1
11	GB/T 33059—2016《锂离子电池材料废弃物回收利用的处理方法》	2017/5/1
12	GB/T 33060—2016《废电池处理中废液的处理处置方法》	2017/5/1
13	GB/T 34695—2017《废弃电池化学品处理处置术语》	2018/5/1
14	GB/T 36576—2018《废电池分类及代码》	2019/4/1
15	GB/T 38103—2019《含锂废料处理处置方法》	2020/9/1
16	GB/T 39224—2020《废旧电池回收技术规范》	2021/6/1

注：统计时间截止到2023年4月1日。

　　基础通用方面，GB/T 34014—2017对新电池和梯次利用电池的编码规则等方面做出要求，为后续电池全生命周期管理奠定了基础。GB/T 34695—2017规定了废弃电池化学品处理处置术语，以及适应于废弃电池化学品的分类、收集、贮存、运输、回收、处理和处置及日常管理等相关活动。GB/T 36576—2018规定了废电池的术语和定义、分类方法、编码规则和代码结构、分类和代码。

　　管理规范方面，为了给行业与标准使用者提供完善的术语指导，《车用动力电池回收利用 通用要求》已处于批准阶段，规定了车用动力电池回收利用过程的术语和定义、原则、基本要求、回收要求和综合利用要求。该标准提出应基于全生命周期原则，坚持产品全生命周期理念，从新产品设计阶段就考虑未来报废回收的梯次利用和再生利用问题。

　　报废与回收环节，GB/T 38698.1—2020规定了车用退役动力电池回收利用包装运输的术语和定义、分类要求、一般要求、包装要求、运输要求以及标志要求。GB/T 38698系列标准中的第2部分回收服务网点标准已于2022年1月开始征求意见，主要是动力电池回收服务网点的建设、作业以及安全环保要求等方面进行规定。另外，GB/T 39224—2020规定了废旧电池回收的总体要求、收集要求、分拣要求、运输要求和贮存要求。

　　梯次利用环节，GB/T 34015系列标准分别对梯次利用环节余能检测、拆卸要求、梯次利用要求及产品标识等方面进行了规范和要求。GB/T 34015—2017 及 GB/T 34015.2—2020 两项标准是对梯次利用产品准备阶段的要求，GB/T 34015.3—2021 和 GB/T 34015.4—2021 则分别规定了车用动力电池梯次利用实际操作的要求和梯次利用产品标识的要求，为梯次利用产品的生产和销售提供了标准化依据，延长了产品的生命周期，也是国家对于废旧新能源汽车动力电池回收利用管理政策的重要支撑。

再生利用环节，车用动力电池方面，GB/T 33598 系列标准已发布 3 个部分，分别为拆解规范、材料回收要求、放电规范，为废旧动力电池再生利用企业提供技术参考，进一步加强废旧动力电池综合利用过程的安全、环保，促进废旧动力电池资源综合利用的可持续发展。另外，GB/T 33059—2016 规定了锂离子电池材料废弃物回收利用的术语和定义、方法提要、原辅料和设备、处理条件及工艺控制要求、环境保护和安全要求。GB/T 33060—2016 规定了废电池处理中废液的处理处置的术语和定义、电解液的处理处置方法、金属离子再利用过程中产生的废液的处理处置方法、环境保护和安全要求。GB/T 38103—2019 规定了含锂废料的来源、处理处置方法和环境保护要求，适用于含锂废料的处理处置。

行业标准方面，我国退役电池回收利用行业现行有效的行业标准有 20 项，见表 2-2，可涵盖国内贸易（SB）、化工（HG）、有色金属（YS）、物资管理（WB）、通信（YD）、汽车（QC）、环境保护（HJ）、能源（NB）等多个行业，主要是适用于回收管理和湿法冶炼等环节。行业标准是国家标准的补充，用于统一单个行业的技术要求，但目前现行行业标准尚未覆盖退役电池回收利用的各个环节，尤其是缺少梯次利用环节的相关标准。

化工行业共计涉及 7 项标准，主要适用于对湿法回收废电池中镍钴元素回收过程及废电池化学放电、回收热解及冷却液处理处置过程。另外，HG/T 6124—2022《废弃锂电池处理处置行业绿色工厂评价要求》将于 2023 年 4 月 1 日开始实施，主要适用于废弃锂电池处理处置行业再生利用企业的绿色工厂评价。有色金属行业共计涉及 5 项标准，主要适用于湿法冶炼处理废旧锂电池的破碎分选和二次电池废料中的镍钴锰锂含量测定。物资管理行业共涉及 3 项

表 2-2　我国退役电池回收利用行业现行有效的行业标准

序号	行业领域	标准名称	实施时间
1	国内贸易	SB/T 10901—2012《废电池分类》	2013/9/1
2		HG/T 5019—2016《废电池中镍钴回收方法》	2017/1/1
3		HG/T 5545—2019《锂离子电池材料废弃物中镍含量的测定》	2020/4/1
4		HG/T 5812—2020《含锂废料回收利用方法》	2021/4/1
5	化工	HG/T 5815—2020《废电池化学放电技术规范》	2021/4/1
6		HG/T 5816—2020《废电池回收热解技术规范》	2021/4/1
7		HG/T 5963—2021《废电池冷却液处理处置技术规范》	2022/2/1
8		HG/T 6124—2022《废弃锂电池处理处置行业绿色工厂评价要求》	2023/4/1
9		YS/T 1174—2017《废旧电池破碎分选回收技术规范》	2018/4/1
10		YS/T 1342.1—2019《二次电池废料化学分析方法 第 1 部分：镍含量的测定 丁二酮肟重量法和火焰原子吸收光谱法》	2020/1/1
11	有色金属	YS/T 1342.2—2019《二次电池废料化学分析方法 第 2 部分：钴含量的测定 电位滴定法和火焰原子吸收光谱法》	2020/1/1
12		YS/T 1342.3—2019《二次电池废料化学分析方法 第 3 部分：锰含量的测定 电位滴定法和火焰原子吸收光谱法》	2020/1/1
13		YS/T 1342.4—2019《二次电池废料化学分析方法 第 4 部分：锂含量的测定 火焰原子吸收光谱法》	2020/1/1
14		WB/T 1061—2016《废蓄电池回收管理规范》	2017/1/1
15	物资管理	WB/T 1105—2020《废旧动力蓄电池金属物流箱技术要求》	2020/6/1
16		WB/T 1120—2022《废旧动力蓄电池回收服务规范》	2022/7/1
17	通信	YD/T 3768.1—2020《通信基站梯次利用车用动力电池的技术要求与试验方法 第 1 部分：磷酸铁锂电池》	2020/10/1
18	环境保护	HJ 1186—2021《废锂离子动力蓄电池处理污染控制技术规范（试行）》	2022/1/1
19	汽车	QC/T 1156—2021《车用动力电池回收利用 单体拆解技术规范》	2022/2/1
20	能源	NB/T 10826—2021《车用动力电池回收利用 电芯绝缘性能及容量评定方法》	2022/2/16

注：统计时间截止到 2023 年 4 月 1 日。

标准，其中两项主要适用于废旧电池的回收服务与管理，一项是规定了废旧动力电池金属物流箱的要求、试验方法、检验规则、标志、运输和贮存。通信行业相关标准有一项，主要规定了通信基站用梯次利用车用动力磷酸铁锂电池/电池组的相关要求，是唯——项涉及梯次利用环节的行业标准。汽车行业相关标准仅有一项，主要适用于退役车用动力锂离子单体电池的拆解，进一步弥补 GB/T 33598—2017 仅适用于车用动力电池包和模组拆解的局限性。能源行业相关标准有一项，适用于车用废旧动力电池电芯绝缘性能及容量评定。环境保护行业涉及一项强制性标准，HJ 1186—2021 适用于废锂离子动力电池处理过程的污染控制，对加强废锂离子动力电池处理过程污染防治提出一系列要求，可作为废锂离子动力电池处理有关建设项目环境影响评价、建设运行、竣工环境保护验收、排污许可管理等的技术参考依据。

2.2.2　2022 年重点标准解读

2022 年，我国退役电池回收利用标准化相关工作有序推进，发布或开始制定了一批重点标准，对促进退役电池回收利用产业高质量发展产生重要影响。

国家标准中，车用动力电池梯次利用系列标准的梯次利用要求（GB/T 34015.3—2021）和产品标识（GB/T 34015.4—2021）、车用动力电池再生利用系列标准的放电规范（GB/T 33598.3—2021)分别于2022 年3 月和5 月实施；另外，全国汽车标准化技术委员会已开展车用动力电池领域的回收服务网点（计划号：20205114-T-339）及通用要求（计划号：20213562-T-339）两项标准的研制工作，并已向社会公开征求意见。

《车用动力电池回收利用 梯次利用 第 3 部分：梯次利用要求》（GB/T 34015.3—2021）和《车用动力电池回收利用 梯次利用 第 4 部分：梯次利用产品标识》（GB/T 34015.4—2021）两项标准同时实施，可指导企业开展动力电池梯次利用和规范梯次利用产品的标识工作。GB/T 34015.3—2021 规定了梯次利用的总体要求、外观及性能要求和梯次利用产品一般要求。根据标准要求，梯次利用产品生产企业应承担梯次利用产品的售后、回收等相关责任；

梯次利用产品报废后应交由符合国家法律法规要求的再生利用企业进行回收处理；梯次利用产品生产企业必须对被利用电池充分溯源，并进行有效评估；梯次利用产品标识标签和包装应符合相关法律法规的要求。GB/T 34015.3—2021 适用于退役车用动力电池的梯次利用产品进行标识，规定了产品标识的标识构成、标志要求、标示位置、标示方式及标示要求。标识构成包括以下七项内容：符合规定的梯次利用产品标志、产品中文名称、梯次利用生产企业名称或注册商标、梯次利用产品生产日期、梯次利用产品规格型号、梯次利用产品执行标准、符合 GB/T 34014—2017 要求的梯次利用产品编码。该标准可规范梯次利用产品的标识，保障消费者的知情权，也可提升动力电池全生命周期溯源信息完整性。

《车用动力电池回收利用 管理规范 第 2 部分：回收服务网点》（计划号：20205114-T-339）已于 2022 年 1 月形成公开征求意见稿。该标准规定了动力电池回收服务网点的建设、作业以及安全环保要求，明确了回收服务网点收集、贮存、信息采集等作业的具体要求，也重点强调了回收服务网点的安全环保要求，具备一定的实操性，可指导汽车生产企业和梯次利用企业规范建设和管理回收服务网点，也可作为回收服务网点管理依据，还可进一步规范支撑政府开展回收服务网点建设管理核查工作。

《车用动力电池回收利用 通用要求》（计划号：20213562-T-339）已于2023 年 2 月形成公开征求意见稿。该标准规定了车用动力电池回收利用过程的术语和定义、原则、基本要求、回收要求和综合利用要求。其中，基本要求包括一般要求、动力电池产品要求、溯源管理要求、安全要求、环保要求、回收利用应急管理要求；回收要求包括拆卸要求、收集要求、分类要求、包装与运输要求、装卸与搬运要求、贮存要求；综合利用要求包括梯次利用要求、梯次利用产品要求、再生利用要求、再生利用产品要求。可见，该标准已涵盖动力电池生产、退役动力电池收集、分类、贮存、运输、放电、拆解、检测评估与重组、破碎分选、热处理、有价金属回收等全环节，内容详细，可全面指导企业作业，同时也可作为后续细化领域标准开发、研究和应用的通用语言，有利于给出新能源汽车动力电池回收利用的管理及技术规范通用要求，统一了车用动力电池回收利用产业的相关术语。值得注意的是，2022 年 2 月 10 日，欧洲议会投票通过《欧盟电池与废电池法规》中明确提出了车用动力电池中再生原材料的含量要求及相应时间节点要求，为了今后各成员国电池企业参与国际竞争，助力实现"双碳"战略目标，该标准首次针对动力电池再生材料的使用情况，要求电池生产企业通过电池标签或说明书等形式披露电池中再生料含量的比例，同时给出了再生料使用比例的计算方法。

行业标准中，化工、汽车和物资管理等行业均有相关标准开始实施，从污染控制、回收服务及绿色工厂评价等多个角度对电池回收利用行业进行规范。

HJ 1186—2021《废锂离子动力蓄电池处理污染控制技术规范（试行）》于 2022 年 1 月 1 日开始实施，规定了废锂离子动力电池处理的总体要求、处理过程污染控制技术要求、污染物排放控制与环境监测要求和运行环境管理要求。总体要求部分从环境污染防治角度，对废锂离子动力电池处理相关的企业建厂选址、设施设备设置、技术工艺选择、污染物排放控制等方面的原则性要求做出规范。处理过程污染控制技术要求部分按照废锂离子动力电池的一般性处理流程，对入厂、拆解、焙烧、破碎、分选、材料回收等不同环节的技术要求做出规范。污染物排放控制与环境监测要求部分从废气、废水、固体废物、噪声等不同方面，对废锂离子动力电池处理过程的污染物排放控制与环境监测要求做出规范。运行环境管理要求部分从规范废锂离子动力电池处理企业运行管理角度出发，对企业的运行条件、人员培训、监测及评估制度进行规范。

NB/T 10826—2021《车用动力电池回收利用 电芯绝缘性能及容量评定方法》于 2022 年 2 月 16 日开始实施，该标准适用于车用废旧动力电池电芯绝缘性能及容量评定，规定了车用废旧动力电池电芯绝缘性能及容量评定的术语和定义、标志和标识、检测要求、试验方法、试验结果、试验数据的分散性和试验报告。按标准要求，需要对废旧动力电池电芯进行外观检查、电压判别、绝缘电阻测量、耐电压测量及容量测试，为指导车用动力电池回收利用提供了很好的技术依据。

WB/T 1120—2022《废旧动力蓄电池回收服务规范》于 2022 年 6 月发布，并于 2022 年 7 月 1 日开始实施，适用于废旧锂离子动力电池回收服务活动，规定了废旧动力电池回收服务的回收方要求、服务要求、异常处理、信息反馈、评价与改进。该标准有利于确保回收过程的合规性，对规范我国废旧动力电池回收服务行为和市场秩序起到重要作用，可提升动力电池回收服务行业服务质量水平和形象。

HG/T 6124—2022《废弃锂电池处理处置行业绿色工厂评价要求》于 2022 年 9 月发布，于 2023 年 4 月 1 日开始实施，适用于废弃锂电池处理处置行业再生利用企业的绿色工厂评价，规定了废弃锂电池处理处置行业绿色工厂评价总则、评价指标及要求和评价程序。建设绿色工厂是废弃锂电池处理处置行业的中长期发展目标，各行业的绿色工厂评价体系逐渐形成，本标准在参考了石油和化工行业及有色金属冶炼业的绿色工厂评价导则的基础上，构建了废电池回收利用绿色工厂评价体系，是绿色制造标准体系建设的健全和完善，也是废电池回收利用绿色标准化工作的细化和落实，能够进一步促进回收利用市场良性发展。

2.2.3 退役电池回收利用行业标准体系

2022 年 2 月 22 日，经工业和信息化部科技司批复，工业和信息化部退役电池回收利用行业标准化工作组（以下简称工作组）正式成立。工作组委员由政府部门、行业企业、高等院校、科研院所、行业协会等有关方面选派的专家组成。工作组秘书处设在中国工业节能与清洁生产协会，秘书处日常工作由新能源电池回收利用专业委员会负责。2022 年，工作组根据工业和信息化部制定、修订标准计划要求，组织开展了标准体系研究及急用先行标准研制等工作。

工作组从退役电池回收利用行业发展实际出发，遵循"科学系统、功能明确，统筹协调、动态运行，共性先立、急用先行"的原则，按照新能源电池全生命周期全环节设计，并明确标准化的重点领域和方向，突出标准体系规范引领作用，构建了退役电池回收利用行业标准体系。"科学系统、功能明确"即以解决近期及远期侧重的问题为目的，满足新能源电池全生命周期各环节、各过程的需求，同时做到层次适当、划分清楚，避免重复交叉。"统筹协调、动态运行"即坚持各级各类标准协调发展，兼顾标准制定、实施与管理的通用性和专用性，同时体系应随着回收利用行业发展的变化而调整、更新和补充，满足新的需求，确保可持续性。"共性先立、急用先行"即结合回收利用行业发展需求，重点考虑关键难点，加快基础共性、急用先行的标准研究制定，提升标准的先进性、适用性和有效性。

退役电池回收利用行业标准体系见表 2-3，重点围绕新能源汽车、储能、电动自行车、船舶及无人机等领域，标准体系由三级组成。一级包括基础通用、管理规范、设计与生产、报废与回收、梯次利用、再生利用在内的 6 类标准，二级包括 22 类标准，三级是对二级标准分类进一步细化。

基础通用是退役电池回收利用行业标准的依据和基础，包括术语定义、符号标识、编码规则等。

管理规范是对退役电池回收利用各环节责任主体进行规范管理，包括综合管理、信息化管理、评估评价管理及安全环保管理等。综合管理涉及通用要求、建设要求和人员管理等方面，信息化管理涉及溯源、监测和数字化管理等方面，评估评价管理涉及生产者责任、绿色产品和绿色工厂评价等方面，安全环保管理涉及安全环保要求和碳排放管理等方面。

设计与生产是正向研发时对电池易回收利用设计和生产提出相关要求，电池的设计及生产直接影响后续回收利用的便利性及可追溯性，因此有必要对电池生产前端就进行规范，即需要分别对单体、模组及电池包提出设计要求和生产要求。

报废与回收主要针对退役电池从使用端到梯次利用或再生利用之间过程涉及的拆卸、运输、贮存及分类等提出的规范和要求，同时也对过程中需要的物流箱、放电柜、防爆箱及安全箱等设施设备提出规范和要求。

梯次利用和再生利用是对梯次利用及再生利用各环节中涉及技术、产品和设备等方面进行规范和要求。梯次利用流程主要包括拆解、检测、分选和重组环节，产品要求涉及技术要求、质量认证和维保要求等方面。再生利用中预处理包括放电、拆解、热解及破碎分选等，再生工艺主要涉及火法、湿法、物理修复和生物法回收技术以及废物回收技术等，产品要求涉及材料回收要求、金属含量测定及回收率检测评估等。

表2-3　退役电池回收利用行业标准体系

一级	二级	三级
0- 基础通用	0-1 术语定义	—
	0-2 符号标识	—
	0-3 编码规则	—
1- 管理规范	1-1 综合管理	1-1-1 通用要求
		1-1-2 建设要求
		1-1-3 人员管理
		1-1-4 其他
	1-2 信息化管理	1-2-1 溯源管理
		1-2-2 监测管理
		1-2-3 数字化管理
		1-2-4 其他
	1-3 评估评价管理	1-3-1 生产者责任评价
		1-3-2 绿色产品评价
		1-3-3 绿色工厂评价
		1-3-4 其他
	1-4 安全环保管理	1-4-1 安全环保要求
		1-4-2 碳排放管理
		1-4-3 其他
2- 设计与生产	2-1 设计要求	2-1-1 单体设计要求
		2-1-2 模组 / 包设计要求
		2-1-3 其他
	2-2 生产要求	—

（续）

一级	二级	三级
3- 报废与回收	3-1 总体要求	—
	3-2 回收流程	3-2-1 拆卸
		3-2-2 运输
		3-2-3 贮存
		3-2-4 其他
	3-3 分类判定	—
	3-4 设施设备	3-4-1 物流箱
		3-4-2 放电柜
		3-4-3 防爆箱
		3-4-4 安全箱
		3-4-5 其他
4- 梯次利用	4-1 总体要求	—
	4-2 梯次流程	4-2-1 拆解
		4-2-2 检测
		4-2-3 分选
		4-2-4 重组
		4-2-5 其他
	4-3 产品要求	4-3-1 技术要求
		4-3-2 质量认证
		4-3-3 维保要求
		4-3-4 其他
	4-4 设施设备	—

（续）

一级	二级	三级
5- 再生利用	5-1 总体要求	—
	5-2 预处理	5-2-1 放电
		5-2-2 拆解
		5-2-3 热解
		5-2-4 破碎分选
		5-2-5 其他
	5-3 再生工艺	5-3-1 火法回收技术
		5-3-2 湿法回收技术
		5-3-3 物理修复技术
		5-3-4 生物法回收技术
		5-3-5 废物回收技术
		5-3-6 其他
	5-4 产品要求	5-4-1 材料回收要求
		5-4-2 金属含量测定
		5-4-3 回收率检测评估
		5-4-4 其他
	5-5 设施设备	—

第3章 产业发展

3.1 新能源电池原材料发展现状

3.1.1 初级原料行业发展现状

1. 锂原料市场

全球锂资源丰富，但资源量分布很不均匀。全球锂矿类型有盐湖卤水型、伟晶岩型（包括相关的花岗岩及云英岩型）、黏土型、锂沸石型、油气田卤水型和地热卤水型，其中以盐湖卤水型和伟晶岩型锂矿最为重要。全球锂资源主要集中在南美锂三角地区（阿根廷、玻利维亚和智利三国毗邻区域）、澳大利亚、中国、美国、刚果（金）和加拿大等国家和地区。盐湖卤水型锂矿主要分布在南美锂三角地区，是全球最重要的锂资源基地，其次是中国的青藏高原和美国西海岸。伟晶岩型锂矿全球分布广泛，主要分布在澳大利亚西部、中国青藏高原周边、刚果（金）等国家和地区。黏土型锂矿主要分布在北美科迪勒拉地区，包括美国西部和墨西哥等地区。

目前全球锂矿开发主要集中在智利、阿根廷、澳大利亚、加拿大、中国、美国以及少数其他国家。其中智利、阿根廷和中国都是以盐湖卤水型锂矿开发为主，而澳大利亚和加拿大则以开发硬岩型锂矿为主。

2022年金属锂价格快速上涨。 随着我国新能源汽车产业快速发展，金属锂需求量不断增加，带动价格波动较大。2022年1—3月，金属锂价格从167.9万元/t增长至295.2万元/t，涨幅达75.8%，4月金属锂价格突破300万元/t，5—12月，金属锂价格小幅下降，维持在300万元/t左右（图3-1）。

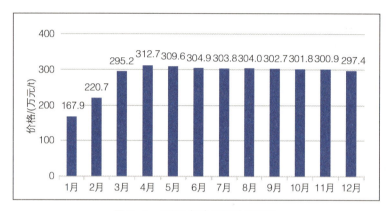

图3-1　2022年金属锂价格走势

数据来源：富宝锂电新能源

锂盐方面，由于锂矿成本不断攀升，推动锂盐价格上涨。2022年1月各大锂盐厂开始检修，同时国内盐湖受气候影响，产量增量较少，供给吃紧，锂盐价格进入快速上涨周期，3月电池级碳酸锂均价达51.0万元/t，氢氧化锂均价达48.2万元/t。2季度，受疫情影响，碳酸锂需求下降，锂价有所回落。3季度，随着下游产业链扩产，碳酸锂及氢氧化锂需求进一步增加，价格再次进入上升通道。4季度，资本进入市场，碳酸锂及氢氧化锂延续3季度涨势，11月电池级碳酸锂均价达58.9万元/t，市场部分散单成交价最高达63万元/t。随后，下游厂家联合抵制高价，需求放缓，材料厂减产，锂盐价格冲高后呈明显回调趋势（图3-2）。

2. 镍原料市场

全球镍矿资源丰富，分布较为广泛。 全球镍矿主要有硫化物型、红土型

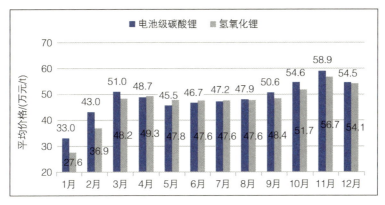

图 3-2 2022 年锂盐价格走势

数据来源：富宝锂电新能源

和海底多金属结核 / 结壳三种类型，目前开发的为硫化物型和红土型。全球镍资源主要分布在印度尼西亚、澳大利亚、俄罗斯、古巴、巴西、菲律宾、新喀里多尼亚、加拿大和中国等国家和地区，其中红土型镍矿主要分布于印度尼西亚、澳大利亚、菲律宾、古巴、巴西、新喀里多尼亚、巴布亚新几内亚等国家和地区；硫化物型镍矿主要分布于南非、加拿大、俄罗斯、澳大利亚、中国等国家。

2022 年电解镍价冲高后回落，波动较大。2022 年 1—4 月，新能源产业以及不锈钢市场较为旺盛，镍价延续 2021 年末的上涨趋势，4 月电解镍均价达 22.9 万元 /t，较年初涨幅达 38.8%。5—8 月，镍价进入调整阶段，8 月电解镍均价为 17.9 万元 /t。9—12 月，电解镍价格震荡上行，12 月均价涨至 22.5 万元 /t（图 3-3）。

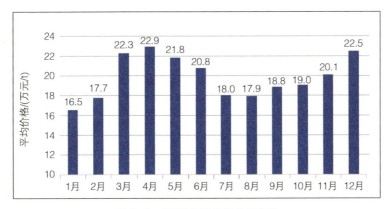

图 3-3 2022 年电解镍价格走势

数据来源：富宝锂电新能源

镍盐方面，2022 年硫酸镍价格走势与电解镍整体一致，波动较大。2022 年年初硫酸镍持续爬坡上调，3 月初达到顶峰，最高报价 6.1 万元 /t，均价 4.9 万元 /t，随后开始震荡下行走势，7 月底最低价为 3.5 万元 /t，均价约为 3.7 万元 /t。由于低价刺激，需求回暖，价格也逐步回升，但年末受下游需求转弱影响，价格再度走低，12 月硫酸镍均价 3.9 万元 /t（图 3-4）。

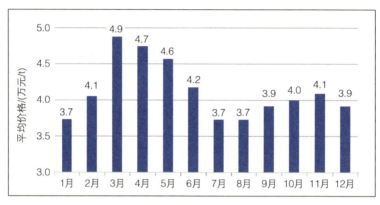

图 3-4　2022 年镍盐价格走势

数据来源：富宝锂电新能源

3. 钴原料市场

全球钴资源相对稀少，钴资源量高度集中。从总资源量上看，钴资源主要分布于刚果（金）、印度尼西亚、澳大利亚、加拿大、菲律宾、赞比亚、新喀里多尼亚等国家和地区。钴资源量分布呈现高度集中的特征，刚果（金）作为全球最重要的钴资源分布地区，其南部的中非铜钴成矿带集中了全球近一半的钴矿资源。

沉积岩型钴矿的开发主要集中在刚果（金），其次是赞比亚；红土型钴矿的开发主要集中在赤道附近国家，作为镍的伴生矿产开发，如澳大利亚、印度尼西亚等国；岩浆型钴矿的开发全球分布较广，如澳大利亚、加拿大、俄罗斯等国，作为伴生矿产回收。

2022 年地缘政治形势复杂，受疫情影响，钴价格呈现冲高回落走势。2022 年 1—3 月，市场采购意愿较强，国际钴价上涨导致国内原料成本压力加剧，国内钴价有所上升，3 月电解钴均价达 56.4 万元 /t。3—8 月，钴价冲高后开始回落，4 月受疫情影响，钴价进入下行周期。8—12 月，钴价触底后反弹，随后保持小幅震荡（图 3-5）。

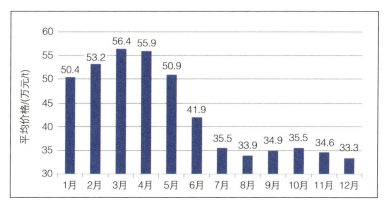

图 3-5 2022 年电解钴价格走势

数据来源：富宝锂电新能源

钴盐价格同钴价格走势一样，呈现冲高回落趋势。2022 年 1—3 月，硫酸钴缓慢爬坡，3 月均价达 11.9 万元/t，最高达 12.1 万元/t，随后价格一路下滑，8 月均价为 5.8 万元/t，最低价跌至 5.4 万元/t。8 月钴市场有所回暖，硫酸钴价格有所上升，但市场需求整体维持低迷，10 月底，价格再次转跌，12 月均价跌至 5.2 万元/t。四氧化三钴整体趋势与硫酸钴一致，2022 年最高均价 43.0 万元/t，最低均价 21.2 万元/t（图 3-6）。

图 3-6 2022 年钴盐价格走势

数据来源：富宝锂电新能源

3.1.2 电池材料行业发展现状

1. 正极材料市场

正极材料是能够直接决定锂电池能量密度和安全性，进而影响锂电池综合性能的决定性材料之一。正极材料在锂电池成本中占比超过40%，直接决定锂电池成本的高低。

正极材料市场主要分为动力市场、数码市场和储能市场。 动力市场以三元材料和磷酸铁锂为主，锰酸锂在小动力市场占有一定比例；数码市场以钴酸锂和锰酸锂为主；储能市场以磷酸铁锂为主。现阶段，正极材料除传统的四大主材——三元材料、磷酸铁锂、锰酸锂和钴酸锂除外，还有一些新技术升级产生的新材料，如无钴正极材料、大单晶三元材料、富锂锰基材料、新型磷酸盐系正极材料等。

2022年正极材料价格走势较为稳定。 2022年1季度，锂盐和终端需求强势拉涨三元材料价格。4月，523型三元正极材料均价36.9万元/t，622型三元正极材料均价38.6万元/t，811型三元正极材料均价41.7万元/t，分别较年初增长38.7%、37.4%、41.8%。下半年，下游市场需求逐渐恢复，3季度跟随锂盐价格小幅上涨，但整体市场表现保持稳定。磷酸铁锂正极材料方面，2022年下游动力市场和储能市场蓬勃发展，支撑磷酸铁锂正极材料价格持续上升。从年初强势上行后，在3—4月，磷酸铁锂正极材料价格依然坚挺，且在4季度磷酸铁锂正极材料未出现明显减产，价格相对稳定（图3-7）。

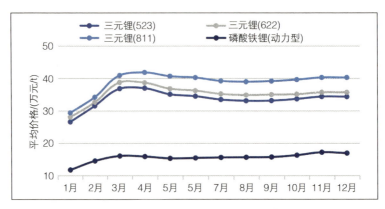

图3-7 2022年正极材料价格走势

数据来源：富宝锂电新能源

2. 负极材料市场

负极材料从原料看，主要包括天然石墨、石油焦、针状焦、沥青焦、二氧化硅、锂盐等原料；从产品看，可分为碳系负极材料和非碳负极材料；从需求看，主要应用于动力电池、消费电池、储能电池等领域。

负极材料市场以石墨类材料为主。 负极材料约占锂电池成本的 10%，目前常见的负极材料有石墨类（天然石墨 / 人造石墨）、硅基负极材料、钛基负极材料、锡基负极材料等。其中，由于电导率高、锂离子扩散系数大、嵌锂容量高、嵌锂电位低、材料来源广泛、成本低等优点，使石墨类负极材料在众多材料中脱颖而出，成为当前锂离子负极材料中的主流产品。

2022 年负极材料价格走势较为稳定。 2022 年上半年，在新能源汽车产销两旺、国外需求上升、限产限电政策放宽等多重利好因素的推动下，负极材料价格呈现上行趋势，人造石墨（高端）价格由年初 7.6 万元 /t 上涨至 8.2 万元 /t，涨幅达 7.9%。2022 年下半年，锂价高企，叠加多种因素，负极材料整体走势较为平稳（图 3-8）。

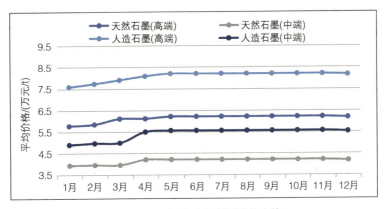

图 3-8　2022 年负极材料价格走势

数据来源：富宝锂电新能源

3. 电解液市场

电解液作为锂离子的载体，在充放电过程中运送锂离子，需要具有极高的离子电导率以及极小的电子电导率。锂电池电解液一般是由高纯度的有机溶剂、电解质锂盐和必要的添加剂等主要材料在一定的条件下，按照特定的比例配置而成，是锂电池获得高电压、高比能等优点的保证。

国内电解液市场快速发展壮大。电解液对于锂盐、溶剂、添加剂的纯度、水分和酸含量等要求较高，原料提纯和环境控制成为电解液生产中的难点之一。2002 年以前，我国电解液主要依赖进口。2003—2014 年，国产电解液逐渐进入市场，并取代进口产品。2015 年至今，新能源汽车行业高速发展推动电解液市场同行，多氟多、天赐材料等国内龙头企业逐渐显现。

2022 年电解液市场价格呈现下滑趋势。六氟磷酸锂作为目前最主流的电解液电解质，由于供需不平衡等原因，2022 年 3 月均价达到 56.3 万元 /t，随后由于新建产能逐步释放，价格迅速回落，7 月份均价跌至 25.4 万元 /t，12 月六氟磷酸锂均价跌至 25.0 万元 /t，部分成交价跌破 20 万元 /t（图 3-9）。

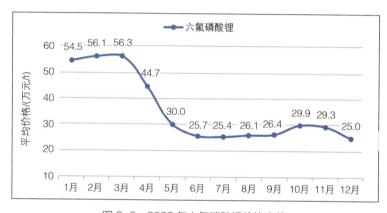

图 3-9　2022 年六氟磷酸锂价格走势

数据来源：富宝锂电新能源

4. 隔膜市场

锂电池隔膜是锂电池的重要组成部分，是锂电池产业链中最具技术壁垒的关键内层组件。锂电池隔膜隔绝电池正负极防止短路，同时在充放电时为锂离子迁移提供通道，对电池的电阻、容量和寿命有着重要影响，并在一定程度上决定着电池的安全性能。

隔膜材料市场以聚烯烃隔膜为主。目前，市场上主流锂电池隔膜主要是聚烯烃隔膜，主要包括聚丙烯、聚乙烯、聚丙烯复合材料和聚乙烯复合材料。聚烯烃可提供良好的力学性能、离子电导率和电气强度，是当前锂电池隔膜的主要原材料。

隔膜材料市场价格较为稳定。隔膜的产品类型主要分为干法隔膜和湿法隔膜。2022 年国内锂电池市场大力发展，叠加国外动力电池市场出货量提升，国内隔膜出口增加，带动锂电池隔膜出货量不断上升，上半年隔膜价格小幅上升，下半年保持稳定。如 5 月 9μm 湿法隔膜均价达 1.39 万元 /t，较年初增长 3.0%，6 月至年末价格保持稳定（图 3-10）。

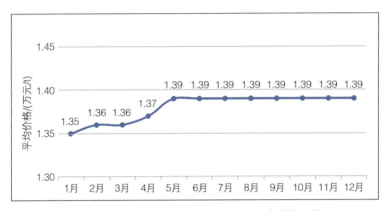

图 3-10　2022 年隔膜（湿法隔膜 9μm）价格走势

数据来源：富宝锂电新能源

5. 锂电池回收市场

受前端材料价格上升影响，2022 年锂电池废料回收市场火热。随着碳酸锂行情变动，2022 年锂电废料价格整体经历四个阶段：缓慢上涨、高位回调、强势上涨、走势趋软。2022 年 1—3 月，新能源汽车销量大幅提升，材料企业集中备货，但供给端青海盐湖冬季减产，国外盐企下调增量预期，碳酸锂供需矛盾进一步凸显，锂电池废料加速上行。3—5 月，产业整体走弱，锂电池废料价格高位回落。5—11 月，终端需求逐渐恢复，碳酸锂价格猛涨带动锂电池回收市场火热，锂电池废料价格随之强势上涨；11—12 月，碳酸锂价格骤降带动后端回收市场震荡，废料平均跌幅达到 30%~40%。

锂电池废料回收价格高涨。2022 年，各类型废三元电池价格平均涨幅达 89.8%，三元废料价格最高成交价达 8 万元 /t。各类型废磷酸铁锂电池价格平均涨幅达 265.5%，其中铁锂钢壳电池因前期价格较低，上涨空间更大，涨幅高达 411.6%。各类型废钴酸锂电池价格平均涨幅为 −0.5%，年内废钴酸锂电池价格呈现先涨后跌再企稳的走势。各类型废未注液极片价格平均涨幅为 89.4%，其中铁锂极片价格涨幅达 174.7%，锰酸锂极片价格涨幅为 148.0%，三元极片价格涨幅为 56.4%，钴酸锂极片价格下降 21.4%。各类型废极片破碎粉料价格平均涨幅为 58.1%，其中铁锂粉料价格涨幅达 123.5%，相对于电池和极片，粉料更加贴近货值本身，溢价相对较小（表 3-1）。

表 3-1　2022 年锂电废料回收价格统计　　　　（单位：万元 /t）

类型		1 月均价	12 月均价	2022 年均价	最高价	期间涨幅
三元废电池	18650 三元	2.76	4.98	4.07	6.50	80.4%
	三元聚合物	3.28	6.34	5.05	8.00	93.3%
	三元铝壳	3.11	6.09	4.77	7.60	95.8%
三元废电池平均涨幅						89.8%
铁锂废电池	铁锂铝壳	0.93	2.68	2.00	3.85	188.2%
	铁锂钢壳	0.43	2.20	1.63	3.45	411.6%
	铁锂聚合物	0.94	2.79	2.08	4.05	196.8%
铁锂废电池平均涨幅						265.5
纯钴废电池	钴酸锂聚合物	9.54	9.11	9.41	12.40	−4.5%
	钴酸锂铝壳	7.42	8.18	8.04	10.50	10.2%
	手机（杂电）	4.89	4.79	5.02	7.25	−2.0%
	3C- 苹果条	9.92	9.37	9.97	13.50	−5.5%
纯钴废电池平均涨幅						−0.5%
未注液极片	三元 523 正极片	8.90	13.92	12.58	17.20	56.4%
	钴酸锂正极片	23.50	18.46	21.77	30.88	−21.4%
	锰酸锂正极片	2.44	6.05	4.95	7.85	148.0%
	铁锂双面正极片	2.57	7.06	6.00	9.00	174.7%
未注液极片平均涨幅						89.4%
极片粉料	三元 523 极片粉	10.54	17.38	15.23	21.20	64.9%
	铁锂 3.8 品类黑粉	3.87	8.65	7.88	11.55	123.5%
	钴酸锂极片粉	27.68	23.78	26.59	36.80	−14.1%
极片粉料平均涨幅						58.1%

数据来源：富宝锂电新能源

3.2 新能源电池生产端发展现状

3.2.1 新能源电池行业发展现状

1. 出货量分析

全球新能源电池产业规模不断扩大。 从全球市场来看，2022 年全球锂电池出货量为 957.7GW·h，同比增长 70.3%，即将达到 1TW·h。全球锂电池出货量规模由 2016 年的 123.8GW·h 增长到 2022 年的 957.7GW·h，复合增长率为 40.6%（图 3-11）。从出货结构上看，2022 年全球新能源汽车动力电池出货量为 684.2GW·h，占比 71.4%，为主要的电池出货类型；储能电池出货量159.3GW·h，占比 16.6%；小型电池出货量 114.2GW·h，占比 12.0%（图 3-12）。

图 3-11　2016—2022 年全球锂电池出货量及增速情况

数据来源：EV Tank

我国锂电池产业规模逐年攀升，全球占比进一步提升。 从国内市场来看，2022 年我国锂电池出货量达到 658GW·h，同比增长超过 101%，在全球锂电池总体出货量的占比达到 69%，主要得益于新能源汽车动力电池和储能电池出货的大幅增长。2018—2022 年间，我国锂电池行业规模实现逐年攀升，近 2 年增速均超过了 100%。目前我国锂电池行业的增长仍然非常迅速，正迈入行业发展快车道（图 3-13）。

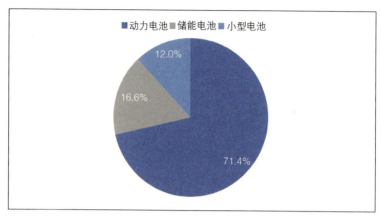

图 3-12　2022 年全球锂电池出货量结构占比情况

数据来源：EV Tank

图 3-13　2018—2022 年中国锂电池出货量及增速情况

数据来源：高工产业研究院

从国内新能源电池出货结构上看，2022 年我国新能源汽车动力电池出货量为 480GW·h，出货量占比为 72.9%，为主要的电池出货类型；储能电池出货量达到 130GW·h，出货量占比为 19.8%。随着锂电池在新能源汽车领域之外的风光储能、通信储能、家用储能等储能领域加快兴起并迎来增长窗口期，锂电池行业应用加速拓展，储能市场前景可观。消费锂电池领域目前需求趋于饱和稳定，小型电池出货量占比仅为 7.3%（图 3-14），未来消费类小型电池国外出口将成为新的一轮增长点。

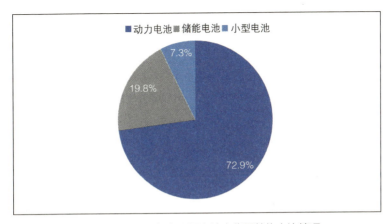

图 3-14　2022 年中国锂电池出货量结构占比情况

数据来源：高工产业研究院

2. 出口情况分析

我国新能源电池出口大于进口，且近年来出口金额不断增加。2022 年我国锂电池行业坚持供给侧结构性改革，加快技术创新和转型升级发展，不断提升先进产品供给能力，为新能源高效开发利用和全球经济社会绿色低碳转型做出积极贡献。从我国锂电池进出口贸易来看，我国是全球的锂电池重要出口国，2022 年锂电池出口量为 37.7 亿只，2021 年出口量为 34.3 亿只，同比上涨了 10.1%。2022 年锂电池出口额为 509.2 亿美元，2021 年出口额为 284.3 亿美元，同比上涨了 79.1%，近 2 年出口金额增长加快（图 3-15）。

图 3-15　2017—2022 年我国锂电池出口情况

数据来源：中国海关

我国锂电池出口金额最高的地区是美国。2022 年，美国是我国锂电池出口至他国中出口额最高的国家，出口金额为 108.13 亿美元，占总出口额的 18.7%。德国、韩国、荷兰以及越南紧随其后，2022 年出口至德国金额为 81.23 亿美元，占总出口额 14.1%。2022 年出口至韩国金额为 54.23 亿美元，占总出口额 9.4%。荷兰是近年来增长比较快的市场，主要是由于出口到荷兰的动力电池和储能电池出口量大增，2022 年出口荷兰金额为 35.44 亿美元，占总出口额的 6.1%（图 3-16）。2022 年锂电池市场除传统消费类产品外，动力和储能市场得到快速发展。以美国、德国为主的欧美地区国家主要以中高端消费类、动力及储能市场用电池产品为主，以越南、印度为主的亚洲地区国家主要以价格较低的消费类产品用电池为主。

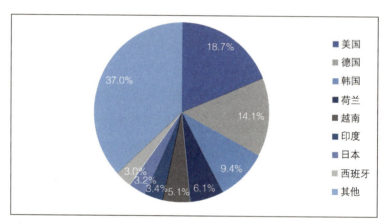

图 3-16　2022 年中国锂电池出口额按地区占比分布情况

数据来源：中国海关

3.2.2　动力电池企业竞争格局现状

1. 市场集中度分析

全球前十企业市场份额达到 91.4%，中国企业占据全球六成市场。2022 年全球新能源汽车销量首次突破 1000 万辆大关，大幅增长 55%，带动 2022 年全球动力电池装机量达到 517.9GW·h，同比上涨 71.8%，装机量规模再创新高，年复合增长率高达 54%。其中，全球前十企业市场份额高达 91.4%，行业集中度较高。中国作为全球最大的新能源汽车生产和消费市场，动力电池市场引领着全球市场的发展。在 2022 年全球动力电池装机量排名前十的企业中，6 家中国企业上榜，总装机量合计占全球市场的 60.4%，相较于 2021 年增长 12.2%。其中，宁德时代和比亚迪这两家电池龙头企业的合计全球市场占有率已超过 50%，在全球动力电池市场上占据绝对主导地位。韩国 LG 新能源、SK On、三星 SDI 三大动力电池制造商的装机规模虽在增长，但其合计全球市场占有率从 2021 年的 30.2% 降至 23.7%，日企松下的市场占有率也从 2021 年的 12.0% 下降至 2022 年的 7.3%（图 3-17）。

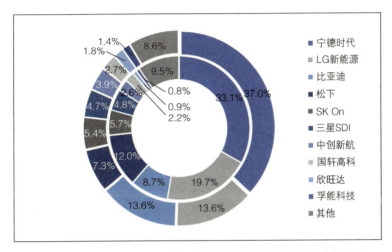

图 3-17　2022 年与 2021 年全球前十动力电池企业装机量市场份额

数据来源：SNE Research

注：里圈为 2021 年，外圈为 2022 年。

中国企业装机量规模及增速均处于世界领先地位。从 2022 年全球排名前十企业的装机情况来看，2022 年宁德时代动力电池装机量达到 191.6GW·h，较 2021 年增长近一倍，其 2022 年全球市场份额达到 37%，稳居全球首位，远超第二、三、四名企业的装机量之和，宁德时代已连续六年排名全球第一。随着更多国际客户的合作，宁德时代朝着全球 50% 市场份额的目标加速冲击。2022 年比亚迪装机量达到 70.4GW·h，与韩国 LG 新能源竞争全球第二的位置。但从增长速率上看，比亚迪年度装机量同比增长 167.1%，而 LG 新能源年度装机量同比增长 18.5%，两者拉开了较大的差距。据比亚迪公布数据显示，比亚迪 2022 年销售新能源汽车 186.85 万辆，全年同比增长 208.6%。新能源汽车销量引领全球，也为比亚迪的装机规模提供重要支撑。另外，中创新航、国轩高科、欣旺达、孚能科技这四家中国企业的装机量增速均超过100%。其中，欣旺达2022年装机量达到9.2GW·h，同比增长253.2%，是榜单中增速最快的企业；孚能科技装机量为7.4GW·h，同比增长215.1%，孚能科技时隔5年之后，在2022年再次入围全球前十。日企松下、韩国SK On与三星SDI位列全球动力电池装机量排名的4~6位，装机量同比增速均低于全球前十企业中的中国企业，其中，日企松下2022年装机量为38.0GW·h，同比增速仅为4.6%（图3-18）。

图3-18　2021—2022年全球前十动力电池企业装机情况

数据来源：SNE Research

中国动力电池市场集中度较高，竞争激烈。从2022年我国动力电池前十企业装机情况来看，前十企业动力电池装机量为279.8GW·h，占总装机量的比例将近95.0%，较2021年的占比进一步提升，行业集中度较高。从具体企业来看，排名前四的企业相对稳定，欣旺达排名提升至第五，瑞浦兰钧也进入榜单前十，整体排名变化较大，行业整体竞争激烈。其中，龙头企业宁德时代的装机量占比高达48.2%，其下游客户已涵盖国内主流新能源汽车生产企业，并成为特斯拉在中国市场的核心供应商。比亚迪汽车销量增长也带动其动力电池装机量快速增长，比亚迪装机量占比达到了23.5%，除了自产自供，比亚迪也为中国一汽、长安福特等企业供应产品。排名第五到第十的企业2022年装机量均不到10GW·h，占比不足3%（图3-19）。

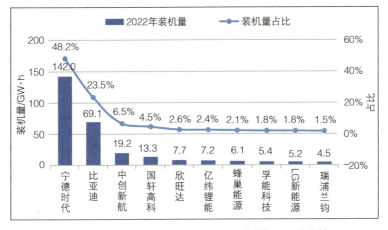

图 3-19　2022 年中国动力电池前十企业装机量及占比情况

数据来源：中国汽车动力电池产业创新联盟

2. 企业布局分析

（1）全球动力电池厂商加码布局

国内动力电池厂商加码布局。当下，我国新能源汽车产业已迈入规模化快速发展新阶段，巨大的市场预期下，全球动力电池厂商加码布局，不断加大投资建厂扩大产能，头部企业快速发展，牢牢把握市场份额。根据公开信息不完全统计，国内主流厂商规划 2025 年产能有望超过 1TW·h，其中宁德时代规划产能超 670GW·h，比亚迪规划产能约为 450GW·h，蜂巢能源将 2025 年全球产能规划目标由原定的 320GW·h 提升至 600GW·h，产能规划仅次于宁德时代。

主流日韩厂商也积极扩充产能。LG 新能源计划投资约 7 万亿韩元，用于提升该公司在全球的电动汽车电池产能。根据计划，LG 新能源全球产能在 2022 年底提高至 200GW·h，到 2025 年达到 520GW·h。松下电池表示将斥资 40 亿美元在美国堪萨斯州德索托建造一座电动汽车动力电池工厂，预计将生产 4680 圆柱电池，满足特斯拉及其他整车配套需求。此外，三星 SDI 为实现电池产能扩张，正在进行匈牙利 Goed 工厂的扩建，并计划投资 1.7 万亿韩元在马来西亚建厂。同时，三星 SDI 也宣布与汽车厂商 Stellantis 合作，在美国印第安纳州建立第一家美国电池厂。

（2）积极向产业链上游延伸布局

全球动力电池头部厂商积极向产业链上游延伸布局，加强自身动力电池原材料生产与供应能力，整合动力电池产业链资源。一方面加大上游材料端布局力度。动力电池企业运营成本高，产品受材料成本影响大，原材料价格波动大，导致实际运营成本增高且波动性大。2021年开始电池企业加大上游资源端布局力度，据不完全统计，近年相关投资20余起，包括宁德时代布局四川锂辉石矿和宜春锂云母矿，比亚迪参股扎布耶盐湖、投资建设盐湖产能。另一方面拓展上游设备企业布局。国内头部厂商在布局上游材料资源的同时也把目光投向了上游设备企业，其中宁德时代投资入股了数家企业，包括先导智能、利元亨等设备龙头企业，以满足其对生产设备的供应需求。

（3）国内企业加快国外布局

随着欧洲等海外市场需求的快速提升，国外市场对于动力电池厂商具有极大的吸引力，出口已经成为国内电池企业的一致选择。目前，据不完全统计，宁德时代、国轩高科、亿纬锂能、蜂巢能源、孚能科技等多家电池厂商均已启动国外建厂工作，中创新航、欣旺达等也已经明确国外扩张计划。相比之下，在国外布局方面，LG新能源、三星SDI、SK On、松下等日韩企业早已走在了前面，尤其是在全球经济的重要区域——欧洲和北美，都已拥有多座电池工厂（表3-2）。

表3-2　2022年动力电池厂商国外建厂情况

企业	建厂地点	布局
宁德时代	匈牙利	2022年8月，公司拟在匈牙利德布勒森市投资建设匈牙利时代新能源电池产业基地项目
	德国	宁德德国柏林基地，于2019年10月18日动工，规划产能为14GW·h/年
	美国	宁德时代将投资50亿美元在北美建厂，工厂将生产镍钴锰电池和磷酸铁锂电池，主要为特斯拉和福特供货
比亚迪	欧洲	2021年3月，比亚迪旗下的弗迪电池新工厂筹建处（欧洲组）正在筹建国外第一个电池工厂，主要负责锂离子动力电池的生产、包装以及储运等业务

（续）

企业	建厂地点	布局
国轩高科	德国	规划年产 20GW·h，一期工厂已启动改造
亿纬锂能	匈牙利	2022 年亿纬锂能与匈牙利德布勒森市政府签订意向书，拟向其购买目标地产，并建立动力电池厂，生产新型圆柱动力电池
蜂巢能源	德国	2022 年投资约 20 亿欧元在德国萨尔州建设其首家欧洲电池工厂，预计 2023 年底投产，产能将达 24GW·h/ 年。此外，还同步在东盟、南美、东欧等地配合主机厂客户建厂
孚能科技	德国	在德国萨克森－安哈尔特州建设动力电池生产和研发基地
LG	美国	2022 年 8 月，和本田汽车宣布将在美国成立合资公司生产锂电池，为北美市场的本田车型配套
LG	欧洲	2022 年 7 月，正在寻找在欧洲建立专用电池工厂的潜在地点
SK On	美国	与福特宣布将在田纳西州及肯塔基州合作成立电池厂
松下	美国	2022 年 8 月，拟斥资 40 亿美元在美国再建一家工厂
三星 SDI	匈牙利	2022 年计划在欧洲投资 2 万亿韩元，用于扩建匈牙利工厂
三星 SDI	美国	2022 年 5 月宣布与汽车厂商 Stellantis 合作，在美国印第安纳州建立第一家美国电池工厂
三星 SDI	马来西亚	计划投资 1.7 万亿韩元在马来西亚建厂
蔚来汽车	匈牙利	2022 年 7 月，在匈牙利投资建设蔚来能源欧洲工厂
远景动力	多国	已在日本、美国、法国、英国、西班牙等地布局电池工厂

数据来源：OFweek 产业研究中心

3.2.3　动力电池技术发展现状

动力电池作为新能源汽车的"心脏"，决定了车辆的诸多关键性能参数。整体上看，动力电池沿着高比能和高安全两条技术路线发展，随着各项细分技术的不断迭代，未来新能源汽车动力电池将充分满足车主关于续驶里程、充电时间、驾乘安全等方面的需求。4680 大圆柱电池、固态电池、钠离子电池、不自燃电池等新型技术即将投入应用，有望大幅缓解新能源汽车车主的用车痛点，加快新能源汽车动力电池技术持续升级。

随着新能源汽车的普及，行业对于续驶里程与成本要求越来越高，动力电池经历"磷酸铁锂→低镍三元→中镍→高镍"的材料体系迭代，推动电池能量密度持续提升；对于新型电池材料体系（如钠离子电池、固态电池）等新技术的探索，动力电池的安全性有望实现质的提升；同时在优化电池结构体系上，经过 CTP/ 比亚迪刀片电池 /4680 大圆柱电池等技术将动力电池的集成度推向极致，动力电池的现有痛点将逐渐被解决。

1. 电池材料体系技术

电池材料体系技术创新上，在正极材料方面，"高镍去钴"是电池能量密度进一步提升以及降成本的有效方式；在负极材料方面，硅碳负极可提升电池能量密度，将成为未来材料升级的方向；在电解液方面，不断降低电解液含量，向固态电池发展已成为行业共识，产业链上的锂电企业及整车企业都积极增加研发投入以布局固态电池技术，目前行业处于半固态向全固态发展的阶段。

（1）正极材料关键技术

动力电池需要持续提高能量密度和安全性，磷酸铁锂材料和三元材料在未来较长时间仍是动力电池主要材料的选择。磷酸铁锂材料比容量已接近极限，但压实密度会进一步提高；三元材料镍含量将进一步提升并以单晶化为发展趋势，逐步向低钴 / 无钴多元材料过度；尖晶石镍锰酸锂材料因高电压和低成本、富锂锰基材料较高的比容量和较宽的电化学窗口，成为开发热点。

三元正极高镍化技术。三元材料主要包括镍钴锰和镍钴铝两个系列，三元材料主要通过进一步提高镍含量以提高其比容量，同时，通过掺杂、包覆和表面处理等技术手段，提高其循环性能。目前随着三元正极高镍 811 体系逐渐成熟，电芯安全性能快速提升，811 体系装机量不断提高。未来 9 系列电池含镍比例进一步提升，为行业开发的重点方向，预计到 2025 年，高镍三元材料比容量大于 210mA·h/g，到 2035 年，高镍三元材料比容量大于 240mA·h/g。

三元正极单晶化技术。单晶正极材料结构稳定性更好，传统的镍基正极材料通常由多晶陶瓷粉末组成，在锂离子充电时，锂离子进出使单个晶体膨胀和收缩，在晶界中产生应力，造成晶界撕裂，使晶体分解，其中由晶间 / 晶内开裂引起的颗粒粉碎会引起电极颗粒的破裂和电池容量的损失，电池循环性能不断下降。单晶正极材料内部排列取向一致，无晶界，结构稳定性更强，循环性能更好，热安全性能也更优，在高电压时更稳定，从而提升能量密度。单晶 Ni55 已实现大规模量产应用，其钴、锰含量较高，支架结构相对稳定，高电压充电时，锰＋钴＋单晶化的综合作用，使其晶格强度较高，不易坍塌，保持了良好的循环性能。宁德时代以单晶化技术基于 NCM523 电池推出 5 系高电压单晶材料 Ni55 电池，已在蔚来 100kW·h 电池包上使用，能量密度接近 NCM811。但目前单晶化制备难度及成本较高，单晶化 NCM811 稳定性较差，难以保持高电压下的循环性能，单晶化 NCM811 短期内难以实现。

磷酸铁锂正极磷酸锰铁锂技术。磷酸锰铁锂能量密度高于磷酸铁锂 10% ～ 20%，可有效弥补磷酸铁锂劣势，未来磷酸铁锰锂为磷酸铁锂发展方向。为补偿磷酸铁锂能量密度低的劣势，在正极材料中掺入锰元素，在保持磷酸铁锂比容量的同时，将放电电压提升（3.4 ～ 4.1V），进而提升能量密度（提升 10% ～ 20%）。磷酸锰铁锂可以保持磷酸铁锂稳定的橄榄石架构，从而保证电池循环性能。同时磷酸系仍能保留聚阴离子体系，P—O 键稳固，保持高温条件下或过充时的高安全性。通过使用磷酸锰铁锂包覆三元材料的方法，有望使得复合材料兼具磷酸锰铁锂的低成本、高安全性以及三元材料的高能量密度的优势。小颗粒磷酸锰铁锂材料能够较好地填充在大颗粒的三元材料缝隙中，从而大幅降低了传荷电阻和扩散阻抗；同时，复合材料中结构稳定、放热量低的磷酸锰铁锂隔绝在三元材料的周围，能够有效抑制电池热失控情况下的连锁反应，起到提高材料安全性的目的。

（2）负极材料关键技术

目前，商业化应用最广泛的负极材料是石墨类材料，石墨材料的比容量已接近理论值 372mA·h/g，下一步发展趋势是提升压实密度和降低成本。硅具有超过石墨材料 10 倍的理论比容量（4200mA·h/g）和略高于石墨的嵌锂电压平台。

负极硅碳化技术。硅碳负极材料性能优势明显，采用硅负极材料的锂电池的质量能量密度可以提升 8% 以上，硅电压平台高于石墨，充电过程中硅表面不容易析锂，可有效提高电池安全性。硅碳负极的主要问题是材料膨胀系数大、价格高、充放电电池易变形，技术及配套工艺不成熟，目前仅批量应用于 4680 这类抗变形性能好的圆柱电芯中。国内外逐步推出的高比容量负极材料产品主要还是在石墨中混合部分一氧化硅，需要通过多种技术方法进行补锂，提升其首次库仑效率。硅碳复合材料则需要构建稳固的硅碳二次颗粒复合结构，引入无定型碳层缓冲硅膨胀、添加锡等金属元素提升硅反应活性，通过控制硅颗粒的氧含量提升其首次库仑效率和用表面改性处理进一步提升循环性能。预计到 2025 年，硅碳材料比容量将大于 $800mA \cdot h/g$。

负极补锂技术。负极补锂包括：金属锂物理混合锂化，如在负极中添加金属锂粉或在极片表面辊压金属锂箔；化学锂化，使用丁基锂等锂化剂对负极进行化学预嵌锂；自放电锂化，负极与金属锂在电解液中接触完成自放电锂化；电化学预锂化，在电池中引入金属锂作为第三极，负极与金属锂第三极组成对电极充放电完成预锂化。目前，补锂技术操作较复杂，对作业环境要求高，需开发与工业化生产相兼容且工艺简单的技术方案，预计 2025 年负极补锂技术将广泛应用于新型电池中。

（3）隔膜材料关键技术

锂电池隔膜必须具有电子绝缘性，保证正负极的机械隔离，还要有一定的孔径和孔隙率，保证低的电阻和高的离子电导率，保证对锂离子有很好的透过性。同时，隔膜材料还须具有足够的力学性能，包括穿刺强度、拉伸强度等，且厚度尽可能小，并保证空间稳定性和平整性，兼顾热稳定性和自动关断保护性能。隔膜薄型化已成为发展趋势，湿法隔膜技术路线目前已形成主流选择，聚烯烃隔膜超薄化技术将进一步完善。下一步发展趋势是优化隔膜结构特征参数和一致性，比如优化厚度、孔隙率取值、孔径尺寸和孔径分布；解决规模化生产隔膜一致性核心技术；实现隔膜在 0～5V 电化学窗口内的稳定工作。预计到 2025 年、2030 年和 2035 年，分别实现 $7\mu m$、$5\mu m$ 和 $3\mu m$ 隔膜的量产应用，通过发展功能涂层、新型耐高温材料以及新型制模工艺提升隔膜耐温性。

湿法隔膜技术。湿法隔膜技术主要用于聚乙烯（PE）隔膜的制造。由于工艺中需要使用液状石蜡与 PE 混合占位造孔，在拉伸工艺后需要用溶剂萃取移除，所以该工艺称为湿法，原理是将结晶性聚合物、热塑性聚合物以及具有高沸点的小分子化学物稀释剂（比如液状石蜡）进行混合，在高温下形成均相溶液，然后降低溶液温度，使混合物发生固液相分离或者液液分离，将小分子化学物稀释剂萃取脱除后，形成热塑性与结晶性聚合物的多孔隔膜。

（4）电解液关键技术

高纯度、高稳定性电解液对提升锂离子动力电池的性能至关重要。电解液技术的开发涉及溶剂的纯化、电解质的生产和纯化、电解液添加剂的生产和纯化、高性能电解液的组配和优化等。发展氟化溶剂，合理使用阻燃剂，可提升电解液的安全性。拓宽电解液温度范围，可满足动力电池宽温度（−40 ~ 60℃）使用需求。发展高抗氧化剂溶剂和新型锂盐电解质，可满足高压材料动力电池稳定性。

新型锂盐 LiFSI 技术。目前，电解液以碳酸酯类溶剂、六氟磷酸锂电解质盐为主，新型耐高压类溶剂和双氟磺酰亚胺锂（LiFSI）及三氟甲烷磺酰亚胺锂（LiTFSI）类锂盐是重点发展方向。双氟磺酰亚胺锂盐可作为锂电池电解液添加剂，应用于可充电锂电池的电解液中，能有效降低形成在电极板表面上的 SEI 层在低温下的高低温电阻，降低锂电池在放置过程中的容量损失，从而提供高电池容量和电池的电化学性能。同时，双氟磺酰亚胺锂具有电化学稳定性好、耐水解性好以及电导率高等特点，可以在电解液中普遍使用，尤其在动力电池中，可改善动力电池的循环性能以及倍率性能。目前高端电池中 LiFSI 添加比例已达到 6%，替代六氟磷酸锂可达到 12%。

（5）新材料体系动力电池技术

固态电池。固态电池本质上具有不易燃烧和长循环寿命等优点。2014 年起固态电池相关专利的申请快速增长。目前，兼具高能量密度和高安全性的大容量全固态电池还处于实验室研发阶段。总体而言，目前正在研发的固态电池多数是固液电解质混合的锂电池，将逐步向全固态电池方向发展，采用的固态电解质主要包括硫化物、聚合物和氧化物三种类型，其他新型固态电解质还在开发过程中。我国多家企业开发了多种类型的固态电池，研制出单体质量能量密度达到 400W·h/kg 的样品。

固态电池具有的密度以及结构可以让更多带电离子聚集在一端，传导更大的电流。因此，同样容量的固态电池体积将变得更小。不仅如此，固态电池中由于没有电解液，封存将会变得更加容易，在汽车等大型设备上使用时，也不需要再额外增加冷却管、电子控件等，不仅节约了成本，还能有效减轻重量。固态电池技术的核心在于电解质的革新，最终目标是实现电解质全固态化。未来固态电池的技术发展和应用趋势将会是一个"梯次渗透"的过程，从液态逐步实现到半固态、准固态，最终实现全固态的目标。

钠离子电池。钠离子电池的工作原理与锂电池一样，作为嵌脱式二次电池，依靠钠离子在电池正负极之间的移动来充放电。充电时，Na^+从正极脱嵌，经过电解质嵌入负极，同时电子经外电路由正极到达负极完成充电过程；放电时 Na^+ 和电子的移动路径则与充电时相反。

与锂电池相比，钠离子电池具有的优势有：①钠盐原材料储量丰富，价格低廉，采用铁锰镍基正极材料相比较锂电池三元正极材料，原料成本降低一半；②由于钠盐特性，允许使用低浓度电解液（同样浓度电解液，钠盐电导率高于锂电解液 20% 左右）降低成本；③钠离子不与铝形成合金，负极可采用铝箔作为集流体，可以进一步降低成本 8% 左右，降低重量 10% 左右；④由于钠离子电池无过放电特性，允许钠离子电池放电到 0V。钠离子电池能量密度大于 100W·h/kg，可与磷酸铁锂电池相媲美，但是其成本优势明显，有望在大规模储能中取代传统铅酸电池。

钠离子电池存在循环寿命和能量密度偏低的劣势，在乘用车动力电池领域推广需要进一步技术迭代。钠电池安全性、高低温、快充性能更优异，因此在储能、两轮车等市场具备广阔应用空间。2022 年 4 月 26 日，宁德时代正式发布第一代钠离子电池，初期将主要用于储能应用，完成车规产品开发后将在经济型电动汽车上推广。

2. 电池结构体系技术

在电池结构体系技术创新上，各动力电池企业以及各大车企积极探索动力电池结构创新，推出各类去模组化、集成化的电池结构创新技术，并在新能源汽车市场逐步予以应用。当前，电池包模块化、标准化程度不断加深，整个电池包的生产环节集中度继续提升为主流趋势，以宁德时代为代表的动力电池企业以及以特斯拉、比亚迪为代表的各大新能源汽车车企对动力电池结构的进一步革新引领着整个电池行业的发展（表 3-3）。

表 3-3　动力电池结构创新汇总

年份	结构创新	应用
2019	宁德时代 CTP1.0	北汽新能源 EU5 车型
2019	蜂巢能源叠片电池工艺	—
2020	特斯拉 4680 电池	特斯拉得州工厂生产的 Model Y
2020	比亚迪刀片电池	比亚迪汉
2020	国轩高科 JTM 集成技术	—
2021	宁德时代 CTP2.0	蔚来系列 75kW·h 电池包
2021	广汽弹匣电池	广汽 AION 系列车型
2021	长城汽车大禹电池	长城机甲龙
2022	零跑 CTC 方案	领跑 C01
2022	比亚迪 CTB	比亚迪海豹
2022	上汽魔方电池	上汽集团旗下智己、飞凡、荣威、MG 等车型
2022	宁德时代 CTP3.0 麒麟电池	吉利极氪系列车型

数据来源：OFweek 产业研究中心

麒麟电池技术。CTP 无模组技术是将电芯直接集成为电池包，省去了传统电池集成方案中模组组装环节，通过提升电池包体积利用率、能量密度的方式来增加续驶里程，同时减轻电池包重量及成本压力。采用宁德时代第三代 CTP 技术的麒麟电池，将成百上千的电芯直接布置于箱体，省去了多个电芯组装成模组环节，在相同化学体系、同等电池包尺寸下，麒麟电池的电量将比 4680 电池系统提升 13%，磷酸铁锂可达 160W·h/kg、290W·h/L，三元高镍可达 250W·h/kg、450W·h/L；同时取消横纵梁、水冷板与隔热垫，集成为多功能弹性夹层，提高系统集成效率，实现体积利用率达 72%。

在多功能弹性夹层内搭建微米桥连接装置，配合电芯呼吸进行自由伸缩，提升电芯全生命周期；麒麟电池电芯排布采取倒立排列，开创性的让多个模块共用底部空间，将结构防护、高压连接、热失控排气等功能进行智能分布，增加 6% 的能量空间；并将电芯底部的水冷板移到大面电芯之间，扩大换热面积 4 倍，能够使电芯控温时间降低至原先的一半，实现 5min 热启动和 10min 快充。

刀片电池 +CTB 技术。 "刀片电芯"是比亚迪的开发的专用大电芯，与传统方形电芯相比整体呈现"扁长"形。采用磷酸铁锂材料体系，电芯采用较低的高度与较薄的厚度便于整车布置，各长度电芯高度厚度统一，便于电芯设计与生产，根据电池包尺寸灵活设计电芯长度。

比亚迪无模组电池包取消模组固定电芯的设计，电池包的上下箱体直接集成，以支撑和固定电芯；刀片电芯以阵列的方式排布在一起，像"刀片"一样插入到电池包里面，优化了电池结构设计，电池二级零部件数量减少 40%。电池系统体积利用率提升，成组效率进一步提高，电池系统能量密度提高，使用了低成本高安全性的磷酸铁锂体系，有效降低了成本，提高了电池安全性能。同时电芯的上下两面上，使用结构胶粘贴两块高强度的强度板，形成了类似蜂窝铝板的结构，使每一个电芯充当结构梁。传统电池包一般只有 4 ~ 5 根梁，而刀片电池是让每一个电芯都充当结构件，可以直接承受一定范围的力，整包结构强度更大；刀片电池具有较大的散热面和较薄的厚度，这种方案的热交换面积比传统方型电芯大很多，能够有效地将电芯热量传递给水冷板，所以刀片电芯的散热性能较好。

比亚迪的 CTB（Cell To Body，电池车身一体化）技术，将全部电芯集成在车身上，其电池上盖替代了车内地板的一部分，并与前后横梁形成一个平整密封的完全体用来隔离乘员舱。总体来看，比亚迪将电池系统作为一个整体与车身集成，而电池本身的密封及防水要求可以得到满足，电池与乘员舱的密封也相对简单，集成效率提高的同时提升整车及电池的安全性。

4680 电池 +CTC 技术。 4680 电池是特斯拉推出的直径为 46mm，高度为 80mm 的新一代圆柱电池，相比于此前应用较多的 2170 圆柱电池，其增大尺寸的同时单电芯能量提升 5 倍、输出功率提升 6 倍，使整车续驶里程提升 16%、成本降低 14%。特斯拉 4680 电池系统采用无模组设计，约由 960 个电芯组成，能量密度为 215W·h/kg。而传统 2170 电池包系统由 4 个模组、

4400 多个电池组成，能量密度为 170W·h/kg。

同时，4680 电池采用全极耳技术，将电极一端使用导电涂层进行覆盖来替代单一极耳，使其与电池壳体直接接触，以便电子能够直接在集流体和电池壳体间传导。核心优势为：相比传统极耳结构，电子移动路径缩短 5%～20%，内阻减小 5～20 倍；显著降低了电子偏移和过电位现象，提升了电池寿命；导电涂层和电池壳体的接触面积达 100%，分散了发热区域，减少热量及损耗。

特斯拉的 CTC（Cell To Chassis）技术，在其设计中，特斯拉已经取消原有的座舱地板，直接将电芯或模组安装在车身上，以车身结构充当电池包的外壳，取代以电池上盖。特斯拉将电池交错平铺在车身底盘之中，其中电芯正极朝上放置，在正极端完成电芯的串并联连接，而在电芯之间设置了蛇形管，以对电芯的侧面进行冷却。总体来看，特斯拉直接把电芯排列在底盘上，而电池舱前后直接连接起两个车身大型铸件，舍弃座舱地板，以电池上盖代替，座椅直接安装在电池上盖上，进一步提升了电池包的整车集成效率。

3.3　新能源电池应用端发展现状

3.3.1　新能源汽车行业发展现状

1. 新能源汽车推广情况

我国新能源汽车市场逐步进入全面市场化拓展期。据中国汽车工业协会统计，2022 年我国新能源汽车销量达到 688.7 万辆，市场规模全球领先，同比 2021 年增长 93.4%，延续 2021 年的高增长势头，新能源汽车新车销量达到汽车新车总销量的 25.6%（图 3-20），已提前完成《新能源汽车产业发展规划（2021—2035 年）》提出的到 2025 年新车销量占比达到 20% 的目标，逐步进入全面市场化拓展期，迎来新的发展和增长阶段。

新能源汽车产业规模的高速增长带动汽车电动化率快速提升。根据公安部数据显示，2022 年我国汽车保有量达到 3.19 亿辆，新能源汽车保有量达到

1310 万辆，扣除报废注销量比 2021 年增加 526 万辆，同比增长 67.1%，占汽车保有量的比例呈现逐年快速增长趋势，从 2017 年的 0.7% 提升至 2022 年的 4.1%，提升 3.4 个百分点（图 3-21），汽车电动化率快速提升。

图 3-20　2017—2022 年中国新能源汽车销量及渗透率

数据来源：中国汽车工业协会

图 3-21　中国新能源汽车 2017—2022 年保有量及汽车电动化率

数据来源：公安部

注：汽车电动化率 = 新能源汽车保有量 / 当期汽车保有量。

新能源汽车接入量总体呈现规模化快速增长趋势。从新能源汽车国家监测与管理平台（以下简称国家监管平台）的新能源汽车历年接入量情况来看，2018 年和 2019 年存在新能源汽车集中接入情况，年度接入率超过 100%。2020—2022 年，随着市场销量的提升，接入量和年度接入率逐年快速增长，新能源汽车市场化全面提速。截止到 2022 年底，国家监管平台累计接入量达到 1207.3 万辆，累计接入率（新能源汽车累计接入量 / 新能源汽车保有量）超过 90%，表明超过 90% 的新能源汽车安全状态得到实时监测（图 3-22）。

图 3-22　国家监管平台新能源汽车 2017—2022 年接入量及接入率

数据来源：国家监管平台

注：年度接入率 = 当期新能源汽车接入量 / 当期新能源汽车销量。

2. 新能源汽车市场特征

纯电动乘用车占市场主导，插电式混合动力乘用车逐渐提升。从国家监管平台各类型车辆历年接入结构变化情况来看，近年来，纯电动乘用车市场占比呈现快速扩大趋势，占据七成以上市场；在比亚迪、理想等品牌的带动下，插电式混合动力乘用车占比也逐渐提升，2022 年占比超 20%。2022 年，纯电动乘用车和插电式混合动力电动乘用车接入量分别占全国新能源汽车的 72.9%和 21.9%，插电式混合动力电动乘用车占比相较于 2021 年扩大 4.5 个百分点。纯电动商用车由于增量不大，市场占比连续两年缩小（图 3-23）。

华东地区新能源汽车历年接入量均排在首位，二线及以下级别城市市场潜力较大。从国家监管平台不同地区历年接入量占比来看，2022 年华东地区新能源汽车接入量占比最高，占比为 38.9%，接入量为 210.5 万辆，华东地区新能源汽车在全国各地区的历年接入量占比均在 30% 以上，明显高于其他地区。其次是华南地区和华中地区，分别为 107.9 万辆和 74.1 万辆，分别占全国的 19.9% 和 13.7%。2022 年西南地区、西北地区、东北接入量占比相较于

2021年有所提升。伴随着新能源汽车在全国范围内快速推广，其他地区市场需求快速释放，新能源汽车接入量占比呈现逐步扩大趋势（图3-24）。从国家监管平台不同级别城市历年车辆接入量看，各级别城市消费需求稳定复苏。2022年新一线城市车辆接入量最高，为155.3万辆，同比增长114.1%。其他级别城市由于低基数及旺盛的市场需求、明显提升的用户接受度等因素影响下，车辆接入量同比增幅明显，2022年二线至五线城市车辆接入量分别相较于2021年同比增长135.9%、100.1%、108.9%和120.1%（图3-25）。

图 3-23　新能源汽车分类别车型 2017—2022 年车辆接入量占比

数据来源：国家监管平台

图 3-24　不同地区新能源汽车 2017—2022 年接入量占比

数据来源：国家监管平台

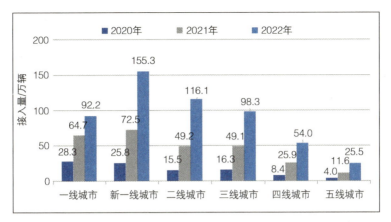

图 3-25　不同级别城市新能源汽车 2020—2022 年接入量

数据来源：国家监管平台

私人购买成为市场增长主要驱动力，三线及以下级别城市新能源私家车份额快速提升。 从国家监管平台不同应用领域历年车辆接入量占比看，新能源私家车接入量占比呈现快速增长趋势，占比再创新高，2022 年私家车占新能源汽车年度接入量的七成以上，私人购买成为市场增长的主要驱动力。从近两年变化情况来看，2022 年网约车、共享租赁车、物流车年度接入份额略有增长，商用车领域客车接入份额显著下降（图 3-26）。从国家监管平台新能源私家车不同级别城市历年车辆接入量占比看，2022 年新一线及以下级别城市新能源私家车接入量占比相较于前两年快速提升，一线城市市场份额显

图 3-26　不同应用领域新能源汽车 2017—2022 年接入量占比

数据来源：国家监管平台

著缩小。一线以外的城市新能源私家车接入量占比从 2018 年 63.9% 扩大至 2022 年的 82.9%，增加了 19 个百分点（图 3-27）。一线以外的城市用户对新能源汽车市场认可度不断提升，市场需求得到了快速释放。

图 3-27 新能源私家车不同级别城市 2018—2022 年接入量占比

数据来源：国家监管平台

3. 新能源汽车运行特征

全国新能源汽车年度月均上线率均值逐渐趋于稳定。从国家监管平台近三年全国车辆月均上线率来看，2022 年月均上线率均值为 87.1%，相较于 2021 年和 2020 年分别提高了 5.3 个百分点和 6.0 个百分点，连续两年稳步提升（图 3-28）。从历年月上线率分布情况来看，疫情影响下，2020 年上线率波动较大（尤其是前五个月）。2021 年和 2022 年各月车辆上线率基本保持均衡，说明车辆使用情况趋于常规和稳定（图 3-28）。

插电式混合动力电动汽车上线率较高。从国家监管平台不同驱动类型历年月上线率来看，2022 年插电式混合动力电动汽车的上线率达到 93.5%，明显高于纯电动汽车和氢燃料电池电动汽车，2020—2022 年，纯电动汽车的上线率持续增加，但氢燃料电池电动汽车目前处于产业化和商业运营初期，车辆运营趋于常规化（表 3-4）。

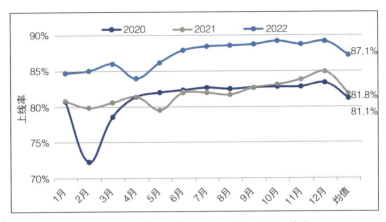

图 3-28 新能源汽车 2020—2022 年月上线率

数据来源：国家监管平台

注：车辆上线率表示当期车辆的运行数量占累计车辆接入量的比值，反映当期车辆的使用情况。

表 3-4 新能源汽车不同驱动类型 2020—2022 年月上线率情况

驱动类型 年份	BEV	PHEV	FCV
2020	77.5%	93.3%	75.0%
2021	79.7%	93.0%	72.0%
2022	85.8%	93.5%	62.3%

数据来源：国家监管平台

网约车月均上线率最高，重型货车上线率呈现大幅提升趋势。 从国家监管平台不同应用领域历年月均上线率情况看，网约车和共享租赁车同为近几年出现的新业态，从 2022 年来看，前者上线率（97.7%）远高于后者（66.1%），由此看来，共享租赁车运营方还要在网点布局、使用、停车、车况维护等方面再做些突破性创新，提高上线率，才能实现可持续发展（图 3-29）。近三年来，私家车上线率和重型货车上线率呈现提升趋势，说明其处于运行需求快速释放期，另外，重型货车的电动化对于我国实现"双碳"目标具有很重要的意义。

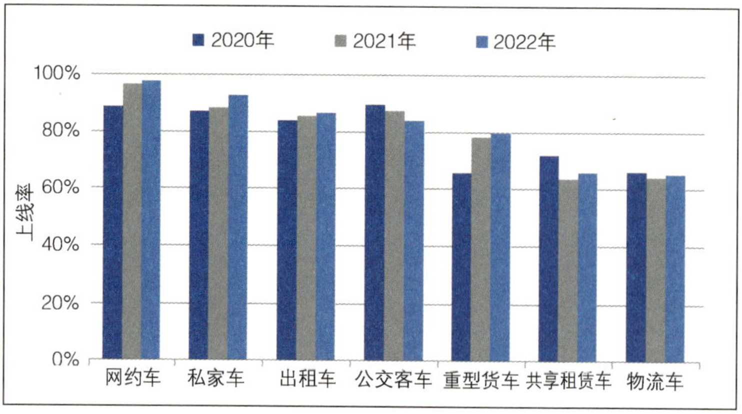

图 3-29　不同应用领域新能源汽车 2020—2022 年月均上线率

数据来源：国家监管平台

疫情影响下出行受限，多种应用领域车辆月均行驶天数均有所降低。从国家监管平台不同应用领域历年月均行驶天数情况来看，2022 年，除网约车外，其他应用领域车辆月均行驶天数均有所降低，主要由于 2022 年疫情影响，消费者出行受限。但近 3 年网约车月均行驶里程持续增加，使用频率大幅提升，便利公众出行。另外，虽然 2022 年公交客车月均行驶天数下降，但伴随着公交客车常态化运营，新能源公交客车逐渐替代更多的燃油公交客车，承担起较长线路的运营任务（表 3-5）。

表 3-5　不同应用领域新能源汽车 2020—2022 年月均行驶天数情况

不同应用领域	2020 年	2021 年	2022 年
私家车	18.68	19.42	16.06
网约车	21.6	24.60	25.04
出租车	22.28	24.91	22.41
共享租赁车	18.43	21.74	19.61
物流车	19.65	21.94	19.28
公交客车	22.55	23.44	19.33
重型货车	18.28	20.77	16.78

数据来源：国家监管平台

受疫情影响，各应用领域车辆日均行驶里程均有一定波动。从国家监管平台不同应用领域历年日均行驶里程情况来看，2021 年各细分市场的日均行驶里程均实现不同程度增长，但 2022 年受疫情影响私家车出行受限，日均行驶里程有所下降，网约车日均行驶里程增长较多，公交客车及重型货车等营运类车辆日均行驶里程相对稳定（图 3-30）。

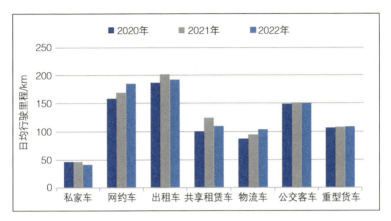

图 3-30 新能源汽车不同应用领域 2020—2022 年日均行驶里程

数据来源：国家监管平台

4. 新能源汽车充电配套设施情况

充电基础设施建设规模呈现强劲增长趋势，车桩比水平持续优化。随着我国新能源汽车行业爆发式发展，以及在国家及各地方强有力的政策扶持下，新能源汽车市场需求快速增长带来用户充电需求的快速释放。根据中国电动汽车充电基础设施促进联盟（以下简称中国充电联盟）统计数据显示，我国充电桩保有量在 2021 年和 2022 年的两年间均有大幅的增长，截至 2022 年底，我国充电基础设施保有量达到 520.9 台。其中，2022 年底我国公共桩保有量已经达到 179.7 万台，私人充电桩保有量达到 341.2 万台，新能源汽车的购车主力已经成为私家车主，越来越多的车主安装了私人充电桩。另外，我国的车桩比水平也在持续优化，车桩比从 2017 年的 3.29 降至 2022 年的 2.51（图 3-31）。

近两年车桩增量比值波动明显。随着新能源汽车的普及，市场对充电桩的需求持续高速增长，2022 年新增充电基础设施（公共充电桩＋私人充电桩）建设数量 245.1 万台，同比增长 142.7%。其中，公共桩年度增量 2017—2022

年逐年提升，2019 年、2020 年私人充电桩增量有所回落，进入 2021 年后私人充电桩增量出现大幅度提升，2022 年新增建设数量达到 194.2 万台。而且车桩增量比值波动更为明显，2022 年车桩增量比增加至 2.81（图 3-32）。据中国充电联盟统计，目前影响私人桩安装的主要因素包括没有固定停车位、物业不配合、电力容量不足等，随着越来越多的个人选择购买电动汽车，私人充电桩能否安装落地成为影响电动汽车购买决策的重要因素，需要各方面高度关注并携手解决。

图 3-31　2017—2022 年充电桩保有量及车桩比

数据来源：中国充电联盟《中国电动汽车充电基础设施 2021—2022 年度发展报告》

注：中国充电联盟已对往年充电基础设施保有量数据进行修正。

图 3-32　2017—2022 年充电桩增量及车桩比

数据来源：中国充电联盟《中国电动汽车充电基础设施 2021—2022 年度发展报告》

3.3.2 电化学储能行业发展现状

根据不同的存储介质和技术路线，储能主要分为机械储能、电化学储能、电磁储能、热储能和氢储能五种，其中机械储能分为抽水储能、压缩空气储能、飞轮储能和重力储能，电化学储能包括锂电池、铅蓄电池、液流电池等，电磁储能包括超级电容器储能、超导储能等。随着人口增长和经济发展的加速，全球对能源的需求不断增加。同时，传统化石燃料能源的开采和使用也导致了环境问题的加剧，如气候变化、大气污染、水资源短缺等。因此，为了满足不断增长的能源需求和解决环境问题，电化学储能技术逐渐成了一种主流的解决方案。电化学储能技术可以通过将电能转化为化学能并储存起来，然后在需要时再将化学能转化为电能释放出来，从而实现能源的高效利用和可持续发展。

全球储能装机规模保持高速增长，电化学储能等新型储能占比不断提升。根据中关村储能产业技术联盟数据，截至 2022 年底，全球已投入运行的储能项目累计装机规模已达到 237.2GW，较 2021 年增长 14.9%。继 2021 年全球累计装机规模突破 200GW 后，2022 年保持高速增长。其中，抽水储能装机量占比已低于 80%，电化学储能等新型储能装机量占比达到 19.3%，锂电池占据主导地位（图 3-33）。从电化学储能年度装机量占比来看，全球

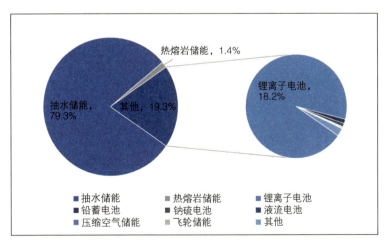

图 3-33 2000—2022 年全球电力储能市场累计装机规模占比

数据来源：中关村储能产业技术联盟《储能产业研究白皮书 2023》

电化学储能装机量占比持续提升，2022 年占比达到 18.7%，较 2021 年增长 7 个百分点（图 3-34）。抽水储能装机量占比则持续下滑，2022 年占比首次低于 80%。电化学储能具备储能响应速度快、环境适应性强，并可进行双向调节和分散配置的特点，随着技术逐渐成熟，电化学储能将投入到越来越多的应用中。

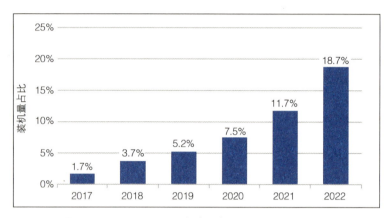

图 3-34　2017—2022 年全球电化学储能装机量占比

数据来源：中关村储能产业技术联盟《储能产业研究白皮书 2023》

中国储能装机规模迅速发展，新型储能装机突破 10GW。 根据中关村储能产业技术联盟数据，截至 2022 年底，我国已投运电力储能项目累计装机规模达到 59.8GW，抽水储能累计装机占比首次低于 80%，而新型储能迅速发展，装机规模逐年快速增长，累计装机规模已突破 10GW，2022 年累计装机规模已达到 13.1GW（图 3-35）。其中，锂电池占据主导地位，钠离子电池及液流电池技术也是目前行业研发的焦点。

国家层面政策率先发力，鼓励储能作为独立市场主体参与辅助服务市场。 2021 年 7 月 15 日，国家发展改革委、能源局发布《关于加快推动新型储能发展的指导意见》（发改能源规〔2021〕1051 号），提出要鼓励结合源、网、荷不同需求探索储能多元化发展模式，鼓励储能作为独立市场主体参与辅助服务市场，并设定 2025 年新型储能装机规模达到 3000 万千瓦以上的目标。国家发展改革委、能源局等九部门联合发布《"十四五"可再生能源发展规划》（发改能源〔2021〕1445 号），明确新型储能独立市场主体地位，完善储能

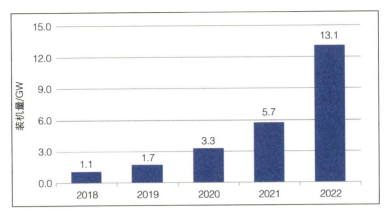

图 3-35　2018—2022 年中国新型储能市场累计装机规模

数据来源：中关村储能产业技术联盟《储能产业研究白皮书 2023》

与各类电力市场的交易机制和技术标准。2022 年 1 月 29 日，《"十四五"新型储能发展实施方案》（发改能源〔2022〕209 号），提到要开展钠离子电池、新型锂离子电池、铅碳电池、液流电池、压缩空气、氢（氨）储能、热（冷）储能等关键核心技术、装备和集成优化设计研究，集中攻关超导、超级电容等储能技术，研发初步液态金属电池、固态锂离子电池、金属空气电池等新一代高能量密度储能技术，同时明确新型储能发展目标，到 2025 年，新能源储能由商业化初期步入规模化发展阶段，应具备大规模商业化应用条件。其中，电化学储能技术性能需进一步提升，系统成本降低 30% 以上。2023 年 2 月，国家标准化管理委员会、国家能源局发布《新型储能标准体系建设指南》（国标委联〔2023〕6 号）的通知，共出台 205 项新型储能标准，以支撑新型储能技术创新，产业安全、规模化发展。文件指出，2023 年规划修订 100 项以上新型储能重点标准，结合新型电力系统建设需求，初步形成新型储能标准体系，基本能够支撑新型储能行业商业化发展。

各地积极制定专项规划或在相关能源规划中明确新型储能发展目标、通过制定补贴政策等方式，推动新型储能发展进入快车道。从储能补贴对象看，主要针对两类应用单独的储能项目以及新能源 + 储能类项目进行补贴；从储能补贴方式看，储能项目建设投资补贴和储能项目放电量补贴为最主要的两种补贴形式，其中，储能投资补贴分布占比53%，储能放电量补贴分布占比38%，这两项补贴形式基本上在所有出台储能补贴政策的地区都有体现。另外还有针对储能充电量进行补贴的分布占比为2%，针对用户侧储能项目同时新建光伏设备和对光伏设备进行补贴的分布占比为2%，以及在安装储能参与需求响应服务后获得响应补贴，其分布占比为3%（图3-36）。

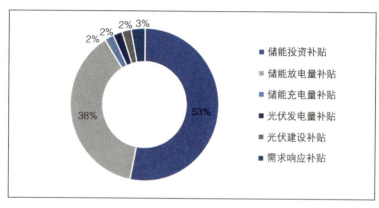

图 3-36　储能补贴方式分布

数据来源：储能与电力市场

　　新型储能技术发展速度不断提升，能量密度、功率密度和循环寿命大幅提升。 锂离子电池、钠离子电池等技术都是电化学储能技术中的重要分支，都在不断地进行研究和改进，并取得了一定的进展。目前新型储能的技术路线主要以锂电池为主，得益于新能源汽车产业链的发展，电池成本近年来不断下降，也降低了新型储能的成本。储能用锂电池能量密度较10年前提高了一倍以上，功率密度提升约50%，目前已形成较完备的产业链。同时，也出现了新型的锂电池，如锂空气电池和锂硫电池等；钠离子电池是一种新型的电池技术，与锂电池相比，钠离子电池具有更高的丰度和较低的成本。近年来，钠离子电池的研究取得了很大进展，如开发了新型的正负极材料，提高了电池的循环寿命和能量密度。总之，锂离子电池、钠离子电池等电化学储能技术在不断地发展和改进，将会在未来的能源领域中发挥越来越重要的作用。

3.3.3　电动自行车行业发展现状

电动自行车自 1995 年起步发展以来，历经十余年的高速发展逐步成为国民短途出行的主要工具，刚需属性明显，中国庞大的消费群体及收入水平的提高是电动自行车行业发展的基础。电动自行车通常拥有骑行功能，且相对较轻及便于携带，外观通常与塑件包覆较少的普通自行车类似，有较多车架部分外露。

电动自行车行业标准趋严，逐步规范化。政策导向方面，自 2019 年 4 月 15 日起，GB17761—2018《电动自行车安全技术规范》开始实施，进一步明晰了电动自行车分类，并从生产端对产品管理和标准进行规范，标准整体趋严，将电动自行车的生产许可证管理调整为 CCC 认证管理。新国标实施后，不达标企业将被淘汰，行业集中度提升，具有生产资质和产品资质的头部企业进一步受益、行业逐步实现规范化。新国标进一步推动产业高质量转型，一、二线城市国标化程度持续深化，总量替换需求明显，全国超过 20 个省市启动超标车换购（表 3-6）。此外，多地区发布相关管理办理，从安全通行、规范停放、安全放电及处罚规定等多方面，对电动自行车用户行为进行约束，减少安全事故的数量，提高安全性。

在下行压力中呈现韧性和亮点，年度销量超过 5000 万。在基础体量之上受"双碳"政策、国标换购等叠加影响，以及共享经济、外卖配送等消费业态快速成长，经过电动自行车企业、配套供应商、经销商等产业链上下游企业的通力合作，2022 年电动自动车以 5010 万辆的总销量呈现逆势增长，同比增长 20.7%，再度开创产业发展的新局面，迎来快速发展期（图 3-37）。电动自行车总保有量不断攀升，2022 年保有量达 4 亿辆。

表 3-6　部分省份新国标过渡截止日期

地区 / 省	新国标过渡截止日期
山东	2022/12/31
河南	2023/12/31
江苏	2024/4/14

（续）

地区/省	新国标过渡截止日期
河北	2025/4/30
浙江	2021/12/31
安徽	2023/12/31
广东	2020/6/20—2023/11/30
四川	2022/10/14
广西	2025/22/1
湖南	2022/6/15—2024/3/31

数据来源：东吴证券研究所

图 3-37　2017—2022 年电动自行车销量及同比

数据来源：艾瑞咨询《2023 年中国两轮电动车行业白皮书》

电动自行车行业营收实现突破。据统计，得益于 2022 年电动自行车市场销量的良好表现，叠加 2022 年电动自行车品牌数量突破 350 家，规模以上企业主业务收入突破 2166 亿元（图 3-38）。爱玛、雅迪继续领先，年销量均突破1000 万辆，11 家企业年销量突破 100 万辆，4 家企业即将迈进 100 万辆阵营。但电动自行车行业分化趋势愈发明显，市场份额进一步向头部企业聚集。

图 3-38　2017—2022 年电动自行车规模以上企业主营业务收入

数据来源：营销电动车

行业整体智能化水平提升有限，但智能化趋势成为行业共识。目前，我国电动自行车智能化发展仍处于早期阶段，无论是核心零部件控制器、芯片、智能大屏，还是整车电子电气、软件、操作系统，都处于从其他智能产品、智能汽车领域做技术参考的阶段，尤其是传统龙头企业的关注重心大部分集中在续驶里程、性能提升方向，对智能化的投入优先级不够。但智能化趋势已成为行业共识，已有部分企业开始通过加大自研、投资控股、战略合作等方式扩大智能化布局，提高在智能化时代的竞争优势。

价格上涨导致电动自行车锂电池占比增长不及预期。由于铅酸电池具有耐低温、高安全性、高性价比、可回收等优点，其普及率和实用性一直高居各类电池首位，电动自行车铅酸电池的主要供应商是天能动力和超威电池，市场格局相对较为稳定（表 3-7）。与铅酸电池相比较，锂电池凭借其环保、重量轻、能量密度高、寿命长等优势，在电动自行车领域的市场份额逐步提升，但受新能源汽车市场高需求导致的锂电池价格上涨等原因，电动自行车的锂电池渗透率增长不及预期，2022 年锂电池电动自行车在整体市场中的销量占比约为 25.0%（图 3-39）。在长续航和车辆重量的双重影响下，对能量密度高、容量大、质量小的电池需求会不断增加，预计未来锂电池渗透率还会有进一步的提升。

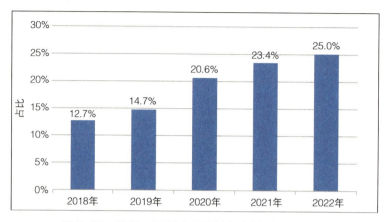

图 3-39　2018—2022 年锂电池电动自行车销量占比

数据来源：艾瑞咨询《2023 年中国两轮电动车行业白皮书》

表 3-7　各类型电池供应商及市场特点

电池分类	供应商	市场特点
铅酸电池	天能动力	覆盖雅迪、爱玛、台铃、新日等大部分头部品牌
	超威电池	处于铅酸动力电池行业领先地位
锂电池	宁德时代	携手哈啰出行布局换电服务入局
石墨烯电池	南都电源	雅迪石墨烯电池专门供应商
钠离子电池	宁德时代	—

资料来源：前瞻产业研究院

钠离子电池等新技术应运而生。钠离子电池具有能量密度更高、更安全等特点，同时在循环次数及低温性能方面表现更为优异（表 3-8）。为平衡资源、成本及碳足迹等潜在问题，宁德时代已于 2021 年率先开始进行钠离子电池的研发，现已开发出高稳定性正极材料、长寿命负极材料、高安全电解液等高性能材料，发布了第一代钠离子电池产品。

表 3-8 不同种类电池性能比较

指标	铅酸电池	锂离子电池	钠离子电池
质量能量密度 /（W·h/kg）	30～50	120～180	100～150
体积能量密度 /（W·h/L）	60～100	200～350	180～280
单位能量原料成本 /（元 /W·h）	0.4	0.43	0.29
循环寿命 / 次	300～500	3000	2000
平均工作电压 /V	2.0	3.2	3.2

资料来源：国海证券研究所

3.3.4 电动船舶行业发展现状

绿色船舶是指以绿色动力，实现低碳排放、可再生能源利用、零污染、低噪声目标的船艇。目前绿色船舶主要包括可再生能源（甲醇、生物、风能）、替代燃料（氢能、氨能、LNG）、电池（动力电池、燃料电池）等（表 3-9），得益于锂电池在电动汽车行业的广泛应用和技术进步，现阶段纯电动船舶技术相对成熟。

表 3-9 不同能源类型绿色船舶动力对比

能源类型	是否零碳排放	使用船舶类型	适用场景
太阳能	是	小型船舶	短航线
风能	是	小型船舶	短航线
核能	是	大型船舶	所有场景
LNG	否	各类船舶	所有场景
生物质能	否	各类船舶	所有场景
纯电动	是	各类船舶	短航线
氢燃料电池	是	各类船舶	所有场景

资料来源：华经产业研究院

未来船舶锂电化需求将持续增长，电动船舶渗透率将逐步提升。 目前电动船舶主要应用于民用领域，纯电动船舶主要集中在内湖、内河以及近海港口，以车客渡船、港口拖船、港务船以及海工船等为主。近年来随着公路、铁路里程的不断增长，内河航运市场受到了较大竞争压力，国内内河船舶数量一直处于下降态势，老旧船舶不断被淘汰，虽然内河船舶数量在下降，但是预计未来电动船舶的需求将会保持增长，无论是新建电动船舶还是旧船改造电动船舶市场，都会有非常大的发展空间。未来船舶锂电化趋势将主要集中在沿江沿海城市渡船与观光船、内河货船、港口拖船市场，以及部分大中型船舶使用锂电替代铅酸，进而促进锂电池船用化加速。国内电动船舶市场是一个竞争比较激烈的市场，但目前船舶整体锂电渗透率仍然很低，据华经产业研究院根据公开资料整理显示，2022 年中国电动船艇锂电化程度仅为 3.7%，未来随着动力电池系统价格下降，不断攻克船舶电气化技术难题，探索电动船舶更多商业运营模式，电动船舶渗透率将逐步提升。

多家国内头部动力电池企业已开始布局。国内涉足电动船舶领域的企业主要包括惠州亿纬锂能股份有限公司、宁德时代新能源科技公司和合肥国轩高科动力能源有限公司。亿纬锂能于 2016 年在船用动力电池方面获得了中国船级社认证，并于 2019 年获得德国莱茵防爆认证。此后，国内纯电动游船"阔阔真公主号"、国内首艘大型纯电动商旅客船"君旅号"、纯电动港作拖轮"云港电拖一号"、纯电动集装箱船"国创号"搭载的均为亿纬锂能的动力电池。2018 年，福建省首艘电动高端内河游船"闽江之星"首航，采用宁德时代大容量磷酸铁锂电芯。2020 年，中国自主设计建造的首艘海上危险品应急指挥船"深海 01"轮在广州下水，搭载的也是宁德时代 1.5MW·h 容量的磷酸铁锂电池。2020 年 3 月，国轩高科控股子公司上海国轩舞洋船舶科技有限公司获首批 3 船套船舶动力锂电池系统订单。此外，欣旺达、中创新航等其他居国内前十的动力电池企业也都在积极开发船舶电池产品。

电动船舶技术不断发展进步。得益于锂电池储能系统的关键技术取得重大突破，以及在船舶电力系统组网技术、船舶电力推进技术、大功率电力并网技术等方面相继取得大量研究成果，全球在建及营运的电动船数量已超过300 艘，包括渡船、近海船、客船、拖船等多种船型。电动船舶绿色环保、可以实现零排放，同时兼具安全便利、推进效率高、使用成本低等优势，且不会出现燃油泄露等问题，是内河航运绿色转型的首选。目前宁德时代正着手开展安全、长续航、大功率、长寿命等动力电池系统的技术攻关，其电池包系统设计采用符合 IP67 以上防护等级，可有效规避水汽、盐雾及粉尘引发的安全风险，满足电动船舶全生命周期内的防护等级要求，其生产的磷酸铁锂电池目前也在装船应用中。

3.4 新能源电池回收利用端发展现状

3.4.1 回收服务网点发展现状

动力电池回收服务网点建设成效初现。截至 2022 年 12 月 31 日，全国范围内回收服务网点共建设 10050 余个。从区域分布来看，动力电池回收服务网点分布在 31 个省、市及自治区，有 4 个省份动力电池回收服务网点超 700 个，10 个省份动力电池回收服务网点超 300 个。其中，广东省的回收服务网点数量排名首位，共 1040 余个，全国占比 10.4%，江苏省和山东省位列第二和第三，分别占比 7.6%、7.3%。浙江省、河南省、河北省、四川省、湖南省、安徽省、湖北省回收服务网点数量进入前十，京津冀回收服务网点数量达到 910 余个。全国前十省份回收服务网点总量 5990 余个，约占全国总量的 60%（图 3-40）。

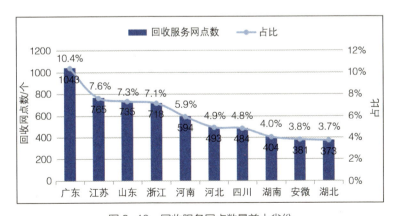

图 3-40　回收服务网点数量前十省份

数据来源：国家溯源管理平台

从企业布局来看，浙江豪情汽车制造有限公司的新能源汽车动力电池回收服务网点最多，上汽大众汽车有限公司、一汽丰田汽车有限公司排名第二和第三，厦门金龙联合汽车工业有限公司、东风本田汽车有限公司、上汽通用五菱汽车股份有限公司、郑州宇通重工有限公司、广汽丰田汽车有限公司、山西新能源汽车工业有限公司、宇通客车股份有限公司进入前十。

3.4.2 梯次利用行业发展现状

动力电池梯次利用是指对废旧动力电池进行必要的检验检测、分类、拆分、电池修复或重组为梯次产品，使其可应用于其他领域。对已经退役的动力电池进行梯次利用，可延长电池使用寿命，充分发挥其剩余价值，促进新能源消纳，能够缓解当前电池退役体量大而导致的回收压力，降低电动汽车的产业成本，带动新能源汽车行业的发展。

1. 梯次利用企业布局

梯次利用规范企业主要分布在长三角、珠三角地区。截至 2022 年底，工业和信息化部已正式公告了四批符合《新能源汽车废旧动力蓄电池综合利用行业规范条件》企业名单。从前四批梯次利用规范企业累计情况来看，符合《新能源汽车废旧动力蓄电池综合利用行业规范条件》的梯次利用企业分布在全国 19 个省份及直辖市。其中，广东省符合规范条件的梯次利用企业数量全国领先，达到 9 家，广东省作为国内新能源汽车消费的热点地区之一，截至 2022 年底，其新能源汽车保有量已接近 200 万辆，占全国新能源汽车保有量的 15% 左右。庞大的用户基数为动力电池的后端处理创造了相对稳定的回收需求及规模；其次是江苏省、湖南省、天津市、江西省、上海市、浙江省，均达到 4 家；安徽省、河南省均为 3 家（图 3-41）。

第四批符合《新能源汽车废旧动力蓄电池综合利用行业规范条件》的梯次利用企业覆盖 14 个省份及直辖市。其中，广东省符合规范条件企业最多，为 4 家，其次是天津市、湖南省，符合规范条件企业数量为 3 家，此外河北省、江西省、河南省、上海市、重庆市均达到 2 家，吉林省、山东省及重庆市均是首次有梯次利用企业入选符合规范条件的企业名单。

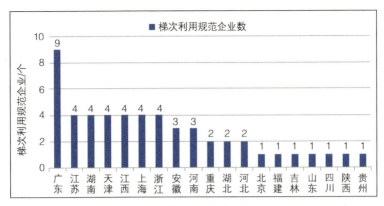

图 3-41 梯次利用规范企业分布

数据来源：根据工业和信息化部公开文件整理，包含综合利用企业

2. 梯次产品应用情况

梯次利用产品应用主要集中在长三角、珠三角地区。2018 年 8 月 1 日—2022 年 12 月 31 日，70 余家梯次利用企业回收入库废旧动力电池 7.2 万 t，主要集中在广东省、江苏省、湖北省等省份进行梯次利用。其中，广东省梯次利用回收量最多，达到了 1.6 万 t，占比达 22.6%。江苏省梯次利用回收量达 1.4 万 t，占比达到 18.9%，排名第二。湖北省占据第三的位置，梯次利用回收量为 0.9 万 t，占比为 12.8%。除广东省、江苏省、湖北省三个省份达到了 1 万 t 左右的梯次利用回收量外，其余前十省份梯次利用回收量均低于 1 万 t。前十省份合计梯次利用回收量的全国占比达到 93.8%（图 3-42）。

图 3-42 前十省份梯次利用企业回收情况

数据来源：国家溯源管理平台

　　梯次产品主要以磷酸铁锂电池为主要类型，广泛应用于低速车、基站备电、储能等领域。2018 年 8 月 1 日—2022 年 12 月 31 日，相关企业累计生产销售78.5 万个单体、47.8 万个模组及 5.9 万个包级梯次产品。梯次产品以磷酸铁锂电池和三元材料电池为主，其中磷酸铁锂电池产品约占 68.3%，三元材料电池产品约占 30.9%，其他电池占 0.8%，梯次产品仍以安全性能较好的磷酸铁锂电池为主（图 3-43）。梯次产品主要应用于低速车、基站备电、储能及其他领域，分别占比 35%、32%、29%、4%，长期来看，低速车、基站备电、储能三大领域将是动力电池梯次产品主要应用领域（图 3-43）。

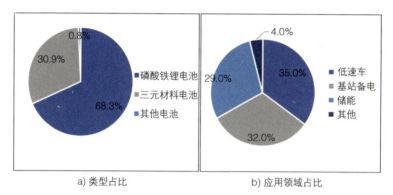

a) 类型占比　　　　　　　　　　b) 应用领域占比

图 3-43　梯次产品分类型占比及梯次产品分应用领域占比

数据来源：国家溯源管理平台

3.4.3　再生利用行业发展现状

　　再生利用是将废旧动力电池通过拆解、提炼金属等方式进行资源化处理，回收有价值的再生资源。再生利用产业发展较快，在能源安全和产业链带动等方面具有较大价值，发展废旧动力电池回收产业和技术有利于降低废旧金属、废电解液等对环境的污染，有助于建立健全绿色低碳循环发展经济体系。

1. 再生利用企业布局

　　再生利用规范企业主要分布在长三角、珠三角地区。截至 2022 年底，工业和信息化部已正式公告了四批符合《新能源汽车废旧动力蓄电池综合利用行业规范条件》企业名单。从前四批再生利用规范企业累计情况来看，符合《新能源汽车废旧动力蓄电池综合利用行业规范条件》的再生利用企业分布在 16 个省份及直辖市。其中，江西省和湖南省符合规范条件的再生利用企业数量全国领先，均达到了 7 家。得益于地处华中交通便利的地理优势，湖南省在动力电池回收利用领域也已具备一定的规模效应，相较于广东省主要以梯次利用企业为主，湖南省则以再生利用类型占据主导地位，考虑到湖南省的新能源汽车保有量不足 40 万辆，位于全国中游，动力电池退役量相对有限，其开展新能源电池回收利用业务所需的退役电池或更多依赖省外渠道。而作为国内锂矿资源大省的江西，持续推动新能源电池回收利用规模化、产业化、市场化发展，在完善省内锂电产业链布局方面也已取得显著成效。浙江省位居第三，省内符合规范条件的再生利用企业达到了 5 家。广东省、安徽省紧随其后，再生利用规范企业数也达到了 3 家。河北省、湖北省、福建省、贵州省达到了 2 家，甘肃省、天津市、吉林省、上海市、江苏省、河南省、陕西省再生利用规范企业数量为 1 家。整体来看，江西省与湖南省地处长江开放经济带，具有丰富的镍、钴、锰、锂、钠等有色金属资源，为锂电产业发展创造了有利的条件，再生利用规范企业主要分布在长三角、珠三角地区（图 3-44）。

图 3-44　再生利用规范企业分布

数据来源：根据工业和信息化部公开文件整理，包含综合利用企业

第四批符合《新能源汽车废旧动力蓄电池综合利用行业规范条件》的再生利用企业覆盖全国 11 个省份及直辖市,其中江西省符合规范条件企业最多,为 3 家。其次是湖南省、安徽省,符合规范条件企业数量达到 2 家。此外河北省、吉林省、浙江省、河南省、湖北省、贵州省、甘肃省为 1 家,上海 1 家为综合利用企业。吉林省、河南省及甘肃省均是首次有再生企业入选再生利用规范条件企业名单。

部分地区动力蓄电池回收利用行业发展相对滞后,但具有广阔的布局发展空间。截至 2022 年底,黑龙江、辽宁、内蒙古、山西、宁夏、青海、新疆、西藏、云南、广西、海南等省份尚未有企业进入规范企业名单,反映出东北、西北、西南等地区省份受制于气候条件、产业结构等因素,在动力电池回收利用业务规范化发展方面进度相对滞后,但也给当地相关企业涉足该领域带来了广阔的发展空间。

2. 再生利用处置情况

再生利用处置主要集中在长三角、珠三角等地区,且以三元材料电池为主要废旧动力电池类型。2018 年 8 月 1 日—2022 年 12 月 31 日,50 余家再生利用企业累计上传约 17.9 万 t 废旧动力电池入库信息。已处置的废旧动力电池主要类型为三元材料电池,占比为 82%,磷酸铁锂电池占 18%。再生利用处置信息累计排名前十企业有惠州市恒创睿能环保科技有限公司、江门市恒创睿能环保科技有限公司、广东光华科技股份有限公司、广东威玛新材料科技有限公司、荆门市格林美新材料有限公司、浙江新时代中能循环科技有限公司、湖南邦普循环科技有限公司、赣州市豪鹏科技有限公司、江西瑞达新能源科技有限公司、广东佳纳能源科技有限公司等企业,前十企业占整体处置量的 78.7%。广东光华、浙江新时代、江西睿达等企业处理产物为金属盐材料,赣锋循环、湖南邦普处理产物为正极前驱体材料,恒创睿能等企业处理产物为电池粉(图 3-45)。

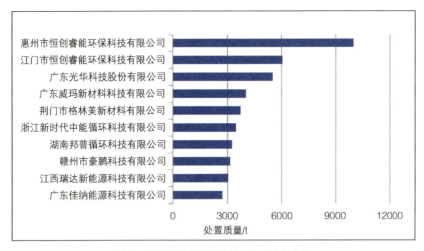

图 3-45　再生利用累计处置量前十企业

数据来源：国家溯源管理平台

第 4 章　数据应用

4.1 动力电池市场表现分析

目前，我国新能源汽车市场已进入规模化发展阶段，需求仍将持续释放。随着新能源汽车市场渗透率不断提升，动力电池的市场需求量也快速增长。同时，在国家"双碳"目标下，动力电池材料及电池产业发展潜能巨大，需求空间广阔。近年来，企业紧跟新能源动力电池产业需求，机遇倍增，围绕动力电池产业链，不断壮大动力电池市场，我国动力电池装机量规模不断增长。

本节依据国家溯源管理平台生产端和销售端数据，分析我国动力电池装机规模、应用领域、销售规模及销售区域现状，总结我国动力电池市场特征。

4.1.1 装机规模分析

近年来，我国新能源汽车动力电池产业发展环境不断优化，技术创新能力持续提升，新技术不断装车应用，各类型动力电池装机使用量逐步攀升。

根据国家溯源管理平台生产端数据统计，截至 2022 年 12 月 31 日，我国新能源汽车动力电池累计装机车辆数量达 1460.3 万辆，累计配套电池包达 1862.5 万个，累计装机电量达 708.5GW·h。

动力电池装机电量呈现增长态势。根据国家溯源管理平台生产端数据统计，从年度数据来看，2022 年全年装机车辆数量为 588.8 万辆，同比增长 85.9%，装机电量为 288.8GW·h，同比增长 101.9%，配套电池包为 622.4 万个，同比增长 77.8%，动力电池装机电量呈现增长态势（图 4-1）。一方面主要得益于新能源汽车市场快速发展，动力电池需求旺盛，而且动力电池关键技术的进步，也提升了消费者对新能源汽车认可度和接受度；另一方面，在"双碳"目标的大背景下，传统燃油汽车向新能源汽车转型已成为必然趋势，电动化将全面加速，新能源动力电池也将加速发展。

图 4-1　2018—2022 年动力电池装机情况

注：国家溯源管理平台存在少量新能源汽车接入时间滞后的情况，2022 年以前生产及销售的车辆信息仍在陆续上报中，历史数据有更新。

从月度数据来看，2022 年新能源汽车动力电池产业发展持续高涨，装机规模不断突破新高。随着新能源汽车终端销量的增长，2022 年月度装机车辆数及装机电量呈现稳定居高态势，从 6 月份开始，各月装机车辆数均在 50 万辆以上，装机电量也大幅度上涨，月度装机电量均接近 30GW·h。其中，年末冲量促进 12 月份装机车辆数创历史新高，车辆数超过 60.1 万辆，装机电量达到 27.0GW·h，配套电池包达到 64.6 万个（图 4-2）。

图 4-2 2022 年月度动力电池装机情况

4.1.2 应用领域分析

纯电动乘用车主导市场,累计装机车辆数已超过千万。从不同车辆类型的动力电池累计装机占比方面来看,全国乘用车、客车、专用车车辆累计占比分别为 89.3%、4.7% 和 6.0%;按动力类型进行分类,纯电动为主要动力类型,累计占比为 77.0%,其次为插电式混合动力(简称插电混动),累计占比为 22.9%(图 4-3)。从不同动力类型的动力电池累计装机占比方面来看,在乘用车领域,纯电动乘用车占比为 74.3%,装机车辆数已达到 1003.4 万辆;在客车领域,纯电动客车占比为 87.7%;在专用车领域,纯电动专用车占比为 98.6%(图 4-4)。插电混动车型在乘用车领域同样很受欢迎,其余领域装机车型绝大部分为纯电动车型。

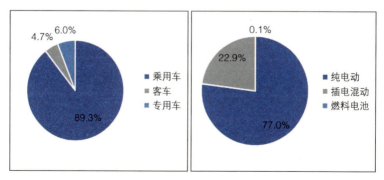

图 4-3 各车辆类型及动力类型的动力电池累计装机占比情况

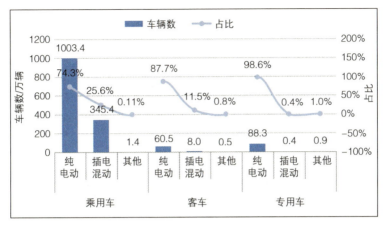

图 4-4　各动力类型动力电池装机车辆数及占比情况

乘用车装机电量占比逐年增长。从不同车辆类型的历年装机情况来看，乘用车一直维持在较高的水平，2022 年装机电量达到 261.2GW·h，同比增长 106.6%，而且乘用车装机电量占比逐年增加，从 2018 年的 58.7% 增加至 2022 年的 90.4%。客车和专用车装机电量占比逐渐降低（图 4-5）。随着消费者对新能源汽车认可度的提升，新能源汽车渗透率持续增加，未来，乘用车动力电池装机量占比或将持续增加。

图 4-5　2018—2022 年各车辆类型装机电量及占比情况

各动力类型车辆均呈现显著增长。从各动力类型车辆历年装机情况来看，目前仍以纯电动为主、插电混动为辅，整体市场超预期发展，各动力类型车辆均呈现显著增长。随着越来越多续驶里程长、智能化水平高的纯电动车型上市，消费者购买和使用纯电动乘用车的热情进一步得到激发，2022年纯电动车辆装机电量达到232.0GW·h，同比增长76.6%。出于对纯电动车型低温下续驶里程的担忧和顾虑，消费者对油电混合动力车型仍然青睐有加，2022年插电混动车辆装机电量达到55.8GW·h，同比大幅增长410.6%，插电混动车型占比提升较为显著（图4-6），目前，以比亚迪和理想等品牌的产品为代表的插电混动优质产品得到市场高度认可，吉利、长安等自主企业也在加速插电混动产品布局和规划，预计更多新产品的上市将带来更大增量。我国新能源汽车的发展始终遵循多技术路线并行发展的总体方向，未来，纯电动车型与插电混动车型仍然会是市场的两大主要组成部分。

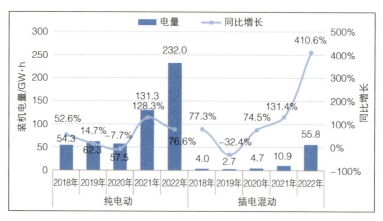

图4-6　2018—2022年各动力类型车辆装机电量及同比增速情况

纯电领域上汽通用五菱装机车辆数排名首位，但由于单车电量较低，其总装机电量相对较低。从各动力类型车辆生产企业方面来看，在纯电动领域，累计装机车辆数排名前五的企业分别是上汽通用五菱汽车股份有限公司、比亚迪汽车工业有限公司、比亚迪汽车有限公司、特斯拉（上海）有限公司、广汽乘用车有限公司。上汽通用五菱汽车股份有限公司装机电量相对较低，其主要车型均为小型车，单车电量较低。累计装机车辆数前五企业的总和占全国纯电动车辆总数的37.3%（表4-1）。

表 4-1 纯电动车辆装机前五汽车生产企业情况

汽车生产企业	动力类型	累计车辆数 / 万辆	累计装机电量 / GW·h	累计车辆全国占比
上汽通用五菱汽车股份有限公司	纯电动	136.2	32.5	11.8%
比亚迪汽车工业有限公司	纯电动	93.9	66.0	8.2%
比亚迪汽车有限公司	纯电动	84.4	48.7	7.3%
特斯拉（上海）有限公司	纯电动	63.2	38.5	5.5%
广汽乘用车有限公司	纯电动	52.2	32.4	4.5%

从各企业近三年纯电动车辆装机情况来看，除特斯拉（上海）有限公司（采取统一上报方式上报国家溯源管理平台），2022 年各企业装机车辆数均比上一年有明显的增长幅度。其中，上汽通用五菱汽车股份有限公司装机车辆数最多，同比增长 30.7%。比亚迪凭借自身高安全、智能化纯电动汽车产品，2021 年及 2022 年装机车辆数均加速上量，合并比亚迪汽车工业有限公司和比亚迪汽车有限公司来计算，比亚迪 2022 年同比增长近 172.5%，两公司装机车辆数强势位于第二和第三的位置（图 4-7）。特斯拉凭借高智能化程度吸引着相当多的消费者，仍保持第四的位置。广汽乘用车因为爆款产品埃安系列持续上量，跃升至第五的位置。

图 4-7 2020—2022 年纯电动车辆装机前五汽车生产企业情况

插电混动领域，比亚迪占据主要市场。从各动力类型车辆生产企业方面来看，插电混动领域，累计装机车辆数排名前五的企业分别是比亚迪汽车有限公司、比亚迪汽车工业有限公司、重庆理想汽车有限公司、上海汽车集团股份有限公司和华晨宝马汽车有限公司。其中，比亚迪汽车有限公司和比亚迪汽车工业有限公司累计装机车辆数全国占比超过50%，占据主导地位。排名前五的企业在全国总量占比达到71.3%，集中度较高（表4-2）。

表4-2　前五汽车生产企业插电混动车辆装机情况

汽车生产企业	动力类型	累计车辆数 / 万辆	累计车辆全国占比
比亚迪汽车有限公司	插电混动	94.8	30.4%
比亚迪汽车工业有限公司	插电混动	62.1	19.9%
重庆理想汽车有限公司	插电混动	30.1	9.7%
上海汽车集团股份有限公司	插电混动	22.5	7.2%
华晨宝马汽车有限公司	插电混动	12.8	4.1%

从各企业近三年插电混动车辆装机情况来看，2022年比亚迪汽车有限公司增长明显，装机车辆数达到50.8万辆，仍保持高增长，同比增长207.9%以上。比亚迪汽车工业有限公司近三年的装机车辆数也呈现较大幅度的增长趋势，同比增长327.2%。另外，重庆理想汽车有限公司在插电混动领域也呈现出较好的增长态势，2022年装机车辆数已达到14.5万辆，同比增长62.2%。但上海汽车和华晨宝马装机车辆数均下滑（图4-8）。

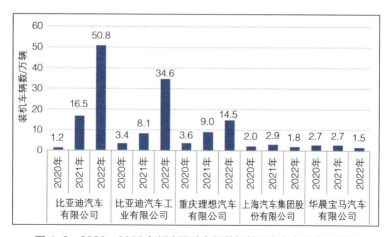

图4-8　2020—2022年插电混动车辆装机前五汽车生产企业情况

4.1.3　销售规模分析

在政策和市场的双重作用下，2022 年我国新能源汽车依然保持爆发式增长，带动我国新能源汽车动力电池销售规模不断扩大。根据国家溯源管理平台销售端数据统计，截至 2022 年 12 月 31 日，我国新能源汽车动力电池装机车辆的销量达 1201.5 万辆，累计配套电池包达 1556.7 万个，累计装机电量达 582.6GW·h。

动力电池年度销售规模呈现持续增长态势。从年度数据来看，动力电池年度销售规模呈现持续增长态势，2022 年动力电池销售装机车辆数达到 437.9 万辆，同比增长 51.1%，装机电量为 218.2GW·h，同比增长 67.5%，配套电池包数为 460.0 万个，同比增长 44.6%（图 4-9）。一方面，在国家及地方政策的支持下，近年来新能源汽车优惠补贴政策频出，带动新能源汽车消费市场蓬勃发展，新能源汽车销量逐年增长；另一方面，得益于新能源汽车市场快速发展，新能源汽车产业需求提升，新能源汽车整车及零部件关键技术提高，越来越多的消费者对新能源汽车有了更强烈的购买意愿。

图 4-9　2018—2022 年动力电池销售装机情况

注：国家溯源管理平台存在少量新能源汽车接入时间滞后的情况，2022 年以前生产及销售的车辆信息仍在陆续上报中，历史数据有更新。

从月度数据来看，随着新能源汽车终端销量的增加，2022 年动力电池月度销售装机车辆数及电量均呈现稳定高位态势，从 6 月份开始，各月销售装机车辆数均在 40 万辆左右，装机电量也呈现高位稳定态势，月度电量均在

20GW·h 左右。其中，12 月份装机量达到最高，装机车辆数达到 49.1 万辆，装机电量达到 22.3GW·h，配套电池包达到 51.7 万个（图 4-10）。2022 年新能源动力电池产业快速发展，销售装机规模不断突破新高，预计 2023 年新能源动力电池销售装机规模仍将保持高增长态势。

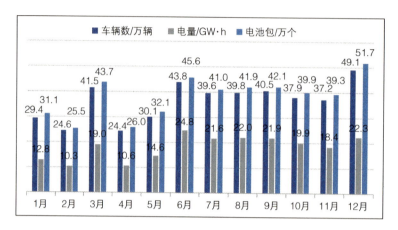

图 4-10　2022 年动力电池月度销售装机情况

4.1.4　销售区域分析

华东地区动力电池累计销售装机量最高，但其电量占比逐年下降。根据国家溯源管理平台销售端数据统计，从车辆销往区域来看，截至 2022 年 12 月 31 日，全国新能源汽车销售量最高的区域是华东地区，累计销量达到 454.0 万辆，装机电量达到 215.2GW·h，其次是华南地区，累计销量达到 240.4 万辆，装机电量达到 118.2GW·h，沿海一带经济发达省份新能源汽车推广效果较好。东北地区和西北地区由于气候问题及推广力度等原因，累计销量均不到 50 万辆（图 4-11）。

从车辆销往区域历年电量占比来看，近年来销售装机电量占比最高的区域是华东区域，并呈现增长态势，电量占比由 2018 年的 31.5% 提升至 2022 年的 39.2%。华南地区和华北地区的电量占比逐渐减少，华南地区 2022 年电量占比已不到 20%。西南地区、西北地区及东北地区在旺盛的市场需求、明显提升的用户接受度等因素的影响下，新能源汽车销量有所提升，电量占比近三年小幅提升（图 4-12）。随着新能源汽车普及程度逐渐提升，全国市场需求快速释放，新能源汽车在全国范围内快速推广。

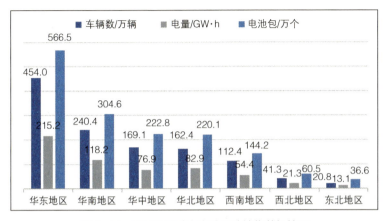

图 4-11　不同地区动力电池累计销售装机情况

图 4-12　不同地区 2018—2022 年动力电池销售装机电量占比情况

广东省新能源汽车销量最高，且主要以乘用车为主。 从车辆销往的省份来看，截至 2022 年 12 月 31 日，全国新能源汽车销售量较高的省市分别是广东省、浙江省、上海市、江苏省、山东省，销量分别达到 183.3 万辆、117.9 万辆、90.3 万辆、87.5 万辆、77.6 万辆。销售车辆装机电量方面，广东省、浙江省排名前两位，电量均超过了 50GW·h，其中广东销售车辆装机电量为 95.0GW·h。其余前十省市销售车辆装机电量均不超过 50GW·h，平均装机电量约为 30GW·h（图 4-13）。

图 4-13 车辆累计销量及动力电池电量前十省份情况

从各类型车辆销往的省份来看，根据国家溯源管理平台销售端数据统计，截至 2022 年 12 月 31 日，前十省份新能源汽车销售仍以乘用车为主。广东省销售乘用车装机电量达到 73.4GW·h，位列首位，在全省电量占比为 77.2%。浙江省销售乘用车装机电量达到 49.4GW·h，占据第二的位置，在全省电量占比为 87.5%。江苏省乘用车销售车辆装机电量排名第三，达到 36.1GW·h。前十省份客车与专用车装机电量占比相对较低，河北省客车装机电量占比较高，达到 21.8%，四川省专用车装机电量占比较高，达到 11.7%（图 4-14）。

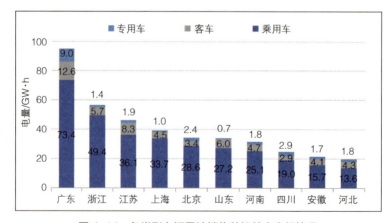

图 4-14 各类型车辆累计销售装机前十省份情况

前十省份销售的新能源汽车搭载三元材料动力电池和磷酸铁锂动力电池电量占比相当。从各动力电池类型销往区域来看，根据国家溯源管理平台销

售端数据统计，截至 2022 年 12 月 31 日，全国前十省份累计销售的新能源汽车中搭载的三元材料动力电池和磷酸铁锂动力电池电量占比相当。其中，江苏省、山东省、河南省、安徽省和河北省的磷酸铁锂动力电池电量占比超过 50%，浙江省、上海市和北京市的三元材料动力电池电量占比超过 50%。销往广东省的动力电池电量排名第一，磷酸铁锂动力电池占比较多，电量为 47.4GW·h，三元材料动力电池电量为 43.6GW·h，这主要得益于本土企业——比亚迪汽车的快速发展。销往浙江省的动力电池电量排名第二，其三元材料动力电池电量为 28.6GW·h（图 4-15），超过磷酸铁锂动力电池电量，主要原因是本土龙头汽车企业——吉利汽车的新能源汽车车型主要搭载三元材料动力电池。未来，三元材料动力电池与磷酸铁锂动力电池仍将保持竞争关系。

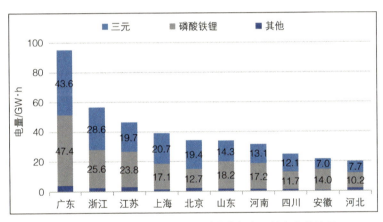

图 4-15　各类型动力电池累计销售装机电量前十省份情况

4.2　动力电池竞争格局分析

现阶段，新能源汽车市场由政策驱动向消费驱动持续转型，新能源汽车市场将保持高速发展的趋势，动力电池的需求也将不断增加，市场上对优质动力电池企业的需求也将大大提升。动力电池行业市场优胜劣汰的特征将会愈发显著，竞争趋于激烈，头部企业产能及供应链保障或将更加充分。

本节依据国家溯源管理平台数据，分析我国动力电池电芯、模组及电池包企业的竞争情况及相应产品供应企业情况，总结我国动力电池市场竞争格局。

4.2.1 市场集中度分析

我国动力电池产业规模及技术发展迅猛，动力电池电芯、模组到电池包生产制造企业众多，市场需求广阔。根据国家溯源管理平台数据统计，从动力电池电芯、模组、电池包的生产企业市场占比来看，整体行业集中度较高，模组生产企业集中度最高，电池包生产企业市场竞争较大。

电池包生产企业市场竞争较大。根据国家溯源管理平台数据统计，从电池包生产企业来看，截至 2022 年 12 月 31 日，排名前十的电池包生产企业主要为宁德时代、比亚迪等头部企业。其中，宁德时代新能源科技股份有限公司共生产装机电池包 196 万个，数量占比为 17.9%，远超其他电池包生产企业，位列第一。青海弗迪电池有限公司为唯二电池包生产数量超过 100 万的企业之一，电池包生产数量达 117.5 万包，占比为 10.7%，占据第二的位置。合肥国轩高科动力能源有限公司排名第三，电池包数量为 62.1 万个。其余前十电池包生产企业分别为特斯拉（上海）有限公司、华霆（合肥）动力技术有限公司、新中源丰田汽车能源系统有限公司、江苏时代新能源科技有限公司等。排名前十电池包生产企业生产电池包数量合计占市场份额达到 60.7%，排名前五企业占市场份额达到 44.1%（图 4-16）。

成熟先进的电池模组生产组装工艺使宁德时代长期占据电池模组生产企业市场首位。根据国家溯源管理平台数据统计，从电池模组生产企业来看，截至 2022 年 12 月 31 日，累计模组生产装机排名前五的电池模组生产企业分别是宁德时代新能源科技股份有限公司、江苏时代新能源科技有限公司、青海弗迪电池有限公司、合肥国轩高科动力能源有限公司、重庆弗迪锂电池有限公司。其中，宁德时代新能源科技股份有限公司位列第一，电池模组生产数量占比 53.6%，排名第二的江苏时代新能源科技有限公司也是宁德时代的全资子公司，成熟先进的电池模组生产组装工艺使其电池模组级产品广受欢迎，因此，宁德时代长期占据着市场份额第一的位置。排名前五企业合计占据 81.6% 的市场份额，市场集中度较高（图 4-17）。

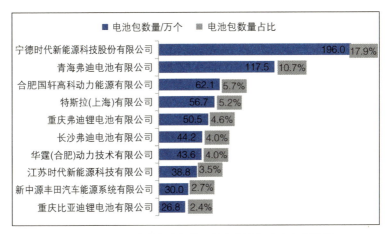

图 4-16　累计生产电池包数量前十电池包生产企业情况

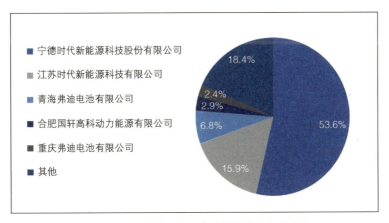

图 4-17　累计产量前五电池模块生产企业占比

乐金化学（南京）具有深厚的电池制造与研发技术，在单体电池生产企业中位列第一。根据国家溯源管理平台数据统计，从单体电池生产企业来看，截至 2022 年 12 月 31 日，单体蓄电池生产装机量排名前五的单体电池生产企业分别是乐金化学（南京）信息电子材料有限公司、宁德时代新能源科技股份有限公司、合肥国轩高科动力能源有限公司、青海弗迪电池有限公司、重庆比亚迪锂电池有限公司。其中，乐金化学（南京）信息电子材料有限公司又称 LG 化学（南京），具有深厚的电池制造与研发技术基础，在单体蓄电池生产企业中位列第一，累计装机量占比达到 28.9%（图 4-18）。前五单体蓄电池生产企业累计装机量占比为 66.8%，市场集中度较高。主流电池企业电芯制造成熟稳定，批量生产能力优势明显，电芯质量一致性容易保证，客户更加青睐于主流企业的电芯级产品。

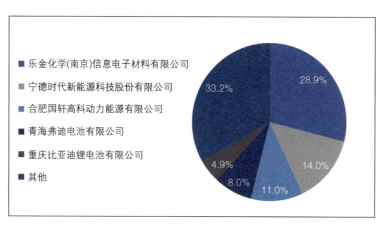

图 4-18　前五单体蓄电池生产企业累计装机量占比

4.2.2　供应企业情况分析

　　我国动力电池产业已经进入产业化建设和推广应用的关键阶段，目前，我国动力电池行业主要包括宁德时代、比亚迪、国轩高科、中创新航等主流电池企业，市场较为成熟，行业格局相对稳定。

　　宁德时代与比亚迪装机电量占据主要市场。根据国家溯源管理平台数据统计，截至 2022 年 12 月 31 日，宁德时代累计装机电量最多，达到 253.5GW·h，稳定占据第一的位置；比亚迪排名第二，累计装机电量达到 159.5GW·h。宁德时代与比亚迪是国内唯二两家动力电池装机电量超过 100GW·h 的企业，合计在全国占比为 58.3%，占据主要市场，与其他企业拉开较大差距，龙头效应显著。其余前十名电池生产企业不断提升自身产品技术与产品规模，以提高自身装机量。前十名电池生产企业累计装机量占比达 77.3%，市场集中度较高（图 4-19）。

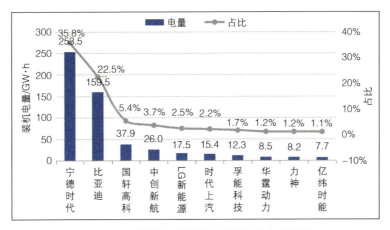

图 4-19　累计装机电量前十电池生产企业情况

主流电池企业供应的整车企业数量降低，整车企业优胜劣汰。从前十名电池生产企业近三年供应的整车企业情况来看，宁德时代作为动力电池的龙头企业，近三年均有 120 余家整车生产企业搭载宁德时代动力电池，宁德时代动力电池产品已供应国内大部分整车生产企业。国轩高科凭借多年的电池制造技术及经验，配套整车生产企业数量近 40 家。比亚迪自身专研磷酸铁锂动力电池技术，高安全性能的优势也使得比亚迪配套的整车生产企业数量近 20 家，其中，大多数企业为比亚迪汽车自身关联整车企业。其余的电池企业包括中创新航、力神、亿纬锂能、孚能科技等均供应整车生产企业 10 家左右（图 4-20）。同时，从电池企业供应整车生产企业的年度变化数据上看，2022 年各电池企业配套的

图 4-20　2020—2022 年供应整车前十电池生产企业情况

整车生产企业均在减少，整车生产企业经过行业残酷激烈的竞争，优胜劣汰，最终优质有竞争力的企业保留下来。

比亚迪目前以自供为主，宁德时代和国轩高科等企业的下游客户企业装机量相对均衡。从累计供应排名前五的电池生产企业的配套整车企业细分情况来看，截至 2022 年 12 月 31 日，宁德时代动力电池供应排名前三的整车企业分别是特斯拉（上海）、上海蔚来汽车、郑州宇通客车，累计装机电量均为 20GW·h 以上，其中，特斯拉（上海）装机电量达 24.4GW·h。比亚迪动力电池主要为比亚迪汽车自身进行装车配套供应，其供应排名前三的企业分别是比亚迪汽车工业、比亚迪汽车、广汽比亚迪新能源客车。国轩高科装机配套供应排名前三的整车企业分别是上汽通用五菱、奇瑞新能源汽车、安徽江淮汽车，前两者装机电量均超过了 6GW·h。广汽乘用车、重庆长安汽车、奇瑞新能源汽车的动力电池装机配套企业是中创新航，其中，广汽乘用车累计装机电量超过了 15GW·h，为中创新航的主要客户。LG 新能源装机量供应排名前三的企业分别是特斯拉（上海）、特斯拉汽车（北京）、上汽通用汽车，其中，特斯拉的累计装机量达到了 15.6GW·h，LG 新能源动力电池的主要配套装机核心企业为特斯拉（图 4-21）。

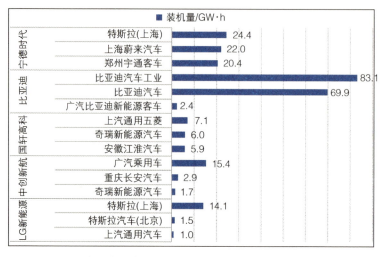

图 4-21　前五电池企业累计供应整车企业（排名前三）细分情况

比亚迪装机量快速提升，广汽乘用车成为中创新航的主要客户。从 2022 年主流电池企业供应整车企业细分情况来看，宁德时代动力电池装机量供应整车企业排名前三的分别是上海蔚来汽车、特斯拉（上海）、浙江吉利 3 家企业，装机电量均在 8GW·h 左右。比亚迪动力电池主要为自身比亚迪汽车进行装车配套供应，其供应排名前三的企业分别是比亚迪汽车、比亚迪汽车工业、中国第一汽车集团，2022 年比亚迪汽车销售火爆，带动动力电池装机量超过 40GW·h。国轩高科动力电池装机配套供应整车企业排名前三的分别是上汽通用五菱、奇瑞新能源汽车、安徽江淮汽车三家企业，装机电量为 5GW·h 以下。广汽乘用车、奇瑞新能源汽车、重庆长安的动力电池装机配套企业是中创新航，其中，广汽乘用车 2022 年装机电量超过 7.5GW·h，为中创新航动力电池的主要客户。孚能科技动力电池装机量供应排名前三的分别是广汽乘用车、北京奔驰、南京金龙客车，广汽乘用车和北京奔驰为孚能科技的核心客户（图 4-22）。

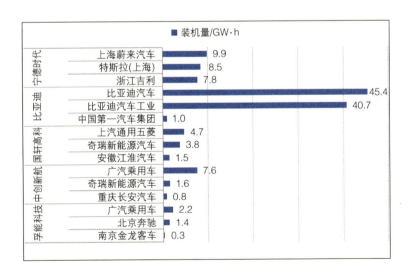

图 4-22 2022 年主流电池企业供应整车企业（排名前三）细分情况

4.3 动力电池技术发展分析

中国动力电池装机量连续五年问鼎全球第一，技术创新一直是最重要的驱动因素。当前，通过技术创新降低成本，进而抢占市场份额已经成为动力电池厂商的普遍共识。进入 2022 年之后，围绕动力电池的技术之战愈演愈烈。随着动力电池技术的快速发展、成熟以及规模化应用，全球动力电池行业的竞争格局或将面临新一轮重组，最先研发出革命性技术的动力电池厂商，将会在新能源浪潮中占据先机，甚至掌握行业话语权。

本节根据国家监管平台和国家溯源管理平台数据，从动力电池材料类型、形状类型、性能指标、安全故障四个方面，分析我国动力电池技术发展现状，总结动力电池技术发展的制约因素。

4.3.1 材料类型分析

目前，动力电池行业按材料类型来看，三元材料动力电池和磷酸铁锂动力电池占据主要市场。两者最大的区别在于正极材料，其中，三元材料动力电池的正极材料为镍钴锰酸锂，而后者的正极材料为磷酸铁锂，正极材料的不同造就动力电池性能的差异性。三元材料动力电池的容量密度更高，耐低温，快速充电（简称快充）性能好，但热稳定性较差；而磷酸铁锂动力电池在成本、安全、循环寿命方面更有优势，但低温性能差、快充能力弱、电池管理系统（BMS）控制难度大。凭借着各自材料性能的差异和优势，三元材料动力电池和磷酸铁锂动力电池或将长期处于竞争和共存的关系。

磷酸铁锂动力电池累计装机电量占比已超过三元材料动力电池。根据国家溯源管理平台生产端数据统计，截至 2022 年 12 月 31 日，动力电池装机量较大的类型主要为磷酸铁锂动力电池和三元材料动力电池。其中，磷酸铁锂动力电池累计装机电量为 363.0GW·h，电量占比为 51.2%；三元材料动力电池累计装机电量为 310.4GW·h，电量占比为 43.8%；其他类型动力电池如锰酸锂动力电池、镍氢动力电池、钛酸锂动力电池等合计装机电量为

35.1GW·h，占比为 5.0%（图 4-23）。磷酸铁锂动力电池的累计装机量已超过三元材料动力电池的累计装机量，磷酸铁锂动力电池凭借低成本、高安全性的特点，未来装机量或将持续领先三元材料动力电池，装机量占比将会继续提升。

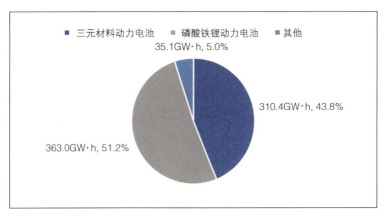

图 4-23　不同材料类型动力电池累计装机量及占比

三元材料动力电池凭借高能量密度、良好的快充性能等优势在乘用车领域中占据优势地位。从各类型车辆累计装机情况来看，乘用车领域方面，目前，三元材料动力电池累计装机量占比大于磷酸铁锂动力电池，三元材料动力电池在乘用车领域累计装机电量为 298.0GW·h，占比为 54.5%，磷酸铁锂动力电池在乘用车领域累计装机电量为 238.1GW·h，占比为 43.5%。新能源汽车高性能、高续驶里程版本车型普遍搭载三元材料类型的动力电池，三元材料动力电池凭借高能量密度、良好的快充性能等优势在乘用车中高端市场拥有绝对的领先地位。在客车与专用车领域，磷酸铁锂动力电池占据绝大部分的市场份额，磷酸铁锂动力电池在客车与专用车领域分别占比为 79.6%、72.1%（图 4-24）。未来，随着磷酸铁锂动力电池集成技术的进一步的提高，磷酸铁锂动力电池在乘用车领域的占比将会有所提升。

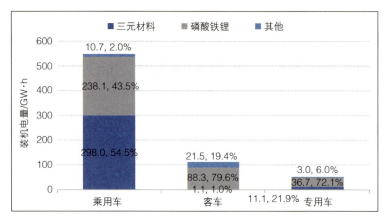

图 4-24　各类型车辆不同动力电池材料类型累计装机电量及占比情况

各类型车辆的三元材料动力电池占比逐步下降。从各类型车辆近三年不同动力电池材料类型装机情况来看，乘用车领域，三元材料动力电池占比逐步下降，从 2020 年的 81.1% 下降到 2022 年的 38.6%，磷酸铁锂动力电池装机量逐渐提升，2022 年占比已达到 60.4%，这主要得益于磷酸铁锂动力电池的低成本优势，这一优势使其在新能源低端乘用车市场广受欢迎，占据了较高的市场份额。同时，随着磷酸铁锂动力电池集成技术的继续提升，高安全性能与低成本的优势将进一步凸显，越来越多的中高端乘用车车型也会选择搭载磷酸铁锂动力电池。在客车与专用车领域中，磷酸铁锂动力电池依然占据主要市场，近三年客车领域磷酸铁锂动力电池市场占有率均高于 95%，专用车领域磷酸铁锂动力电池市场占比已达到 97.0%（图 4-25）。

图 4-25　各类型车辆 2020—2022 年不同动力电池材料类型装机量占比情况

　　纯电动和插电混动车辆的磷酸铁锂动力电池占比均显著提升。从各驱动类型车辆近三年不同材料类型动力电池装机量情况来看，磷酸铁锂动力电池在纯电动、插电混动等主要领域逐渐占据主要市场份额。纯电动车辆领域方面，三元材料动力电池占比逐步下降，从 2020 年的 60.3% 下降到 2022 年的 35.7%，磷酸铁锂动力电池装机量逐渐提升，2022 年占比达到 64.3%。在插电混动车辆领域，近三年磷酸铁锂动力电池占比大幅提升，2020 年占比仅为 4.7%，2022 年占比显著提升至 63.1%（图 4-26），主要得益于比亚迪等自主品牌车型的畅销。

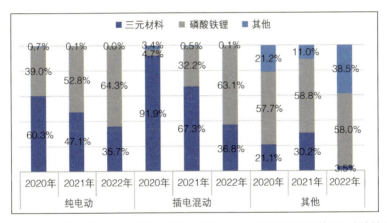

图 4-26　各驱动类型车辆 2020—2022 年不同动力电池材料类型装机量占比情况

4.3.2　形状类型分析

　　随着新能源汽车高速发展，动力电池装机量也快速提升，动力电池选配问题逐渐成为汽车企业首要考虑的问题之一。动力电池的封装共有三大形式：方形、圆柱形以及软包。在目前的新能源汽车市场中，圆柱、方形、软包三种电池均有企业使用，各占一席之地。

　　方形电池占据八成以上市场份额，在目前阶段更能适应市场的需求。根据各形状类型动力电池累计装机电量情况数据，方形电池为各形状类型动力电池的主要装机形式，其累计装机电量为 600.7GW·h，装机比例达到了 84.8%，占据绝对的市场份额。方形电池具有内阻小、循环寿命长、封装可靠度高、耐受性好、成组相对简单、系统能量效率高等优势，凭着这些优势，方形电池更能适应目前阶段市场的需求。排名第二的是圆柱形电池，其累计装机电量为 62.3GW·h，占据 8.8% 的市场份额。圆柱形电池的标准化程度较高，容易在行业内实现统一标准。另外，圆柱形电池在散热方面也有着较好的优势，封包时圆柱与圆柱之间形成了很好的散热空间，所以部分搭载圆柱形电池的车辆可以采用成本较低的风冷技术。软包电池累计装机电量为 45.5GW·h，占比为 6.4%（图 4-27）。软包电池因为采用了叠片的制造方式，所以体积更加纤薄，能量密度最高。软包电池同样可以根据不同需求进行定制。

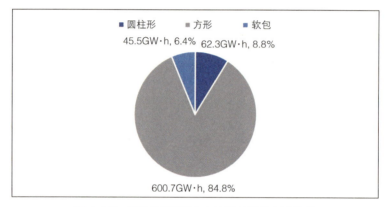

图 4-27　各形状类型动力电池累计装机电量情况

方形电池凭借成组效率高等优点，一直占据市场主要地位。 从各形状电池近三年的装机情况来看，方形电池占据主要市场份额，近三年装机量增长显著，从 2020 年的 51.1GW·h，增加至 2021 年的 122.8GW·h，2022 年装机量再创新高，达到 264.9GW·h，同比增长 115.7%。方形电池凭借成组效率高等优点，多年来一直受到电池和整车企业的青睐。近三年圆柱形电池装机量增量相对平稳，从 2020 年的 7.7GW·h 增长至 2022 年的 12.6GW·h。但目前整车和电池领域内各企业争相布局大圆柱形电池，或将带动圆柱形电池装机量提升。尽管软包电池装机量一直处于第三的位置，落后于圆柱形电池，但软包电池可以实现定制化的特点使其能够更好地与车辆相协调。从近三年软包电池装机量变化可以看出，软包电池装机量增长明显，装机量从 2020 年的 3.6GW·h 增长至 2022 年的 11.3GW·h，已接近于 2022 年圆柱形电池的装机量（图 4-28）。

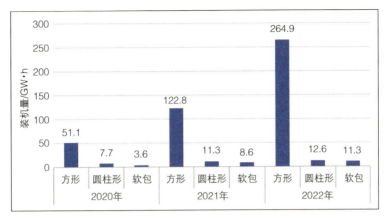

图 4-28 各形状类型动力电池 2020—2022 年装机量情况

方形电池占据乘用车主要市场份额，且呈现占比逐年提高的趋势。 从各类型车辆近三年不同动力电池形状类型装机情况来看，在乘用车领域，近三年方形电池占据乘用车主要市场份额，且呈现占比逐年提高的趋势。2020 年占比为 77.2%，2022 年占比提升到 91.0%。圆柱形电池市场占比呈现下降趋势，从 2020 年的 15.8% 的市场占比下降至 2022 年的 4.7%。在客车和专用车领域，方形电池近三年基本保持 95% 以上的市场份额，客车与专用车的动力电池更加注重电池的成组效率与高安全性，方形电池的优势会更加明显（图 4-29）。

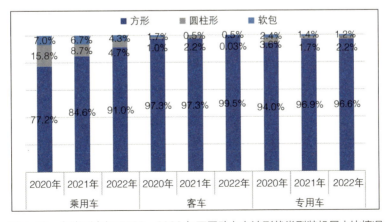

图 4-29 各类型车辆 2020—2022 年不同动力电池形状类型装机量占比情况

4.3.3 性能指标分析

动力电池的核心技术性能指标包括能量、能量密度、充放电倍率、循环寿命、安全性、一致性、可靠性等。其中，在整车质量给定、正常工况行驶的情况下，动力电池的能量决定了新能源汽车的续驶里程。由于新能源汽车生产企业在特定车型中要严格控制电池在车身中所占的空间，因此在动力电池体积一定的情况下，能量密度越高的电芯，电池的能量越多，续驶里程也就越长。因此，能量密度是动力电池设计时考量的最重要指标。

纯电动乘用车领域的三元材料动力电池能量密度提升较为明显，磷酸铁锂动力电池能量密度变化相对平稳。 根据国家溯源管理平台生产端数据统计，纯电动乘用车三元材料单体电池能量密度从 2020 年的 217.8W·h/kg，提升至 2022 年的 232.5W·h/kg，越来越多的三元高镍电芯投入实车装机中，三元材料单体电池能量密度不断提升。三元材料电池包系统能量密度也从 2020 年的 151.8W·h/kg，增加到 2022 年的超 150W·h/kg。得益于宁德时代等动力电池企业不断进行动力电池集成技术的研发，电池包系统能量密度不断提高。纯电动乘用车领域磷酸铁锂单体电池及系统能量密度近三年变化较平稳，从 2020 年比亚迪推出磷酸铁锂刀片电池以来，磷酸铁锂单体电池能量密度可以达到近 171.9W·h/kg，电池包系统能量密度达 123.6W·h/kg。2022 年，磷酸铁锂单体电池能量密度为 175.9W·h/kg，电池包系统能量密度为 131.9W·h/kg（图 4-30）。

图 4-30　2020—2022 年纯电动乘用车不同材料类型动力电池能量密度情况

纯电动客车领域的磷酸铁锂动力电池能量密度变化相对平稳。纯电动客车领域磷酸铁锂动力电池装机量占绝大部分，三元材料动力电池装机量较少，因此，客车领域电池能量密度情况仅分析磷酸铁锂动力电池类型。根据国家溯源管理平台生产端数据统计，客车领域磷酸铁锂单体电池及系统能量密度近三年变化相对平稳，2022 年磷酸铁锂单体电池能量密度达到 174.5W·h/kg，电池包系统能量密度达 157.6W·h/kg（图 4-31）。

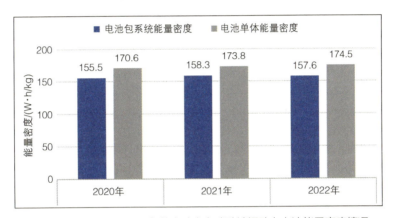

图 4-31 2020—2022 年纯电动客车磷酸铁锂动力电池能量密度情况

纯电动专用车领域的磷酸铁锂动力电池能量密度变化相对平稳。纯电动专用车领域磷酸铁锂动力电池占装机量绝大部分，三元材料动力电池装机量较少，因此，专用车领域电池能量密度情况仅分析磷酸铁锂动力电池类型。根据国家溯源管理平台生产端数据统计，专用车领域磷酸铁锂单体电池及系统能量密度近三年变化较平稳，2022 年磷酸铁锂单体电池能量密度可以达到 168.0W·h/kg，电池包系统能量密度达 134.2W·h/kg（图 4-32）。

4.3.4 安全故障分析

依据国家监管平台数据，国家监管平台接入的新能源汽车故障报警类型可以分为电池单体一致性差报警、单体电池过电压报警、电池高温报警、绝缘报警等 19 项内容，其中，关联新能源汽车动力电池的报警类型共有 13 项。为了便于接下来的研究分析，将 13 项新能源汽车动力电池报警类型分为 5 个

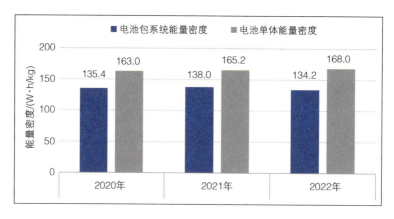

图 4-32　2020—2022 年纯电动专用车磷酸铁锂动力电池能量密度情况

故障维度，分别是动力电池容量异常故障、动力电池电压故障、动力电池单体一致性差故障、动力电池温度故障、动力电池安全防护故障。其中，动力电池单体一致性差故障为电池单体一致性差报警；动力电池电压故障分为车载储能装置类型过电压报警、车载储能装置类型欠电压报警、单体电池过电压报警、单体电池欠电压报警；动力电池容量异常故障分为荷电状态（SOC）低报警、SOC 过高报警、SOC 跳变报警、车载储能装置类型过充电报警；动力电池温度故障分为电池高温报警、温度差异报警；动力电池安全防护故障分为高压互锁状态报警、绝缘报警。

动力电池容量异常故障数量占比最多。 根据国家监管平台数据统计，从 2022 年部分主流电池企业产品安全故障占比情况来看，2022 年动力电池主要故障类型为动力电池容量异常故障、动力电池安全防护故障、动力电池电压故障，三大类故障类型占比达 88.4%。其中，动力电池容量异常故障占总故障量的 63.3%，为占比最大的故障类型。在动力电池容量异常故障中，SOC 低报警占据了绝大部分的故障量。动力电池安全防护故障占总故障量的 13.4%，高压互锁状态报警与绝缘报警各自占据一半的比例。动力电池电压故障占总故障量的 11.7%，车载储能装置类型过电压报警、车载储能装置类型欠电压报警、单体电池过电压报警、单体电池欠电压报警均在动力电池电压故障中占据一定比例（图 4-33）。

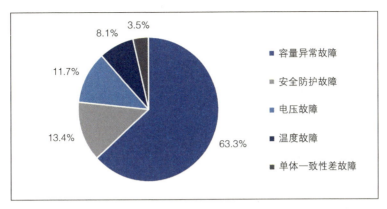

图 4-33　2022 年部分主流动力电池生产企业产品安全故障占比情况

注：本节统计的故障数量样本是选择搭载部分主流动力电池生产企业电池的新能源汽车发生故障总数。

多种安全故障占比逐年降低，但动力电池容量异常故障占比显著增加。根据国家监管平台数据统计，从 2020—2022 年部分主流电池企业产品安全故障占比情况来看，多种安全故障占比降低，但容量异常故障占比显著增加。其中，动力电池安全防护故障占比从 2020 年的 28.7% 降低至 2022 年的 13.4%，降低幅度达 53.3%。随着动力电池的快速发展，动力电池企业越来越重视动力电池的安全性，动力电池安全防护技术水平不断提高。动力电池温度故障从 2020 年的占比 14.6%，下降到 2022 年的 8.1%。动力电池热管理技术水平的不断提升，有效避免了动力电池出现热失控的风险。同时，随着动力电池制造工艺水平的提高及动力电池集成技术的不断优化，动力电池单体一致性管理水平也在不断提升，动力电池单体一致性差故障从 2020 年的占比达 15.1%，下降到 2022 年的占比 3.5%（图 4-34）。但动力电池容量异常故障的占比处于持续增加的状态，在动力电池容量异常故障中最多的故障报警类型是 SOC 低报警。SOC 低报警是为了防止电池过放电情况的发生，是使动力电池保持健康状态的一种警示。随着新能源汽车用户的不断增加，部分个人用户在使用和驾驶新能源汽车时，容易忽略新能源汽车的电量变化，等到车辆提示 SOC 低时，才进行给新能源汽车充电补能的操作。同时，随着新能源汽车使用年限的增加，动力电池出现不同程度的老化，部分车型动力电池容量衰减严重，续驶里程不断缩短，车辆在长时间行驶后，也容易出现 SOC 低报警。

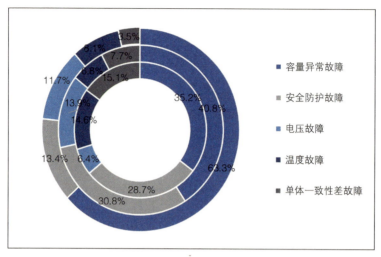

图 4-34　2020—2022 年部分主流动力电池企业产品安全故障占比情况

注：最里圈为 2020 年，中间圈为 2021 年，最外圈为 2022 年。

乘用车领域安全故障类型中，SOC 低报警类型数量占比最多。根据国家监管平台数据统计，从乘用车领域 2022 年安全故障占比情况来看，SOC 低报警类型为主要报警故障，占比高达 54.9%，加上 SOC 过高报警、SOC 跳变报警、车载储能装置类型过充电报警，动力电池容量异常故障整体占比达 63.9%。包括单体电池过电压报警、单体电池欠电压报警等动力电池电压故障的整体占比为 12.7%，各类型电压故障报警占比均为 3% 左右。动力电池安全防护故障报警整体占比为 10.6%，其中高压互锁状态报警占比 6.2%，绝缘报警占比为 4.4%。动力电池温度故障整体占比为 9.3%，其中电池高温报警占比为 2.8%，温度差异报警占比 6.5%。动力电池单体一致性差报警占比为 3.4%（图 4-35）。

客车领域安全故障类型中，动力电池绝缘报警数量占比最多。根据国家监管平台数据统计，从客车领域 2022 年安全故障占比情况来看，绝缘报警类型为主要报警故障，占比高达 47.9%，考虑到客车客舱空间较大，空调长时间运行时，空调相关部件因潮湿进水，客车电池箱里渗透水汽，容易导致新能源客车电池绝缘报警故障,因此要加强新能源客车的动力电池系统整包的密封防水性能,提升电池包的绝缘防护能力。在动力电池电压故障与动力电池单体一致性差故障方面,单体电池过电压报警占比 11.9%,电池单体一致性差报警占比 10.1%。新能源客车的动力电池通常是由成百上千个单体电池通过串并联方式组成,单体电池个数众多,容易形成短板效应。相对于乘用车,新能源客车动力电池单体一致性管理的难度会更大(图 4-36)。

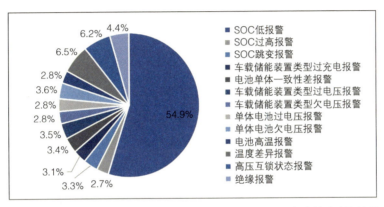

图 4-35　乘用车领域 2022 年部分主流动力电池企业产品安全故障占比情况

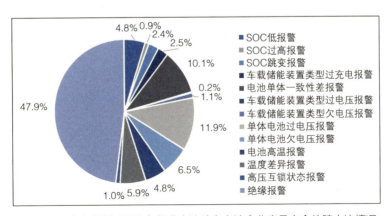

图 4-36　客车领域 2022 年部分主流动力电池企业产品安全故障占比情况

专用车领域安全故障类型中,车载储能装置类型过充电报警数量占比最多。根据国家监管平台数据统计,从专用车领域 2022 年安全故障占比情况来看,车载储能装置类型过充电报警类型为主要报警故障，占比达到43.4%，SOC低报警占比为15.9%，加上SOC过高报警、SOC跳变报警，动力电池容量异常故障整体占比达62.4%，主要由于新能源专用车使用频次较多、使用年限较长，动力电池容量衰减严重，动力电池容量异常故障频发。与新能源客车一样，动力电池绝缘报警占比较高，达20.8%，需要提升新能源专用车电池包绝缘防护能力（图4-37）。

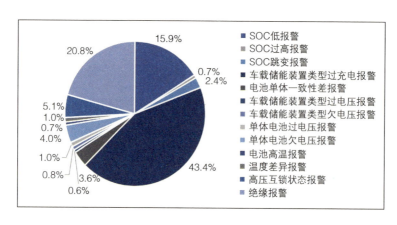

图4-37 专用车领域2022年部分主流动力电池企业产品安全故障占比情况

不同材料类型动力电池的主要故障类型均是容量异常故障。根据国家监管平台数据统计，从各材料类型动力电池近三年的安全故障占比情况来看，动力电池容量异常故障是故障报警的最主要组成部分，占整体报警数量的绝大部分。2020年三元材料动力电池容量异常故障占比为43.3%，到2022年，三元材料动力电池容量异常故障数量占比增至80.1%。磷酸铁锂动力电池容量异常报警近三年占比波动较大，2020年占比为31.7%，2022年占比提升为42.1%。动力电池安全防护故障方面，三元材料电池包安全性逐年提升，故障占比从2020年的31.6%，减少到2022年的5.7%，三元材料动力电池的安全防护能力不断提高。磷酸铁锂电池包整包安全防护性能有待加强，2021年故障占比高达47.5%，2022年占比有所减少，但仍占据了23.0%。动力电池温度故障方面，三元材料动力电池的温度故障占比变化波动较小，

2020 年温度故障占比为 6.8%，2022 年温度故障占比为 3.6%，而磷酸铁锂动力电池温度故障占比变化明显，2020 年温度故障占比为 19.5%，2021 年温度故障占比降低为 5.2%，到 2022 年温度故障占比增加至 13.8%。随着磷酸铁锂动力电池的装机量不断提升，磷酸铁锂动力电池的热管理控制需要进一步强化提升。动力电池单体一致性差故障方面，三元材料电池及磷酸铁锂电池的表现均较为出色，2022 年，三元材料电池单体一致性差故障占比为 2.1%，磷酸铁锂电池单体一致性差故障占比则为 5.2%（图 4-38）。

图 4-38　2020—2022 年各材料类型动力电池安全故障占比情况

三元材料动力电池的主要故障类型是 SOC 低报警，在安全防护、单体一致性管理、热管理方面表现较好。根据国家监管平台数据统计，从 2022 年三元材料动力电池安全故障占比情况来看，SOC 低报警类型为主要报警故障，占比高达 74.0%，加上 SOC 过高报警、SOC 跳变报警、车载储能装置类型过充电报警，动力电池容量异常故障合计占比高达 80.1%。随着较早使用三元材料动力电池装机的车辆使用年限的增加，三元材料动力电池容易出现电池容量衰减的现象，进而引起动力电池容量异常故障中各类型报警的发生，相当大数量搭载三元材料动力电池的车辆或将面临报废退役，我国即将进入三元材料动力电池大规模退役时期。三元材料动力电池在动力电池电压故障、动力电池温度故障、动力电池安全防护故障、动力电池单体一致性差故障等方面各类型报警故障占比均在 2% 左右浮动，三元材料动力电池在电池安全防护、电池单体一致性管理、电池热管理方面表现较好（图 4-39）。

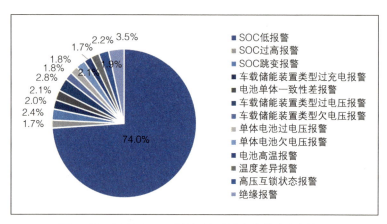

图 4-39　2022 年三元材料动力电池安全故障占比情况

磷酸铁锂动力电池容量异常故障占比明显少于三元材料动力电池，整体容量衰减程度好于三元材料动力电池。根据国家监管平台数据统计，从 2022 年磷酸铁锂动力电池安全故障占比情况来看，车载储能装置类型过充电报警故障占比为 19.2%，SOC 低报警故障占比为 15.6%，动力电池容量异常故障合计占比为 42.1%，远低于三元材料动力电池的 80.1%，磷酸铁锂动力电池整体容量衰减程度要好于三元材料动力电池。同三元材料动力电池一样，动力电池容量异常故障占总故障报警的绝大部分，磷酸铁锂动力电池装机部分车辆的动力电池也将进入退役报废的阶段。在动力电池温度故障方面，磷酸铁锂动力电池温度差异报警类型占比为 10.3%，动力蓄电池温度故障合计占比为 13.9%，磷酸铁锂动力电池要提升电池热管理能力，避免出现热失控的风险。在动力电池安全防护方面，磷酸铁锂动力电池高压互锁状态报警故障占比为 10.8%，绝缘报警故障占比为 12.2%，安全防护故障占比合计为 23.0%，磷酸铁锂动力电池在整包安全防护方面需要进一步提升（图 4-40）。

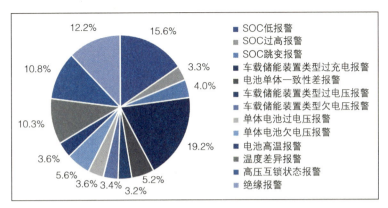

图 4-40　2022 年磷酸铁锂动力电池安全故障占比情况

4.4　历史退役分析

在新能源汽车鼓励性政策的带动下，我国新能源汽车高速发展，动力电池应用也呈现大规模增长态势。早期应用的动力电池按照使用时间 5～8 年计算，也开始进入退役阶段。目前，我国动力电池退役及回收市场仍处于早期发展阶段，动力电池退役途径较多，去向信息模糊，动力电池回收行业的整体发展仍面临一些阻碍。因此，借助于国家溯源管理平台相关历史产销数据，对动力电池退役量及退役趋势进行分析，将对促进企业精准开展目标电池回收工作及带动企业建立定向回收体系具有重要的意义。

本节基于国家溯源管理平台数据，根据车辆电池质保、生产时间、使用时长、累计里程、车辆类型、电池类型等相关信息，对现有车辆数据进行模型化计算，分析当前市场总体理论退役量、退役电池区域分布、对应企业情况及车辆服役年限等情况。经退役分析，截至 2022 年 12 月 31 日，我国累计退役车辆超过 83 万辆，退役动力电池电量超过 47GW·h，按质量计算超过 32 万 t。

4.4.1　车辆类型分析

新能源乘用车累计退役车辆数最多，新能源客车累计退役电池电量占比最多。 从各车辆类型退役情况来看，截至 2022 年 12 月 31 日，乘用车退役车辆数量达 54.3 万辆,占比达到 64.9%。其次为客车,退役车辆数量为 16.4 万辆,占比为 19.7%。专用车退役车辆数量为 12.9 万辆,占比为 15.4%(图 4-41)。截至 2022 年 12 月 31 日,乘用车累计退役 69.3 万个电池包,按电量计算为 16.5GW·h,按质量计算为 10.7 万 t,电量占比为 34.9%。客车累计退役 81.7 万个电池包,按电量计算为 24.6GW·h,按质量计算为 18.2 万 t,电量占比为 52.0%。新能源客车作为早期新能源汽车推广应用车型,已有部分车辆进入退役阶段,现阶段累计退役车辆虽然没有乘用车数量多,但通常客车需要装载多个电池包,单车带电量较大,新能源客车累计退役电池电量占比较大。专用车累计退役 22.5 万个电池包,按电量计算为 6.2GW·h,按质量计算为 4.1 万 t(图 4-42)。

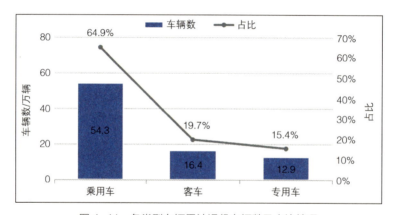

图 4-41 各类型车辆累计退役车辆数及占比情况

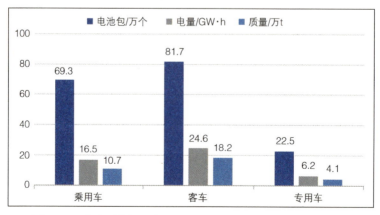

图 4-42 各类型车辆累计退役动力电池包数量、电量及质量情况

4.4.2　材料类型分析

乘用车领域退役动力电池以三元材料动力蓄电池为主，客车领域退役动力电池以磷酸铁锂动力电池居多。从各材料类型动力电池退役情况来看，截至 2022 年 12 月 31 日，磷酸铁锂动力电池为主要退役类型，电量占比为总退役量的 55.5%，其次为三元材料动力电池，电量占比为 28.9%（图 4-43）。从各车辆类型退役动力电池材料类型分布情况来看，截至 2022 年 12 月 31 日，在乘用车领域，退役动力电池主要以三元材料动力电池为主，电量占比为 76.8%，磷酸铁锂动力电池累计电量占比为 22.6%，其他类型动力电池退役电量占比为 0.6%。在客车领域，磷酸铁锂动力电池占据退役电池的绝大多数部分份额，电量占比高达 88.7%，三元材料动力电池电量占比为 7.2%，其他类型动力电池退役电量占比为 4.1%。在专用车领域，退役电池主要以三元材料动力电池为主，电量占比为 62.1%，磷酸铁锂动力电池电量占比为 35.6%，其他类型动力电池电量占比为 2.3%（图 4-44）。

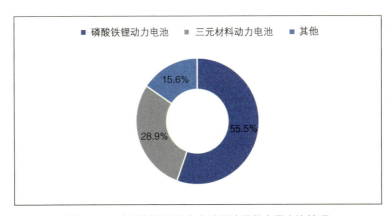

图 4-43　各材料类型动力电池累计退役电量占比情况

4.4.3　区域分布分析

动力电池退役区域分布与销量区域分布基本一致。从动力电池退役区域分布情况来看，截至 2022 年 12 月 31 日，全国前十省份退役动力电池累计电量为 33.1GW·h，按质量计算达到 23.2 万 t，电量占比达 70.0%，目前动力

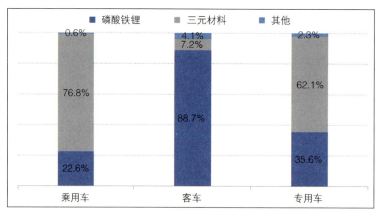

图4-44 各车辆类型不同材料类型动力电池退役电量占比情况

电池退役区域分布与销量区域分布基本一致。广东省动力电池退役量位居全国第一，退役动力电池电量达到7.2GW·h，按质量计算为5.0万t，电量占比为15.2%。其次为江苏省，退役动力电池电量达到4.6GW·h，按质量计算为3.3万t，电量占比为9.7%。浙江省位列第三，退役动力电池电量为3.9GW·h，按质量计算为2.6万t，电量占比为8.3%。山东省、河北省、北京市三省市位列第四到六，退役动力电池电量均超过了3GW·h。河南省、上海市、福建省、安徽省四省市居于后四位，退役动力电池电量均为2GW·h左右（图4-45）。

图4-45 前十省份动力电池退役量及占比情况

多个省份退役动力电池以客车搭载的动力电池为主。从前十省份各车辆

类型动力电池退役情况来看，大部分地区客车退役动力电池电量占比较大，其中，河北省客车退役动力电池电量占比最大，达到 86.7%，上海市客车退役动力电池电量占比为 71.6%，江苏省客车退役动力电池电量占比达 68.9%，福建省、广东省、河南省的客车退役动力电池电量占比均超过 50%。浙江省、山东省、北京市、安徽省的乘用车退役动力电池电量占比较大。其中，浙江省乘用车退役动力电池电量占比达 65.6%，北京市乘用车退役动力电池电量占比为 54.6%，山东省乘用车退役动力电池电量占比为 52.0%。全国前十省份专用车退役动力电池电量占比较低，平均占比不到 10%（图 4-46）。

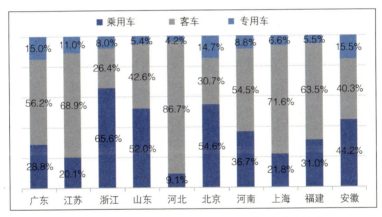

图 4-46　前十省份各车辆类型动力电池退役分布情况

多个省份退役动力电池以方形电池为主。从前十省份各形状动力电池退役分布情况来看，大部分地区退役动力电池方形电池电量占比较大，其中，广东省、北京市、上海市退役动力电池中方形电池电量占比均超过 70%，福建省、河南省退役动力电池中方形电池电量占比超过 65%，江苏省、山东省、安徽省退役动力电池中方形电池电量占比超过 50%。河北省、浙江省退役动力电池中圆柱形电池电量占比较高，其中，河北省退役动力电池中圆柱形电池电量占比为 42.5%，浙江省退役动力电池中圆柱形电池电量占比为 40.3%。全国前十省份退役动力电池中软包电池电量占比较低，平均占比为 13.7%（图 4-47）。

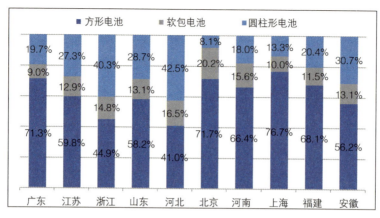

图 4-47　前十省份各形状动力电池退役分布情况

4.4.4　企业情况分析

前十企业为早期进入市场的动力电池生产企业。从各动力电池生产企业电池退役情况来看，截至 2022 年 12 月 31 日，按退役量排序，宁德时代、比亚迪、沃特玛对应的退役动力电池较多，位列前三。其中，宁德时代退役动力电池电量为 13.1GW·h，按质量计算为 8.7 万 t，退役动力电池电量全国占比为 27.7%。比亚迪退役动力电池电量为 8.0GW·h，按质量计算为 6.4 万 t，退役动力电池电量全国占比为 17%。沃特玛排名第三，退役动力电池电量为 3.7GW·h，按质量计算为 3.1 万 t，退役动力电池电量全国占比为 7.8%。国轩高科、力神、孚能科技、比克电池、苏州海格、山东威能、江苏智航位列前十，退役动力电池电量均不超过 3GW·h。前十企业为早期进入市场的动力电池生产企业，累计退役动力电池电量为 36.3GW·h，按质量计算为 25.9 万 t，电量占比为 76.8%（图 4-48）。

客车整车企业及传统整车企业产品搭载的动力电池率先进入退役期。从退役量前五的动力电池企业对应的装车企业退役动力电池电量细分情况来看，宁德时代对应的动力电池装车企业中退役动力电池电量排名前三的企业分别是郑州宇通客车、北京新能源汽车和奇瑞汽车，其中，郑州宇通客车退役动力电池电量最多，达到 2GW·h。比亚迪对应的动力电池装车企业中退役动力电池电量排名前三的企业分别是比亚迪汽车工业、比亚迪汽车、广汽比亚迪新能源客车，其中，比亚迪汽车工业退役动力电池电量最多，为 3.5GW·h。

沃特玛对应的动力电池装车企业中退役动力电池电量排名前三的企业分别是
东风汽车集团、南京金龙客车和中通客车，其中，东风汽车集团退役动力电
池电量最多，达 0.6GW·h。国轩高科对应的动力电池装车企业中退役动力电
池电量排名前三的企业分别是安徽江淮汽车、北京新能源汽车、安徽安凯汽
车，其中，安徽江淮汽车退役动力电池电量最多，为 0.4GW·h。力神对应的
动力电池装车企业中退役动力电池电量排名前三的企业分别是安徽江淮汽车、
安徽猎豹汽车、重庆长安汽车，其中，安徽江淮汽车退役动力电池电量最多，
为 0.2GW·h（图 4-49）。总体来看，客车整车企业及传统整车企业产品搭
载的动力电池率先进入退役期。

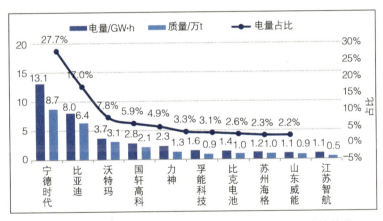

图 4-48　退役量前十的动力电池企业动力电池退役量及占比情况

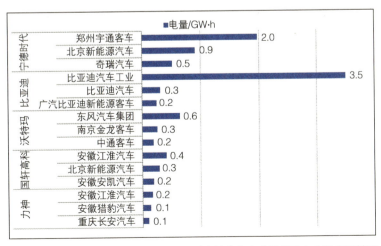

图 4-49　退役量前五的动力电池企业对应的装车企业退役动力电池电量情况

动力电池生产企业退役的动力电池中以磷酸铁锂动力电池居多。从退役量前十的动力电池企业退役动力电池材料类型分布情况来看，截至 2022 年 12 月 31 日，宁德时代、比亚迪、沃特玛等退役量较多的企业，对应的退役动力电池多为磷酸铁锂动力电池。其中，宁德时代退役的动力电池中磷酸铁锂动力电池较多，电量占比为 55.1%，三元材料动力电池电量占比为 44.7%。比亚迪退役的动力电池以磷酸铁锂动力电池为主，电量占比为 94.5%。沃特玛、国轩高科等企业退役的动力电池绝大多数也是磷酸铁锂动力电池，力神、孚能科技、比克电池等企业退役的动力电池以三元材料动力电池为主（图 4-50）。

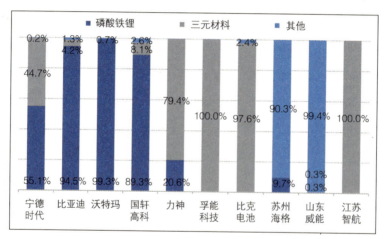

图 4-50　退役量前十的动力电池企业退役动力电池材料类型分布情况

动力电池生产企业退役的动力电池形状随着各自电池技术发展路线不同而大有不同。从退役量前十的动力电池企业退役电池形状类型分布情况来看，截至 2022 年 12 月 31 日，宁德时代、比亚迪、沃特玛等退役量较多的企业，对应的退役动力电池形状类型随着各自电池技术发展路线不同而大有不同。其中，宁德时代退役的动力电池主要以方形电池为主，电量占比为 99.4%，软包电池电量占比为 0.6%。比亚迪退役的动力电池基本为方形电池，沃特玛退役的动力电池基本为圆柱形电池，国轩高科退役的动力电池大多数是方形电池，电量占比为 80%，其余为圆柱形电池，电量占比为 20%。力神退役的动力电池主要是圆柱形电池，电量占比为 67.2%，方形电池电量占比为 32.8%。

孚能科技退役的动力电池主要是软包电池，电量占比为 76.9%，圆柱形电池电量占比为 23.1%。比克电池退役的动力电池基本为圆柱形电池。苏州海格、山东威能退役的动力电池主要为方形电池，江苏智航退役的动力电池基本是圆柱形电池（图 4-51）。

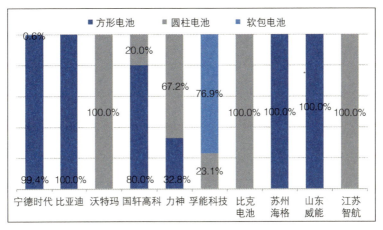

图 4-51　退役量前十的动力电池企业退役动力电池形状类型分布情况

4.4.5　服役年限分析

同种类型车辆服役年限差异明显，私人乘用车超 11 年。 从各车辆类型车辆服役时长看，纯电动乘用车平均服役年限为 10.3 年，纯电动客车平均服役年限为 6.7 年，纯电动专用车平均服役年限为 8.8 年，服役年限存在差异的主要原因是不同类型车辆用途不同。不同用途的车辆使用频率、充电方式等存在较大差异，动力电池寿命衰减程度不同。用于公共运营的公交客车、出租车和租赁乘用车，由于日均行驶里程较多、月均充电次数较多、使用快速充电方式频率高等原因，服役时间较短，公交客车平均服役时间最短，仅为 6.5 年，出租乘用车平均服役时间略长，为 6.8 年（图 4-52）。私人乘用车多用于家用代步，日均行驶里程较少，使用快速充电方式充电的次数相对较少，其平均服役年限最长，可达到 11.2 年（图 4-52）。随着我国新能源汽车技术不断进步，整车及电池产品质量不断提高，续驶里程不断增加，新能源汽车的服役年限将进一步提升。

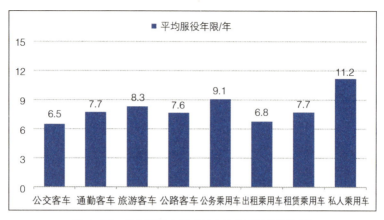

图 4-52　各类用途车辆（纯电动）平均服役年限

4.5　退役量预测

目前动力电池回收利用行业内有关动力电池退役预测的方法较少，大部分都是基于动力电池 5 年或 8 年的寿命标准进行宏观性的粗略估计，因此动力电池精准化退役预测，对回收利用政策法规制定、产业布局规划及回收网络建立具有重要支撑意义。

本节依据国家溯源管理平台以及国家监管平台的静、动态数据，结合动力电池的老化机理以及车辆使用环境、用途场景等多方面因素，采用"基础退役模型 + 容量衰减模型"对数据进行模型化计算，继而获得动力电池退役预测结果。

4.5.1　整体退役规模预测

到 2027 年，动力电池累计退役量将达到 183.1GW·h，未来五年年度退役量将超过 22GW·h。 依据国家溯源管理平台动力电池接入情况，预测分析未来五年动力电池累计退役量规模。从未来五年动力电池累计退役量来看，2023 年到 2027 年，每年的动力电池退役电量均超过 22GW·h，预计 2027年单年动力电池退役量将超过 30GW·h，按质量计算将超过 17 万 t。预计到

2027 年，动力电池累计退役量将达到 183.1GW·h，按质量计算为 114.2 万 t
（图 4-53）。整体来说，我国即将进入动力电池大规模退役时期。

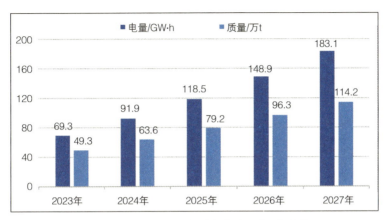

图 4-53　2023—2027 年动力电池累计退役量情况

4.5.2　车辆类型预测

到 2027 年累计退役的车辆以乘用车为主，且退役量逐年增加。从累计
退役车辆占比情况来看，退役的车辆主要以乘用车为主，退役车辆数占比为
73.7%，客车退役车辆数占比为 19.3%，专用车退役车辆数较少，占比为 7.0%
（图 4-54）。

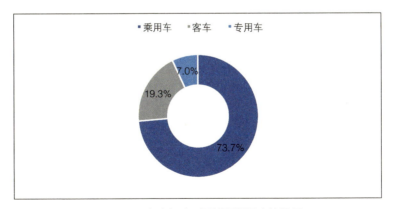

图 4-54　各车辆类型累计退役量占比情况

从未来五年各类型车辆退役情况来看，未来五年内乘用车退役量逐年

增加，2023 年退役车辆数约 12.5 万辆，2024 年退役车辆数翻倍增长，达到 26.0 万辆，2027 年退役车辆数超过 50 万辆，乘用车每年平均退役车辆数超过 30.9 万辆。未来五年内客车退役车辆数逐步减少，2023 年退役车辆数达到 13.0 万辆，2024 年退役车辆数有所减少，约 7.2 万辆，到 2027 年减少至 4.4 万辆，客车每年平均退役车辆数为 8.1 万辆。未来五年内专用车每年退役车辆数不断波动，2023 年退役车辆数达到 1.4 万辆，2026 年退役车辆数为 4.1 万辆，2027 年退役车辆数预计为 5.7 万辆，专用车每年平均退役 2.9 万辆（图 4-55）。

图 4-55　2023—2027 年各车辆类型退役车辆数情况

4.5.3　应用场景预测

退役乘用车主要以私人乘用车为主，客车以公交客车为主，专用车以物流特种车为主。从各应用场景累计退役车辆数占比情况来看，到 2027 年，乘用车领域累计退役车辆数最多，其中，私人乘用车退役车辆数量居首，累计退役车辆数量占比达到 32.1%。公交客车累计退役车辆数量占比达 16.3%，位居第二。租赁乘用车、出租乘用车、公务乘用车累计退役车辆数量占比分列第三到第五的位置。专用车领域方面，物流特种车累计退役车辆数量占比为 8.1%，在各车辆应用场景中排名第六。客车领域方面，除公交客车在各车辆应用场景中排名第二外，通勤客车累计退役车辆数量占比为 1.6%，排名第七。其余公路客车、旅游客车、环卫特种车、工程特种车、邮政特种车等应用场景的累计退役车辆数量占比均不超过 1%（图 4-56）。

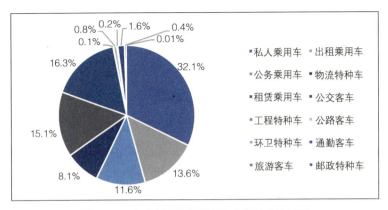

图 4-56　各应用场景累计退役车辆数占比情况

4.5.4　材料类型预测

累计退役动力电池以磷酸铁锂动力电池为主，三元材料动力电池退役量逐年增多，2027 年实现反超。从各材料类型动力电池累计退役量占比情况来看，累计退役磷酸铁锂动力电池电量最多，电量占比达到 52.5%，其次为三元材料动力电池，累计退役量占比为 39.5%（图 4-57）。新能源汽车产销规模快速增长早期，磷酸铁锂动力电池与三元材料动力电池技术相对稳定和成熟，磷酸铁锂动力电池与三元材料动力电池装车使用量较大。随着时间的推移，未来几年内，主流磷酸铁锂动力电池和三元材料动力电池也会较早进入退役周期。

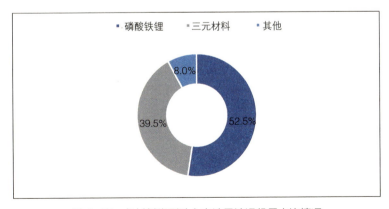

图 4-57　各材料类型动力电池累计退役量占比情况

从未来五年各材料类型动力电池退役情况来看，未来五年内，磷酸铁锂动力电池退役量一直维持在较高水平，平均每年退役量达到 14.3GW·h。其中，2023 年退役量达到 16.9GW·h，2024—2027 年，每年退役量均保持在 12GW·h 以上。三元材料动力电池 2023 年退役量为 2.2GW·h，呈现逐年逐步增长态势，2024 年退役量达 7.3GW·h，2025—2027 年，每年退役量超过 11GW·h，到 2027 年，退役量增长到 19.1GW·h，实现对磷酸铁锂动力电池退役量的反超（图 4-58）。

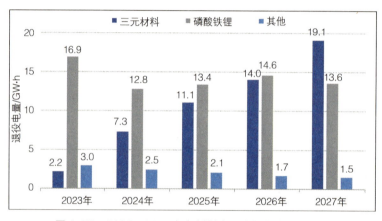

图 4-58　2023—2027 年各材料类型动力电池退役情况

4.5.5　区域分布预测

到 2027 年，累计退役量前十省市电量占比达到 57.6%，广东省累计退役量居首位。从各省市动力电池累计退役情况来看，广东省、浙江省、江苏省三省份动力电池退役量较大，排名前三。广东省动力电池退役量达到 91.1 万个、电量合计 31.1GW·h，按质量计算约 18.3 万 t，累计退役电量全国占比为 17.0%，居于首位，累计退役量远大于其他省份。其次是浙江省，退役电池达 39.9 万个，电量合计 11.9GW·h，按质量计算约 6.9 万 t，累计退役电量全国占比为 6.5%。江苏省退役动力电池包个数达到 37.5 万个，电量合计为 11.0GW·h，按质量计算约 6.9 万 t，累计退役电量全国占比为 6.0%，位于全国第三。山东省与北京市也位列累计退役量前五，累计退役电量均超过了 8.0GW·h。其余的上海市、河南省、福建省、安徽省、湖南省等前十省市，累计退役电量均为 7GW·h 左右。累计退役量前十省市电量合计为 105.4GW·h，累计退役电量占比达 57.4%（图 4-59）。

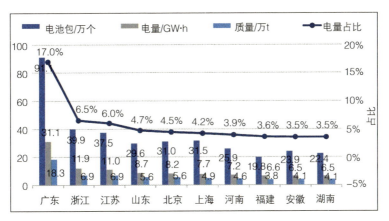

图 4-59　累计退役量前十省市退役情况

广东省退役的三元材料动力电池及磷酸铁锂动力电池均领先于其他省份。从不同材料类型动力蓄电池累计退役分布来看，退役的三元材料动力电池主要集中在广东省、浙江省、江苏省等地区，其中，广东省三元材料动力电池退役量最多，达到 13.1GW·h，浙江省三元材料动力电池退役量为 5.8GW·h，江苏省三元材料动力电池退役量为 3.5GW·h。北京市、福建省、四川省、上海市等地区三元材料动力电池退役量均为 3GW·h 左右，河南省和湖北省三元材料动力电池退役量为 2GW·h 左右。三元材料动力电池退役量前十的省份累计退役电量超过 41.8GW·h。退役的磷酸铁锂动力电池以广东省、江苏省、安徽省等地区为主，广东省磷酸铁锂动力电池退役量达 14.5GW·h，远多于其余地区。江苏省、安徽省、山东省、浙江省、上海等地区磷酸铁锂动力电池退役量均不超过 5GW·h，河南省、湖南省、北京市、湖北省等地区磷酸铁锂动力电池退役量均不超过 4GW·h。磷酸铁锂动力电池累计退役电量前十的省份合计退役电量达到 49.6GW·h（图 4-60）。

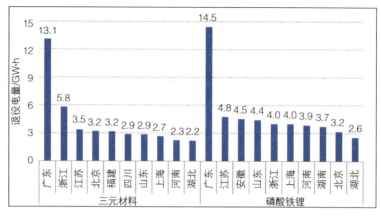

图 4-60　不同材料类型动力电池累计退役分布情况

4.5.6　企业情况预测

从各动力电池生产企业累计退役情况来看,到2027年,宁德时代、比亚迪、中创新航、国轩高科、亿纬锂能等企业的动力电池退役量较大。宁德时代位列第一,其退役电池包数量达到161.2万个,退役电量为54.8GW·h,按质量计算为30.7万t,宁德时代累计退役动力电池数量远超其他电池生产企业。比亚迪累计退役动力电池电量为28.6GW·h,排名第二。中创新航、国轩高科、亿纬锂能退役动力电池电量均不超过10GW·h(图4-61)。

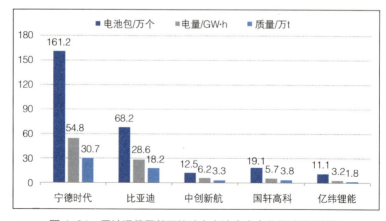

图 4-61　累计退役量前五的动力电池生产企业累计退役情况

多个企业累计退役动力电池以磷酸铁锂材料为主，仅中创新航退役动力电池以三元材料居多。从累计退役量前五的动力电池生产企业退役动力电池的材料类型分布情况来看，宁德时代、比亚迪、国轩高科、亿纬锂能退役的动力电池均以磷酸铁锂动力电池为主。其中，宁德时代退役动力电池中磷酸铁锂动力电池电量占比为 59.1%，三元材料动力电池电量占比为 40.8%。比亚迪退役动力电池中磷酸铁锂动力电池电量占比为 69.2%。国轩高科、亿纬锂能退役动力电池中磷酸铁锂动力电池电量占比均超过 85%。排名前五的企业中，仅有中创新航退役动力电池以三元材料动力电池居多，其电量占比为 83.4%，磷酸铁锂动力电池电量占比为 16.6%（图 4-62）。

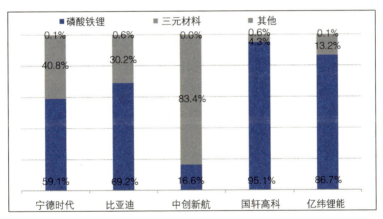

图 4-62　累计退役量前五的动力电池生产企业不同动力电池材料退役分布情况

各企业累计退役动力电池以方形电池为主。从累计退役量前五的动力电池生产企业不同电池形状退役分布情况来看，宁德时代、比亚迪、中创新航、国轩高科、亿纬锂能退役的动力电池以方形电池为主。其中，宁德时代退役动力电池中方形电池电量占比为 99.3%，比亚迪退役动力电池全部为方形电池，中创新航退役动力电池中方形电池电量占比为 99.8%，国轩高科、亿纬锂能退役动力电池中方形电池电量占比均超过了 85%，圆柱形电池电量占比超过了 10%（图 4-63）。

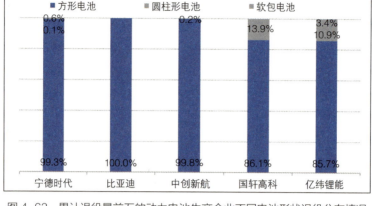

图 4-63　累计退役量前五的动力电池生产企业不同电池形状退役分布情况

客车整车企业及传统整车企业累计退役量较多。从累计退役量前十的汽车生产企业的累计退役情况来看，比亚迪汽车、郑州宇通客车、北京汽车股份位列前三。其中，比亚迪汽车累计退役电池包数达到 57.4 万个，电量为 25.8GW·h，按质量计算为 16.4 万 t。郑州宇通客车退役动力电池电量排名第二，退役电量为 14.5GW·h，退役电池包数为 54.9 万个，按质量计算为 9.1 万 t。北京汽车股份退役动力电池电量为 5.4GW·h，占据第三的位置。广汽乘用车、浙江豪情汽车、上海汽车集团退役动力电池电量均超过了 3GW·h。特斯拉汽车、东风汽车集团、重庆长安汽车、北汽新能源占据后四位的位置，累计退役动力电池电量均超过了 1GW·h（图 4-64）。

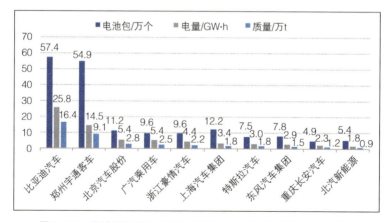

图 4-64　累计退役量前十的汽车生产企业累计退役动力电池情况

第 5 章 创新发展

5.1 关键技术发展情况

目前，动力电池为缓解因化石能源燃烧产生的污染和能源危机起到了关键性的作用，已应用于汽车、航天、便携电子设备等行业，主要原材料锂（Li）、钴（Co）、镍（Ni）、锰（Mn）等金属的大量需求导致金属市场供给不足。动力电池的寿命只有 5 ~ 10 年，便携式电子设备的寿命仅为 3 年，大量的动力电池在不久的将来被废弃。废旧动力电池的回收利用成为社会关注的焦点，各研究机构及回收利用企业积极研发并布局各项创新技术，为推动行业发展提供关键支撑。

5.1.1 梯次利用技术现状及未来技术路线

1. 梯次利用技术现状

一般情况下，动力电池的电池容量降低为 80% 后，其放电性能将不能满足汽车行驶的要求，但仍可应用于使用条件相对温和的场合，即进入梯次利用阶段。梯次利用电池常用于低速动力、基站备电等领域。通过梯次利用，可以延长动力电池使用寿命，使动力电池的使用价值最大化，降低动力电池全寿命周期成本。废旧动力电池的梯次利用在为社会带来经济价值的同时也产生了巨大的环境效益。但废旧动力电池性能和规格参差不齐，同时不同应用场景下对梯次利用电池的要求不同，在梯次利用前需要对电池状态的价值进行判断，并评估其剩余寿命和安全性，结合后续梯次利用各环节的成本，来判定电池所适合的使用领域。在梯次利用过程中涉及电池检测分选、寿命评估、重组集成、整包利用等关键技术，目前仍存在一定的技术瓶颈，增加了退役动力电池梯次利用产业化的难度。

（1）分类初筛

动力电池经过长期车载使用后，发生老化，剩余电量（State of Charge，SOC）下降，性能状态差异变大，同时一些动力电池可能具有安全隐患。因此对废旧电池进行梯次利用之初，必须把废旧电池进行分类和初筛，同时最大程度降低分选流程的成本，客观上提高分选结果的精确度。

废旧电池是否具有梯次利用价值应从两个方面进行评判：①梯次利用电池的安全性，梯次利用电池的安全可靠使用是其具备梯次利用价值的根本，具有安全性的废旧电池才具备梯次利用价值；②梯次利用电池的经济性，废旧电池要实现梯次使用，也需要具备一定的经济性，梯次利用电池的剩余容量及剩余使用寿命等将主要决定梯次利用的利用价值，具备一定的梯次利用经济性的动力电池才能被二次利用。

依据相关标准，在对退役电动汽车动力电池进行梯次利用之前，可采用电池性状初检、关键电性能检测及分组抽样性能测试这3步电池性能试验评估方法进行初筛。此初筛方法结合了以下电池内外特性检测分析技术：①电池性状初检，对所有废旧电池进行全检，目视电池外观，用电压表测试电池电压，用内阻测试仪检测电池内阻，淘汰部件不完整、外壳严重变形、漏液、外观不良、内阻过高、胀气、低（零）电压等电池。该初检手段可以对电池梯次利用的安全性、经济性做出基本的判断；②关键电性能检测，检测所有梯次利用电池的容量、能量、内阻与自放电性能。容量和能量可以通过完全充放电测定；内阻既可以用突加电流过程中的电压变化量与电流变化量的比值，即直流内阻来表征，也可以用高频正弦激励测量其交流内阻表征；自放电性能通常用一定时间内的容量保持率来衡量，需要较长时间的存储实验才能获得。综合考虑下游应用的性能需求、成本投入和收益情况，有针对性地为上述指标设定分类阈值，淘汰容量过低、内阻过高、自放电率过高的电池，从而保证梯次利用的经济性，再基于一定的一致性判据对电池进行分组；③分组抽样性能测试，对各分组电池进行抽样，由于是抽检，所以可以采用稍复杂的技术手段。例如在恒温箱内用多倍率充放电试验测定电池的倍率性能和高低温性能；用长时间循环寿命试验检测电池的循环寿命；用针刺、挤压、温度冲击试验测试电池的安全性能，并对各组电池抽检电池内特性；通过拆解电池，利用扫描电镜、核磁等手段分析电池内部是否有析锂或者其他过渡金属、隔膜缺陷等现象。

经过对废旧电池进行评判分类以及初筛后，从客观上淘汰循环寿命过低、工况适应性极差、安全试验不合格及内特性检验中具有明显安全隐患的废旧电池，基本实现了电池分类，也对电池的基本电性能有了初步的了解，同时试验检测的电池性能状态数据可用于分析梯次利用电池适合的应用工况。

（2）电池筛选

对废旧电池进行评判分类以及初筛后，所得到的电池虽然具有一定梯次利用的价值，但也具有能量特性及功率特性衰减，且电池单体性能参数差异大的问题，为了实现不同性能表现电池应用价值的最大化，保证电池再次应用时的可靠性和安全性，必须对电池进行场景适应性筛选，以实现电池的分级梯次应用价值最大化。

废旧电池梯次利用中的筛选环节需要综合应用软件、测控、制造等技术，涉及计算机、机电等多种学科，技术门槛较高，国内在这方面的研究仍处于起步阶段。电池电压－容量变化曲线如图 5-1 所示，电池的放电时间、平台电压的持续时间随其 SOH 下降而缩短。经过初筛后的退役电池 SOH 各异，直接将其并联利用，不仅会使部分电池放电过度，还会造成电池能量浪费。

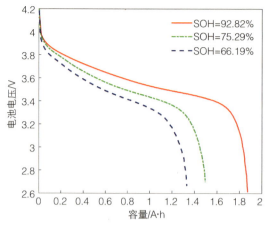

图 5-1　电池电压－容量变化曲线

（3）寿命评估

目前，针对退役电池健康状态评估方法主要体现在两个方面：

1）采用以模型为主的数模结合的方式，对黑箱电池进行评价。对电池内部物理化学过程的分析与数值化，建立基于机理模型的健康状态评估模型；利用电池的衰减数据进行衰减机理的分解分析，建立残值评估模型；基于健康状态评估和残值评估模型，提取能够表征黑箱电池状态的参数集，为之后退役动力电池的快速分选提供科学的特征参量。

2）在电池电性能、安全性、一致性等方面，开展工况实验研究。基于实验测试数据，利用相适应的深度学习方式确定健康状态的评估因子，研究其与电池状态之间的关系，构建表征典型白箱电池健康状态的指标体系；基于加速实验，结合衰减因素及衰减机理，采用以数据驱动为主的数模结合方式构建典型白箱电池的评价方法。

综上，依据电池衰退机理，对废旧电池单体、模组的健康状态进行评估。目前，在识别短板电池的退役健康状态评估方面，主要采用最小二乘法分析阻抗谱特征频段与全谱拟合重叠。通过特征频段等效电路转化解析元件，分析其衰退过程中的变化率与离散度，提取组成特征频段的便于快速在线测量的特征频点，建立健康状态快速评估方法。利用电池的衰减数据进行衰减机理的分解分析，建立残值评估模型。

（4）重组集成

考虑到废旧动力电池的电池包、电池模组、电池单体等多级系统结构，在实现其梯次利用时，首先面临的问题即以何种级别的动力电池进行重组，这也是梯次利用电池技术难度和相关成本的主要决定因素。一方面，不同车型所用动力电池差异较大，应基于不同车型采取不同的梯次利用重组策略，如乘用车动力电池包要求足够的空间利用率，而大型客车动力电池包标准化程度高；另一方面，动力电池包直接梯次利用难度稍大，而电池模组或电池单体级别的梯次利用则相对较易。对行业领域内企业调研后发现，动力电池退役后经过筛选，需要对电池的内阻、端电压、绝缘、压差、温差、温升等众多量进行统一测试和标定。用于电力储能场景时，根据电池 SOH 和电池间一致性，通常有 3 种处理方法：①对电池包进行整包利用，选取同一批次、同一型号、运行工况相近的电池包进行串并联成系统使用；②将电池包拆解到模组，对每个模组进行检测、管理，以模组为单位进行串并联成系统使用；③拆解到电池单体或者原本就是梯次电池单体分选后组合电池（PACK）成模组，再进行串并成系统使用。

在保证一致性的前提下，采取电池模组级别的梯次利用。经过调研，退役动力电池梯次利用最合理的级别是电池模组级，而非拆解为电池单体，因为不同单体之间通常采用激光焊接或电磁焊接等刚性连接工艺，要保证无损拆解，难度极大，考虑成本和收益，得不偿失。若将来自不同厂家的电池模组或者不同型号的动力电池模组在同一系统中混用，就必须着重考虑系统集成解决方案。组串分布式是梯次利用电池储能的常见方式，将几个电动汽车退役动力电池模组进行串联，配上一个储能变流器进行串联，再加上监控单元，形成一个储能系统，可以最大程度保证成组后电池的一致性。而在系统集成方面，小功率、多分支结构成为梯次利用电池储能系统的优选集成方案。为避免并联电池之间充放电对系统效率产生影响，动力电池组之间采用彼此串联的策略构建储能系统。将废旧电动汽车动力电池做成低压模组，避免大规模串并联，由此确保不同寿命状态、不同类型、不同批次的梯次电池协同运行于系统之中，实现各个电池模组存储电量和释放电量完全受控。这种系统集成方案可以在保证电流总方向不变的前提下，对每个电池模组的电流方向、选择流入流出动力电池进行控制，当选择电流不经过动力电池时，电池的衰减将不再瞬间崩塌，而是一个逐渐衰减的过程。

（5）整包利用

对于梯次利用电池的企业而言，将电池模组拆开单独检测的成本很高，因此，不拆解电池包，直接进行整包梯次利用是性价比最高的一种应用方式。

国内外对梯次利用基本处于商业模式的探索和示范阶段。由于当前的废旧电池溯源信息还不完善，电池整包规格多样，没有形成标准化，这就增加了整包利用的难度。而目前普遍做法是从整包拆解成模组，再对模组进行梯次利用。此外，模组规格多样，为了归一化产品形态，保证持续供应和售后维护，把模组拆解到电池单体后再重组成标准模组进行梯次利用。这样的做法有 3 个弊端：①增加拆解、制造的费用；②形成环境的污染；③不同历史工况状态的模组或电池单体组装在一起，衰减机理不同，会大大降低梯次利用的寿命，以及难以发挥其最优的价值。

随着技术、工艺的进步，电动汽车标准化模组、电池无模组（CTP）、电池底盘一体化（CTC）的设计得到广泛应用。从长期来看，电池整包规范化后，整包级的梯次利用将会成为主要的技术路线。同时由于动力电池系统冷却装置的普及，电池的一致性也将得到很大的提升，更加有利于整包梯次利用的应用，因此，废旧电池整包梯次利用将是未来的主流形式。

（6）安全管控

废旧电池梯次利用系统是一个复杂的电热耦合系统，既需要电管理的安全管控，又涉及热安全管控。在电管理的安全管控方面，均衡技术是废旧电池梯次利用的关注重点。现有的均衡技术主要分为 4 种：电阻耗散式均衡、充电均衡、能量转移式均衡和变换式均衡。电阻耗散式均衡难以控制，其发热导致电池安全性难以保障，需要提升其安全性能以保障其应用；充电均衡在安全性与经济性效果较好，整体来说具有较好的应用价值，但仍需要降低其控制难度；能量转移式均衡技术具有一定的潜力，需要研究避免磁性干扰的均衡结构；变换式均衡方式效果更好，但其成本相对较高且控制复杂，因此仍然需要后续的技术突破才能应用于废旧电池梯级利用中。整体看来，目前电池单体级功率均衡技术在废旧电池梯级利用领域的应用受到经济性及安全性的共同制约，仅有低成本的被动式均衡方法得到了一定应用，而目前主动式均衡由于其控制复杂度以及成本，难以在退役锂电池梯次利用进一步发展。因此未来关于废旧电池均衡技术的研究方向应向低成本化主动均衡技术以及高安全性的被动均衡技术发展，二者均存在一定应用潜力，值得业内进行一定的关注研究。在热安全管控方面，目前研究较多的废旧电池热管理系统有风冷、液冷两种方式。强制风冷和液冷式管理需依靠风扇和循环泵等辅助设备，风冷式电池热管理系统分为自然风冷和强制风冷两种方式。自然风冷通过空气本身与电池表面的温度差产生热对流，使得电池产生的热量被转移到空气中，实现电池模组及电池箱的散热，但由于空气的换热系数较低，自然对流散热难以满足电池的散热需求。强制风冷需要额外安装风机、风扇等外部电力辅助设备，使得外部空气通过风道进入电池模组内，循环流动对电池进行冷却。强制风冷散热效果比自然风冷方式要好一些，但会消耗大量电能，并且为了安装外部辅助设备，需要扩大使用空间。另外，在实际运用中环境因素不可忽略。为了提高废旧电池间运行的一致性，目前电池柔性成组技术的应用也意味着大量的变流器进入梯次利用系统中，变流器是微电网可靠性的薄弱环节之一，其中超过 50% 的变流器故障是由功率器件失效造成的。在恶劣天气下，变流器的可靠性低，易引发不必要的安全事故，因此对于废旧电池应用之外的系统也需要加强安全监管，防止安全事故的发生。

2. 未来梯次利用技术路线

近年来，国内外围绕废旧电池性能评估、分选重组、电热安全管理开展了大量研究工作，并在退役电芯一致性评测、模块直接重组利用等方面取得突破，但仍面临容量衰退预测难、快速批量分选技术缺失和安全故障演变机理不清晰等问题。同时，随着梯次利用示范规模逐渐增大及应用场景的多样化，上述问题叠加放大效应越发凸显，现有技术储备无法满足规模化工程应用的安全性和经济性要求。合理的筛选聚类是快速消纳大规模退役动力电池的有效手段，但电池种类不同、状态多样、工业化筛选方法缺失，不同应用场景下的筛选方法有待研究。

废旧电池梯次利用高度契合了电动汽车和储能技术两个重点领域的迫切需求，可最大化发挥电池全寿命周期价值。在进行梯次利用时需重点关注电池衰退机理、特征提取、健康状态评估等诸多方面，具体表现为：

1）采用数模结合的方式，可有效减少对电池海量历史运行数据的依赖和复杂电化学暂态内部机理解析，通过历史运行数据挖掘和电池外特性参数提取，实现对退役电池的外特性表征。

2）通过历史数据和特征参量相融合的方式，建立废旧电池和模块之间的性能映射关系，构建废旧电池模块的容量评估和寿命预测模型，实现废旧电池模块健康状态和残值的快速、准确评估，为废旧电池梯次利用分选和应用提供技术支撑。

3）梳理"双碳"目标下的废旧电池梯次利用的政策部署，并就典型梯次示范工程功能进行分析，分别从划分聚类、层次聚类、密度聚类等面向退役电池的聚类算法及评价方法进行比较分析，明确其优缺点、适用范围及评价指标，以期为后续实现快速精准筛选开展更深入的研究提供借鉴参考。

4）考虑不同类型的废旧电池的性能特征，分别考虑影响其梯次利用的技术、安全性能的表征参数。以表征参数和影响因素为指标，完善基于退役电池梯次应用场景的适用性评价规则，并为该规则量化评价奠定基础。

5）明确废旧电池筛选应用技术的发展定位，对废旧电池特性的特征参数在典型梯次利用工况下的影响程度进行量化评估，开展工程应用中梯次利用电池的应用场景筛选，为实际工程中电池选型提供量化决策依据。

5.1.2　再生利用技术现状及未来技术路线

1. 再生利用技术现状

面对爆发式的金属矿产资源增长需求和数量庞大的废旧动力电池规模，回收废旧动力电池中有价金属，如 Li、Co、Ni、Mn、Fe、Cu、Al 等，再利用有毒有害电解质和有机结构，不但能够消除大量电池堆存带来的严重环境污染问题，而且有望从根本上破解我国镍、钴、锂等战略金属供应链"卡脖子"问题。再生利用技术可以从经济效益、环境安全和资源利用等多个角度推动动力电池未来的大规模可持续发展，缓解对进口动力电池金属矿产的过度依赖，保护人与自然的和谐生态环境。

从国内看，我国工业和信息化部正式公告的符合《新能源汽车废旧动力蓄电池综合利用行业规范条件》的企业共 84 家。另外，工业和信息化部、国家发展改革委、生态环境部、科技部、自然资源部等部门针对促进锂、镍、钴、铜、铝等多种战略性金属废料高效再生利用联合印发了多种实施方案和发展规划，并在新闻发布会中提出将不断完善废旧动力电池回收体系，攻克电极材料再生利用科技难题，提高回收率和资源利用率。从国外看，美国在立法的基础上形成了废旧动力电池回收产业链，按照行政层级构建了完善细致的回收体系，建立了多家废旧动力电池回收厂。日本拥有健全的废旧动力蓄电池回收体系，保障了废旧动力电池回收效率的同时，增大了循环经济的效率。德国是对回收技术领域最重视的国家，已基本完善了废旧动力电池回收的相关规定，并表示在 2030 年之前禁止新的燃油汽车登记。因此，从推动能源可持续发展战略和国家能源战略物资安全储备的角度考虑，废旧动力电池不应再被视为废弃物，应建立健全相关体系，研发绿色、节能、高效的废旧动力电池回收利用工艺。

国内工业大规模回收废旧动力电池主要以湿法冶金回收技术（简称湿法）为基础，将正极、负极、隔膜从集流体上分离、破碎、过筛、磁选后，将高价值正极材料部分经过湿法回收，以弥补火法难以回收到锂的缺陷，得到含锂的高价值正极粉末。最终，将正极材料重新经湿法、火法或电化学处理形成前驱体，添加一定配比的锂盐，经过闭环回收得到可循环使用的正极材料。国外主要以湿法回收、火法回收和湿法火法联合回收为主。国内外废旧动力电池回收现行工业企业见表 5-1，国内格林美、邦普循环，国外 Umicore、AEA、Recupyl 等均为国际知名废旧动力电池回收再利用企业，并建立了具有自己企业特色的回收体系。

表 5-1 国内外废旧动力电池回收现行工业企业

公司	回收技术	特色加工过程	最终产物	国家
AEA	湿法	采用有机溶剂去除电解和黏结剂聚偏二氟乙烯（PVDF）；电沉积法在 LiOH 溶液中回收 Co	Co_2O_3、LiOH	英国
AkkuSer	湿法和火法	设计了两相破碎生产线；磁分离和其他分离方法紧随其后；然后将废料送到冶炼厂进行浸出	金属黑粉	芬兰
Glencore	湿法和火法	火法为主体，湿法为辅助	（Co/Ni/Cu）基合金	瑞士
Batrec AG	火法	废旧动力电池在 CO_2 气氛下储存和粉碎	Co，MnO_2，镍基合金	瑞士
邦普循环	湿法	湿法冶金方法包括浸出、提纯、溶剂萃取和材料再合成；"定向循环"的特色技术	镍钴锰的氢氧化物	中国
格林美	湿法和火法	湿法冶金方法包括预处理、浸出、提纯、溶剂萃取和材料的再合成	镍钴锰的氢氧化物	中国
Rockwood Lithium Gmb	湿法	类似机械和湿法冶金结合的方法	CoO、Li_2O	中国
IME	湿法和火法	通过蒸发冷凝收集电解液；用磁选分离颗粒；在电弧炉中熔化小颗粒而产生的钴基合金；通过电渣得到 $LiCoO_2$（LCO）	LCO、钴基合金	德国
Accurec	火法	真空热解法收集电解液中的有机溶剂；真空蒸发法回收锂	钴合金、锂金属	德国
JX Nippon Mining and Metals	湿法	主攻溶剂萃取方向	Ni/Co/Mn/Li	日本
Sumitomo and Sony	湿法和火法	通过煅烧去除电解液和塑料；采用火法冶金工艺回收含 Co - Ni - Fe 合金；采用湿法冶金工艺回收钴	（Co/Ni/ Fe）合金，CoO	日本
Mitsubishi	火法	低温液氮环境下的冷冻与拆卸；$LiCoO_2$ 通过燃烧获得；废气被 $Ca（OH）_2$ 吸收	LCO	日本
Recupyl	湿法	在惰性气体气氛下破碎	$Co（OH）_2$、LCO/Li_3PO_4	法国
Toxco	湿法	低温液氮环境下的拆解	Co、LCO	美国和加拿大
Inmetco	火法	废旧动力电池在转底炉中加工，并在电弧炉中进一步精炼	镍基合金	美国
Umicore	湿法和火法	超高温不预处理废旧动力电池；浸出法回收含 Ni 和 Co 合金；能量回收	$CoCl_2$、$Ni（OH）_2$	比利时

湿法回收技术一般通过低温浸出、分离、纯化回收废旧动力电池中的锂、镍、钴、锰等有价金属，将富含有价金属的浸出液进一步再生为新型正极材料或其他领域高附加值产品，以最大限度提高回收率。国内外多数回收企业采用湿法冶金回收技术以回收获得金属锂。为避免全湿法过程的弊端，湿法火法联合工艺、无害化全组分回收技术、低值组元的资源化和无害技术、选择性浸提技术、负极废料深度净化与修复技术等回收方法已经逐渐从实验室走向规模化工业生产。虽然这些工艺方法可以克服传统湿法冶金中试剂消耗量大、火法冶金锂回收率低的问题，但仍伴随着热处理大量废气排放（SO_x、NO_x 等）以及酸性高盐有机废水污染物排放。因此，未来的废旧动力电池回收技术研究应重点关注回收工艺步骤中污染物防治和排放，实现绿色回收工艺。

国内对于废旧动力电池中金属的回收率和湿法排放废水的循环率已做出了明确的要求，回收行业也不断提升有价金属的回收率，部分龙头企业甚至将锂的回收率提升为 99% 以上。回收利用全流程的关注点已从湿法冶金为主体的技术，向大力发展开发清洁绿色高效的回收技术迈进，逐渐优化简化回收工艺，走上节碳减排的发展道路。

2. 未来再生利用关键技术路线

目前，行业内呈现出工艺联用、全组分回收，以及选择性提锂的技术手段，改善了传统湿法回收和火法回收的弊端，但仍存在为提高有价金属回收率而使用复杂冗长的回收流程或大量排放毒性废弃物的问题。因此，针对废旧动力电池的回收提出了注重安全高效、低成本及可持续的发展要求，未来较为有前景的再生利用关键技术如下。

（1）多级控温控氧带电破碎全湿法回收技术

传统的湿法冶金回收由预处理技术和湿法冶金技术构成。预处理技术分为放电与拆解、活性材料与集流体分离。放电与拆解是为了解决废旧动力电池残余电量在拆解前发生热失控危险，常规做法是将正极和负极直接浸入盐溶液释放残余电量。活性材料与集流体分离的目的是针对正极含有价金属材料与集流体分离，通常采用低温热处理法、溶剂溶解法和机械分离法。然而，有机黏结剂、杂质金属、残余电解质、腐蚀设备和高投资等一系列弊端会降低回收率，特别是废旧动力三元电池再利用时需要极高的纯度以达到电化学性能标准。因此，后续金属浸出以及动力电池再生受到预处理技术的极大制约，影响着工业大规模废旧动力电池回收应用。

为了满足安全精细拆解要求，浙江天能公司最新研发了控氧带电破碎系统装置，可将废旧单体动力电池直接送入破碎机中进行带电破碎。迅速破碎后的物料分散充分，无包裹黏结现象，有效抑制住正负极材料在破碎过程中由瞬间短路造成的急剧温升。控氧技术全程通过控制氧气浓度来提供惰性气体保护，控制低闪点可燃性挥发气体的混合比浓度。同时，通过气体回收装置将挥发性气体进行有组织收集，在实现物料满足分离要求下确保破碎过程中的安全性。

在此基础上，增加调温系统、热解系统可以有效地去除废旧动力电池破碎料中存在的有机杂质，将黏结剂、隔膜、电解液（质）、有机溶剂等物质进行热解处理。整个过程采用精确的控氧技术，而多层多段式电磁热解炉能实时调控不同工况位置所需要的温度和搅拌速度，在保证安全的前提下防止集流体在热解环境下被氧化。将分离出来的正负极片经过干式极粉剥离装置处理，使在前段工艺没有脱落的黑粉进行再次脱离，提高黑粉回收率。为避免杂质金属影响再利用电极材料的纯度，采用特定的铜铝分选装置，使分选精度、分选效率、回收率有显著提升，这是铜铝分选中理想的分选手段。全过程产生的热解气体和氟化物等采用燃烧＋碱洗＋水洗的方法净化处理，通过尾气处理系统使所有尾气达标排放。废旧动力镍钴锰锂 $LiNi_xCo_yMn_zO_2$（NCM）电池回收工艺流程如图 5-2 所示。

多级控温控氧带电破碎全湿法回收技术在预处理过程中不需要额外的化学品，碳足迹主要来源于控温、破碎和筛选中电力能源的消耗。带电破碎精细分离了铜、铝等材料，并通过电解精炼等方式回收再利用，极大程度地降低了碳排放量和能源消耗。沉淀步骤中采用连续沉淀的方法得到电极材料中的各有价金属，并且沉淀剂选用相同试剂，形成绿色高效的整个工艺流程。

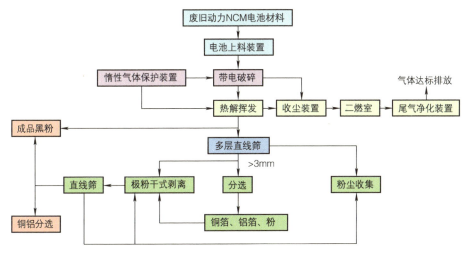

图 5-2　废旧动力 NCM 电池回收工艺流程

以回收废旧动力三元电池为例，成品黑粉在带电破碎筛选后，进入全湿法冶金工艺中有价金属镍、钴、锰、锂被浸提。如图 5-3 所示，采用优先提钴，最后提锂的创新技术路线。将浸出滤液的 pH 值降低，同时加入草酸，回收得到高纯度的钴。继续添加 NaOH 升高 pH 值，同时加入沉淀剂 Na_2CO_3，即可得到沉淀 $MnCO_3$ 和沉淀 $NiCO_3$，过滤掉镍和锰的沉淀后继续加入过量的 Na_2CO_3，最终金属锂以碳酸盐的形式被回收。

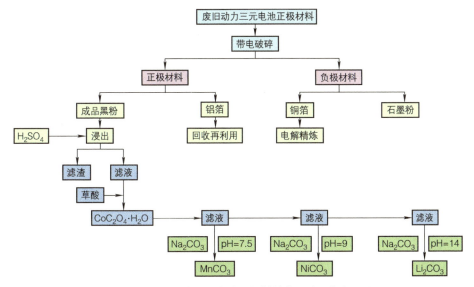

图 5-3　废旧动力三元电池正极材料全湿法回收流程图

（2）"直接法"革命性回收技术

美国废旧动力电池回收企业 PNE 公司秉持着不破坏废旧动力电池整体单元回收再利用的理念，开发了等离子净化"直接法"回收新技术，废旧动力电池"直接法"回收流程图如图 5-4 所示。在不完全分解废旧动力电池组分的情况下修复电极材料，大幅度缩短工艺流程，用水量、能耗和温室气体排放量均可减少 70% 以上。

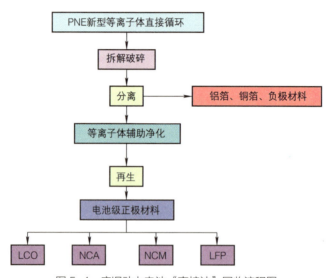

图 5-4　废旧动力电池"直接法"回收流程图

"直接法"回收工艺可以回收 LCO、$LiNi_xCo_yAl_{1-x-y}O_2$（NCA）、NCM、$LiFePO_4$（LFP）中 95% 以上的结构，并且在不使用任何酸性溶剂的情况下以低成本再生成高质量的废旧动力电池材料。首先，在不破坏正极材料的情况下采用机械拆解的方法分离正极材料和负极材料；然后利用该技术的核心等离子气体强极性的特性与电极材料进行反应，以去除杂质。对于传统的废旧动力电池回收技术，电极材料必须经过预处理拆解和热处理，或是酸性浸出，才可以将废旧动力电池分离解构回收大量的金属。"直接法"回收工艺使动力电池的生命周期更长，只需要添加少量的锂就可再生出电池级的正极粉末，避免了强酸强碱等刺激性的化学试剂以及高温、高耗能的工艺在大规模工业商业化应用时面临的环境挑战。利用该团队的方法，可回收废旧正极材料的大部分结构和成分，包括钴和锂。相较于湿法冶金回收，"直接法"回收工艺约可减少 70% 的用水量，相较于火法冶金回收，可减少 80% 的能耗和排放量。

生产全新的动力电池需要消耗大量的金属矿物资源，在开采、运输、生产时都会排放温室气体，并且在运输环节会有潜在的热威胁，这些成本"吞噬"了一半以上的动力电池生产成本，因此，类似于"直接法"这类绿色、高效、短流程的正极材料回收方法为动力电池供应链所青睐。

（3）正极材料"一步法"颠覆性再生技术

目前，有机酸的湿法冶金技术有取代传统无机酸湿法冶金技术的趋势，有机酸浸出具有易降解、有害气体少、环境友好的特点，特别是不会释放 Cl_2、SO_x、NO_x 等多种有毒有害气体。在进行高温固相制备前驱体时，要求原料具有极高的纯度并需要搅拌均匀，以保证再生的电极材料具有电池级的比容量和循环寿命等电化学性能，常用溶胶-凝胶法和共沉淀法等液相技术提升电极成品的电化学性能。

"一步法"回收废旧动力电池制备前驱体技术路线核心是有机酸浸出法和溶胶-凝胶法耦合的技术手段，有机酸浸出法采用价格低廉、性能优异的柠檬酸，利用其具有浸出剂和螯合剂的双重特性，再与溶胶-凝胶法（N-甲基吡咯烷酮）耦合再生 LCO，实现了 LCO 短流程绿色高效回收再利用的技术手段。

"一步法"具体工艺是首先将废旧动力 $LiCoO_2$ 电池经拆解-破碎-分选得到正极箔片，并将正极箔片放入 N-甲基吡咯烷酮（NMP）辅以超声处理，将电极材料与有机黏结剂分离。分离后的正极材料经去离子水洗涤、干燥、煅烧分解去除残余黏结剂等其他附着于正极材料上的有机物质。纯净的正极材料在柠檬酸和双氧水中浸出，根据浸出液中 Co 和 Li 的浓度补充相应的金属源，并在调节金属离子浓度和 pH 值后搅拌、干燥得到凝胶态材料，最终将煅烧产物球磨再生得到 LCO。有机酸浸出法和溶胶-凝胶法耦合一步再生 LCO 材料技术，可大幅简化电极材料回收流程，回收到 98.2% 的 Li 和 93.7%

的 Co，有效避免高盐废水、有毒有害气体大量排放，以及金属锂在高温中气化等传统湿法和火法的固有问题。废旧 LCO 电池"一步法"颠覆性再生技术回收流程图如图 5-5 所示。

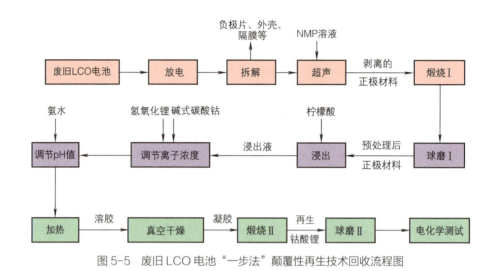

图 5-5　废旧 LCO 电池"一步法"颠覆性再生技术回收流程图

NCM 广泛应用于便携式电动工具、电子设备和武器装备等领域，是锂电池的关键材料之一。$LiNi_{0.5}Co_{0.2}Mn_{0.3}O_2$ 预处理方法与 $LiCoO_2$ 基本一致，在将黑粉研磨后采用有机酸和过氧化氢酸浸。测定酸浸溶液金属离子浓度，并按配比在酸浸溶液中补加金属源，在调整后的溶液中加入草酸盐进行共沉淀生成前驱体，再将前驱体与锂源混合烧结，得到的 NCM 前驱体颗粒与锂盐混合烧结得到电化学性能优异的电极材料。尽管在回收过程中检测到改性需要的杂质金属，并且很难与镍、钴、锰等有价金属发生共沉淀，但将杂质金属浓度控制在较低的范围内对电极材料的电化学性能影响不大，不必花费额外的经济成本提高至分析纯。再生废旧动力三元电池的前驱体和烧结后的材料最终需要较高的纯度，但可以避免有毒萃取除杂过程以及昂贵的萃取剂成本，并且沉淀杂质金属仅需要加入相应的硫酸盐便可去除，可以提高废旧动力三元电池经济效益，降低回收过程对环境的污染。废旧 NCM 电池"一步法"颠覆性再生技术回收流程图如图 5-6 所示。

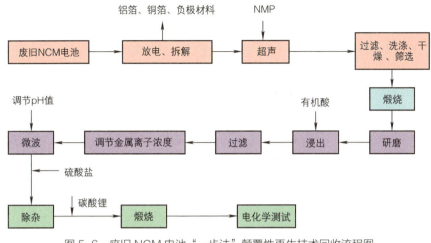

图 5-6　废旧 NCM 电池 "一步法" 颠覆性再生技术回收流程图

（4）锂电池厂剩余边角料物理法修复回收技术

锂电池已经成为实现"双碳"目标的有力抓手和途径，大量的磷酸铁锂材料是该产业最核心的电极材料，电池需求量不断扩大，科学利用生产电池剪裁下未经充放电的边角料同样具有巨大战略价值，可以填补我国在废旧动力电池边角料负极碳足迹领域内的研究空白，能够产生良好的经济效益和社会效益。国际上，对于磷酸铁锂边角料的回收多以化学法为主，国内主流方法多为化学法选择性提锂，但回收率很低（< 10%），同时会排放出大量的废水和废渣，污染环境。

鑫茂新能源公司为实现生产铁锂极片、极芯时产生的边角料高效清洁回收利用，采用匹配物料属性的资源化方法、电极材料再制造的高效结构修复技术以及过程污染物环保性处置等多手段协同的方法。该方法将收集的磷酸铁锂极片、极芯边角料经人工筛选分类后，将极芯拆解成正极、负极和隔膜，通过带式输送机将拆解后的正极片输送至裁片机进行裁切，然后通过辊道窑炉对裁切好的极片进行在惰性气体（氮气）环境下高温烧结，使黏结剂失去黏结性，然后使用分离机将磷酸铁锂材料和铝箔片分离。磷酸铁锂经过气流磨和压缩气体粉碎为超细粉末，超细粉末进入螺带混合机，通过一定的搅拌速度和时间，将粉末颗粒搅拌均匀；搅拌完成的粉末通过振动筛去除粉末中的大颗粒，然后进入烧结干燥工序，在一定的温度和高纯氮气的保护下，在干燥机中去除正极材料粉末中的水分；干燥后的粉末进入包装仓成为正极材料粉末成品，流向通信、储能和小动力方向锂电池的市场应用，最终，实现生产边角料回收再利用的工程应用示范。废旧动力电池剩余边角料物理修复技术路线图如图 5-7 所示。

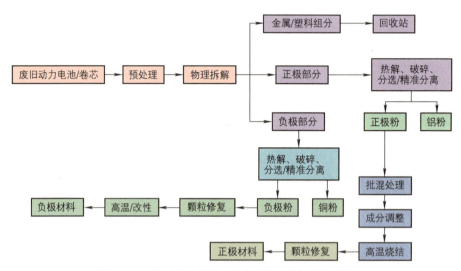

图 5-7　废旧动力电池剩余边角料物理修复技术路线图

（5）绿色低共熔溶剂回收和提取技术

回收废旧动力电池作为使用动力电池的最后一个关键环节，无害化处理和金属资源回收技术已经逐渐成熟。其中，绿色、廉价、可设计性强的低共熔溶剂因同时具备优异的选择性和浸出效率被广泛关注。低共熔溶剂与离子液体性质相似，是由两种及以上的组分加热搅拌形成的低熔点液体，制备简单，来源广泛，可以生物降解，并且价格相较离子液体更为低廉。

采用低共熔溶剂回收废旧动力电池过程中运用其熔点低的特点，在回收过程中有更宽的操作范围和更少的能耗。低共熔溶剂在回收全过程均有涉及，预处理阶段可以有效减少回收成本高、毒废排放、杂质较多和低价金属无法回收的问题，特别是氯化胆碱-甘油低共熔溶剂在分离正极材料与集流体时，分离 1kg 废旧动力电池的成本仅为 50 元，剥离率在 99% 以上，并且可以循环使用。浸出正极材料有价金属或金属氧化物的低共熔溶剂主要为氯化胆碱基，主要应用的正极活性物质为 LCO、LCO/Al/Cu、$LiMn_2O_4$ 和 NCM。低共熔溶剂回收废旧动力电池技术路线图如图 5-8 所示。

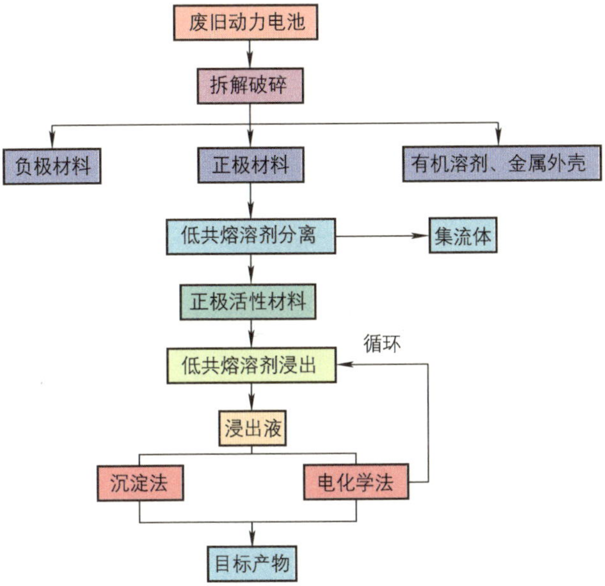

```
            废旧动力电池
                 │
              拆解破碎
                 │
      ┌──────────┼──────────┐
   负极材料     正极材料    有机溶剂、金属外壳
                 │
           低共熔溶剂分离 ──→ 集流体
                 │
            正极活性材料
                 │
  ┌────────→ 低共熔溶剂浸出   循环
  │              │
  │           浸出液
  │        ┌─────┴─────┐
  └── 沉淀法         电化学法 ──┘
           └─────┬─────┘
              目标产物
```

图 5-8　低共熔溶剂回收废旧动力电池技术路线图

LCO 的浸出方法一般是采用氯化胆碱－乙二醇低共熔溶剂，将废旧动力钴酸电池拆解后得到的正极活性物质完全浸入到低共熔溶剂（DESs）中，分离黏结在正极废料上的铝箔和负极碳材料，继续升高温度后 Co 和 Li 被浸出，继续升高温度，Co 的浸出率持续升高，但此时无法回收到 Li。最终，将加入碳酸钠得到的沉淀物煅烧，得到前驱体材料。低共熔溶剂回收废旧 LCO 电池技术路线图如图 5-9 所示。

图 5-9　低共熔溶剂回收废旧 LCO 电池技术路线图

NCM 电池为废旧动力三元电池的主要组成类型，参考低共熔溶剂回收废旧动力钴酸电池技术原理，乙二醇可以将 Mn 还原为低价态。然而，浸出效果并不理想，因为废旧动力三元电池中有价金属离子种类繁多，在浸出溶剂中竞争有限的结合位点，高价值的 Co 浸出率很低。Schiavi 等将电极材料中的 Al 和 Cu 去除后，升高温度，在连续浸出阶段使用低共熔溶剂选择性优先

浸出 Co 和 Mn，然后再加入草酸沉淀得到 CoC_2O_4，用以生产钴氧化物正极材料。残留的低共熔溶剂可以重复使用，并且在重复使用时仍具备较高的钴提取率。低共熔溶剂回收废旧动力 NCM 电池技术路线图如图 5-10 所示。低共熔溶剂是一种极具潜力的可代替传统湿法冶金的选择性回收技术，可大幅减少反应物种类，从而减少废料排放种类，实现低碳环保的回收理念。

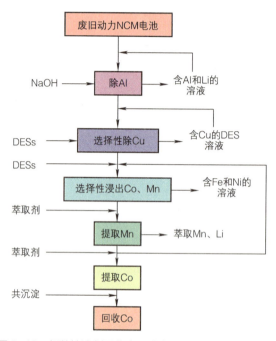

图 5-10 低共熔溶剂回收废旧动力 NCM 电池技术路线图

3. 再生利用关键技术发展建议

（1）加快再生利用短板技术突破

科技进步加快了高能量密度废旧动力电池种类的更迭速度，有必要不断补齐废旧动力电池回收技术出现的短板。因此，需持续形成具有引领效应的无污染高质量绿色循环新一代废旧动力电池回收成套技术。三元电池、磷酸铁锂电池这两类量大面广的废旧动力电池，应在现有的回收产业与回收技术基础上，不断补齐预处理、浸提、纯化等关键步骤出现的短板，加快带电破碎及多级控氧热解、短流程深度提锂、铁磷高效除杂及高质量利用、石墨提纯及再生修复等核心技术的安全稳定运行，加快绿色高效短流程的完整回收体系从实验室走向大规模工业化，实验设备形成关键装备，安全高效地提升战略金属能源的回收率，补齐能耗、污染、工艺等导致的回收体系短板。

（2）构建绿色全流程三废排放处理技术体系

废旧动力电池回收势在必行，资源再生技术正在进入无污染、数字化、高质量循环利用的深水区，能源、环境、资源、材料、冶金多产业、多学科交叉融合。因此，需要明晰回收全工艺流程主要排放的污染物及其控制措施，净化处理回收全过程的尾气、粉尘、冶炼残渣、废气净化灰渣、分选残余物等，达标后排放，并且全过程应在封闭式的构筑物内进行，严格控制危废排放。此外，尽快研发低排低耗、可循环再生的智能化废旧动力电池回收全过程污染物控制技术和装备，完善处理废旧动力电池本身携带的污染物，如电解液、有机黏结剂、隔膜、添加剂，以及回收过程排放的废弃三态（气液固）污染物的迁移转化过程。研发整套的废旧动力电池回收装备中应包括构建处理热处理烟气、浸出酸雾、排放废水、浸出渣、高盐稀土沉淀渣、铁锰渣、隔油渣等关键装备，以经济最大化回收废旧动力电池并最小化排放污染物。

（3）打造无害化电解液高值化回收利用技术

电解液被认为是锂电池的"血液"，主要成分锂盐 $LiPF_6$ 价格昂贵，极易分解为含氟有毒物质，并且含氟矿物有限，应加快开发含氟电解液高值化回收利用技术。根据未来电解液结构和成分组成，不断开发新型电解液富集技术，积极寻找高兼容、高安全、高值化和可持续的电解液回收溶剂以及可直接回收的电解液，同时降低生产成本和回收成本，或是将电解液应用至其他领域行业提升价值，最终实现对废旧动力电池无碳绿色全组分回收的热点研究理念。

5.2 设施设备发展情况

废旧电池回收利用是对废旧电池进行回收和综合利用的过程，综合利用包括梯次利用和再生利用。其中，梯次利用是指废旧电池退役后，整体或经过拆解、分类、检测、重组与装配等相关工艺，能够以电池包或模块或单体的形式再次应用到包括但不限于基站备电、储能、低速动力等相关目标领域的过程。再生利用是指对废旧电池进行拆解、破碎、分选、材料修复或冶炼等处理，进行资源化利用的过程。废旧电池在进行资源回收之前，需要首先进行最为关键的预处理过程。废旧电池预处理包括放电、拆解金属外壳和分离电极材料等过程。首先需要在专业放电设备上进行放电，去除残余电量，再对废旧电池进行拆解，将外壳剥离，以获得电芯材料，同时在此过程中收集电解液，而金属外壳会统一回收集中处理。获得的电芯材料会进行破碎及筛分处理，从而进一步获得电池正极材料、电池负极材料和隔膜。合理而有效的预处理过程，可以提前回收部分物料，降低后续电池回收工艺的难度，实现循环经济的利益最大化，具有重大的意义。

5.2.1　拆解设备技术进展

1. 拆解技术现状及问题

动力电池安全、高效拆解是实现梯次利用、再生利用的第一步，也是非常关键的一环。动力电池复杂程度高，包括不同类型电池制造和设计工艺的复杂性、串并联成组形式、服役和使用时间、应用车型和使用工况的多样性等，导致电池包及模组拆解时极为不便。此外，目前车用动力电池的结构设计向 CTP、CTC、电池车身一体化（CTB）转变，其中 CTP 技术是减少或去除电池模组，直接将电芯、电池壳整合到车身底盘中，CTC、CTB 则是直接将电池和底盘／车身融合在一起，制造成本进一步降低，同时也更好地优化车辆空间和提高续驶里程。但这种技术趋势下，电池包外壳、模组、电芯之间需要用到大量的胶黏剂。电池包的除胶工艺中，物理方法安全性更高，可控性强，污染小，但需要大型设备辅助拆除。化学方法除胶更彻底，但会使用大量有机试剂，产生废气废液，且存在一定安全隐患。这也给动力电池拆解带来极大的困难。

废旧电池拆解是一个危险性较强且劳动密集型的工作，大部分废旧电池回收利用企业对废旧电池的拆解还停留在人工拆解或者半自动化阶段。人工拆解流程效率低，且存在触电风险和短路风险，也容易造成可再利用零部件人为损伤而降低回收率。人工拆解完全依赖工人的操作技术水平，无法实现稳定、快速、高效的拆解。半自动化拆解虽配置了扫码、自动上料、铣削、传送、码垛机械手等，但对于不同型号的模组需要频繁切换程序、重新定位，且每个工序之间转换时间较长，整体自动化程度仍较低。此外，自动化拆解对生产线的柔性配置要求比较高，导致处置成本过高。总体来说，废旧电池拆解技术需要综合考虑安全和效率等因素，不断推动技术创新，优化技术体系，实现技术的高效率、低成本、环保和安全。

2. 解决方案

为解决废旧电池拆解行业遇到的问题，行业内各相关方积极探索新的技术路径和装备。

引用机械化拆解技术。机械化拆解技术通过高度自动化的设备进行废旧电池拆解，提高拆解速度和安全性，如水刀切割、液压剪切等，可以快速准确地将电池分解成各个组件，减少人工干预，降低操作风险。

模块化设计拆解产线。将电池包及模组拆解线采用模块化设计，提高设备的通用性和可扩展性，不同类型和规格的废旧电池可以通过调整模块组合进行处理，满足多样化需求，提高设备利用率，有助于降低投资成本，而且空间布局灵活，方便后续的产线升级换代。

引入机器人与自动化设备。引入机器人和自动化设备进行拆解操作，提高拆解效率和准确性，降低人工成本和安全风险。自动化设备在拆卸、分离和回收过程中具有更高的精度和速度，有助于提高废旧电池的回收利用率。

利用物联网与智能监控。利用物联网和智能监控技术对废旧电池拆解过程进行实时监控，确保生产过程的安全和环保，也可以帮助企业优化生产过程，提高生产效率。

参照目前技术发展现状，深圳市众迈科技有限公司（以下简称众迈科技）针对废旧电池开展了一系列的技术研发，根据不同类型的电池包结构，如："电芯－模组－电池包"结构（MTP）、CTP、刀片电池、CTC 等电池包，结合外观尺寸等参数，开发出了一套智能拆解工作站，其示意图如图 5-11 所示，以工业六轴机器人为主体，站内配备有翻转变位机、CCD 视觉系统（搭载深度学习功能）、自动拆解机器人执行工具、应急消防水炮、物料收集小车等。

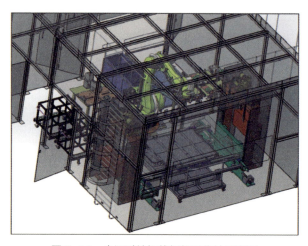

图 5-11　众迈科技智能拆解工作站示意图

　　智能拆解工作站可针对兼容范围内各电池包自主学习生成拆解工艺、工步，持续优化拆解位置路径。智能拆解工作站配备基于大数据拆解深度智能决策的工艺优化及知识库开发，主要有：一是搭建集合废旧电池特征数据和拆解工艺知识库的推移产品网络云平台；二是通过对计算机类、通信类、消费类电子产品（3C 产品）、动力电池等退役产品的多源、异构、多模特征构建基于 MySQL、MongoDB、JanusGraph、Cassandra 和 MinIO 的大数据库，开发了大数据拆解深度决策的工艺优化及知识库平台。智能拆解工作站可用于产线布置，众迈科技完成实施了一套不确定条件下高效柔性拆解产线的物流仿真分析和优化技术。考虑不确定的来料品类、待拆解结构扰动，以最短完工时长为优化目标，构建基于 OR/AND 网络结构的退役动力电池柔性拆解生产调度数学模型，并改进模拟退火算法求解，对于优化前后的生产调度甘特图有重要影响，对柔性智能调度条件下拆解工作站设备利用率将有较大提升。

　　综上分析，为进一步创新生产模式、提高生产效率、降低人力成本，借助人工智能、物联网、大数据等信息技术，使人工拆解、机械化拆解向自动化、智能化拆解方式转变，是动力电池回收利用行业转型升级和高质量发展的必由之路。

5.2.2　破碎分选设备技术进展

1. 破碎分选技术现状

破碎分选技术首先将废旧电池细碎化，再依据各种材料物化性质的差异来实现有价组分的高效选择性分离，如利用材料导电性、密度、磁性、粒径等差异，可以采取静电选、浮选、磁选、筛分等多手段联用，将有价组分高效提取分离。废旧电池在破碎过程中存在爆燃、闪爆等安全隐患，因此废旧电池破碎之前需要进行放电。

我国现有的破碎分选常规技术路线为放电 + 破碎 + 电解液回收 + 隔膜纸回收 + 裂解 + 分选等，包括拆解系统、破碎筛分系统、一次热解系统、分选系统、二次热解系统、冷凝回收系统、废气处理系统、除尘系统以及惰性气体系统。电池粉回收率可达到 95%。国外的预处理工艺技术尚没有规模化应用，应用案例少，项目产能低。熔炉焙烧法能源需求大、能量利用率低及废气处理难度大，无法广泛推广。日本和美国的一些企业采用低温破碎法，利用物料在低温作用脆化后，采用机械方法进行破碎，需要用到 −196℃液氮冷冻，条件苛刻，成本高，对材质要求高，控制难度大，难以大规模工业化应用。德国大众汽车使用的工艺是盐水放电 + 三级撕碎 + 分选工艺，该工艺综合优势大，与国内使用主流工艺较为接近，但产能仅有 1500t/ 年。

2. 破碎分选过程存在的问题

废旧电池放电效率低、能耗大。废旧电池在破碎之前需要进行放电，常用的放电手段有盐水放电和负载放电两种。盐水放电将废旧电池泡在盐水池内，使正负极在盐水导电的作用下将电荷释放，该方法存在废旧电池外壳破碎时电池的电解液进入盐水中而污染盐水的问题，盐水进入电池内部后也会造成内部腐蚀，增加后续分选难度，而负载放电效率低，能耗高。目前废旧电池回收利用可采用带电破碎的方式，虽然通过通入氮气密封，但依然密封不严，废旧电池在破碎过程中存在爆燃、闪爆等安全隐患。

破碎分选工艺路线复杂。现有工艺流程为放电 + 破碎 + 电解液回收 + 隔膜纸回收 + 裂解 + 分选等，包括拆解系统、破碎筛分系统、一次热解系统、分选系统、二次热解系统、冷凝回收系统、废气处理系统、除尘系统以及惰性气体系统。电池粉回收率可达到 95%，但是工艺流程长、跨度大、所需设备设施多、占地面积大，投资成本高。

整体资源化回收利用率低。废旧电池的核心部件是电芯，电芯的原材料主要包括正极、电解液、隔膜、负极、外壳。传统的工艺是采用多级破碎 + 多级分选，由于在粉碎过程中材料的紧密混合，部分高价值材料会被当作废渣处理，无法实现全组分回收，资源循环浪费。

正负极粉回收品质和回收率低。废旧电池具有组分复杂、元素众多等特征，回收的关键是实现各组分的有效分离。正极由锰酸锂、钴酸锂、三元材料、磷酸铁锂等正极材料通过黏结剂 PVDF 黏结在铝箔上构成，负极由碳基材料、硅基材料等负极材料黏结在铜箔上构成。目前国内外较常规的工艺为锤振破碎 + 振动筛分 + 气流分选，此过程中铜铝片被粉碎成 200 目左右细分，会混合在电池粉中难以分离，同时电池粉黏结在集流体上没有经过热解，存在剥离困难问题。电池粉收集存在回收能力较低、品质差、能耗高的问题。

破碎分选过程安全性及稳定性差。废旧电池中含有大量由锂盐和有机溶剂组成的电解液，电池在破碎时极易发生起火与爆炸，具有很大的安全隐患。挥发炉自身密封性或控制较差，极易发生安全事故，且一次挥发后脱粉困难，后续过度研磨会引起过度脱粉产生超细铝粉，与水反应产生氢气，安全隐患大。

成套设备集中控制系统自动化程度低。各个系统之间相互独立，设备的控制在本地手动操作，设备间缺少必要的连锁、互锁，设备控制烦琐。关键设备上缺少必要的仪表监控手段，设备的操作多数凭借操作人员经验。整体设备控制占用人员较多，控制精度不高。

3. 解决方案

为解决破碎分选前废旧电池放电效率低、能耗大的问题，杰瑞环保科技有限公司（以下简称杰瑞）研发了废旧电池快速放电技术。该技术具有反馈电网功能，由电量检测、放电柜、储能箱、调压器等组成。首先通过自动检测设备检测废旧电池的残余电量，将电量超过 40% 的废旧电池放入放电柜内，放电柜通过电极和电池连接，放出的电能通过储能箱存储，同时通过调压后为车间的排风、照明、空调等车间辅助设备供电。

为解决破碎分选工艺路线复杂的问题，杰瑞开展了废旧电池短流程破碎分选回收产线的研究，采用先破碎再低温挥发、中温热解及冷却，然后进行二级破碎、二级分选工艺。中温热解后冷却下来的物料通过输送机输送到破碎机中，在破碎机的作用下，正负极片上的正负极粉完全脱落下来，正负极片变为颗粒状铜粒及铝粒，正负极粉及铜铝粒混合物进入分级机中根据粒度大小进行分离，铜铝粒及正负极粉分开，铜铝颗粒进入圆振筛进行再一次筛分，筛分出来的铜铝粒通过比重分选机的分选将铜铝分离。正负极粉则在旋风除尘器及布袋除尘器的分离以及过滤作用被捕捉下来进行收集。最终过筛和分选出铜粒、铝粒及正负极粉。

为解决成套设备集中控制系统自动化程度低的问题，杰瑞锂电池回收产线采用集中控制方式，使用西门子 S7-1500 系列 PLC 和 WinCC 7.5 上位机监控系统，实现所有设备的全自动控制，各个环节及系统之间实现连锁、互锁设计。电气系统配置多级保护，如短路保护、断路保护、过载保护、接地保护等多重保护系统，为设备稳定运行提供全方位的保护措施。通过采用 ABB、施耐德、E+H、Advantech、MSA、海康威视等一线品牌，实现工艺流程的自动控制和各系统之间的连锁控制。

为全面解决行业痛点问题，杰瑞自主创新研发锂电池资源化回收成套装备，采用密封破碎、低温挥发、综合分选、中温热解、脱粉、筛分等组合工艺对废旧锂电池进行分离与回收，过程中回收电解液，同时对产生的废气进行达标处理，采用的技术路线为：废旧电池电芯通过机械破碎成电池材料碎片后进入低温挥发设备，通过电加热方式使电池材料中的低沸点电解液挥发，实现低沸点电解液与固相电池材料的分离。低温挥发后的电池材料通过分选设备实现电池外壳、电池极片、隔膜的分离，分离的外壳及隔膜可分别回收。分离的电池极片进入中温热解设备，通过电加热方式进行高沸点电解液及黏结剂的挥发及热解，实现高沸点电解液及黏结剂与固相电池极片的分离。分离的高温电池极片进入冷却设备，通过间接换热实现极片材料的冷却降温，冷却后的极片材料进入脱粉设备进行铜铝集流体与电池粉的分离，实现铜、铝及电池粉的分别回收。杰端资源化回收成套装备技术路线图如图 5-12 所示。

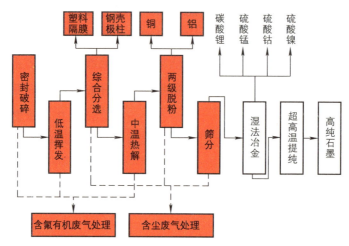

图 5-12　杰瑞资源化回收成套装备技术路线图

锂电池资源化回收成套装备包含四大系统，分别为低温挥发系统、高效分选系统、极粉分离系统、铜铝分离系统。低温挥发系统主要回收电解液，间接加热炉筒内部破碎电池物料，热解出物料中的电解液，通过冷凝之后进行收集。高效分选系统可实现隔膜、外壳回收，低温处理之后的物料经过两级分选设备实现隔膜、极片、重物的三相分离，经过旋风除尘器及脉冲式布袋除尘器的分离、过滤作用被捕捉下来。极粉分离系统可实现正极片和负极片的粉体剥离，回收电池粉。粉碎、分级组合设计，能将达到细度要求的物料及时分送出来，避免过粉碎。铜铝分离系统可实现铜和铝的独立回收。经过搓球之后正负极片变为粒径为 3 ～ 5mm 的颗粒状铜粒及铝粒，通过比重分选机的分选将铜铝分离。

杰瑞资源化回收成套装备具有以下技术优势。

通过密封和惰性气体氛围保护，可实现电芯及模组带电破碎，安全可靠。破碎过程中，使用高精度氧含量控制系统，联动高密闭给料系统、应急绝氧系统等，保证电池破碎及输送系统在贫氧条件下进行，避免进料给氧发生氧气超标引起的燃爆现象，并配置火焰检测与灭火的装置，进一步避免电池破碎发生起火。

低温挥发、中温热解强化电加热窑炉，保障热解安全，同时利于电池粉从极片上剥离，减小黑粉颗粒度。电加热炉采取系列措施保证安全稳定运行：电加热分区温控，精准测温，防止物料出现欠烧或过烧问题，影响物料的脱粉效果及脱粉品质；炉膛内通入惰性气体，对物料绝氧间接电加热处理，配置特制抄板，使得物料加热均匀，安全更高效；实现物料连续稳定运行；窑头窑尾采用组合式密封结构，窑头窑尾均配置锁气装置，确保窑内绝氧生产环境；配置炉内氧含量检测和炉膛压力检测，确保设备安全稳定运行，并配置 PLC 加上位机集中连锁控制；配置惰气自动保护系统 / 安全泄压设备，防止紧急事故发生。低温挥发、中温热解强化处置电池粉，保证破碎物料后的电解液脱附与回收，还可实现集流体免粉碎，实现粗颗粒铝粉回收，避免铝箔过度破碎导致的安全隐患。

采用柔性脱粉 + 机械脱粉两级脱粉工艺，保障黑粉回收率，提高黑粉回收纯度。柔性脱粉采用分散结构设计，实现物料的轻度破碎，防止物料中铜铝金属粉末混入黑粉中，黑粉收集纯度高；柔性脱粉过程中，黑粉和极片分别收集，减少筛分环节压力。机械脱粉采用粉碎、分级组合设计，避免物料过粉碎，粉碎后的物料粒度分布窄；脱粉程度可控，可实现轻度破碎脱粉，实现高效剥离，减少黑粉中杂质含量。整个脱粉过程负压设计，避免粉尘泄漏，提高黑粉回收率。

采用氟化工废气处理工艺处理含氟有机气体，设备使用年限长，更加稳定，处理彻底。通过高温氧化实现有机气体的高效分解，有机污染物去除效率高；通过多级湿式洗涤，实现氟化物的有效吸收；同时配合高效除尘对气体进一步净化，最终实现气体的达标排放。系统设备采用防腐材料，设备使用寿命长，稳定性高。

全程密封 + 负压抽吸处理低浓度携尘气体，使车间更整洁。整条产线采用集中收集方式，对各落料点黑粉进行负压气体输送收集，操作简便，自动化程度高。采用整体密封对系统设备进行设计，同时采用负压抽吸方式强化，并对抽吸的含尘气体统一收集净化，避免车间粉尘逸散，保证车间环境的整洁。

组合式尾气处理工艺可以符合各地区高标准排放指标。尾气处理工艺可满足国内外最高排放标准要求，同时，根据各地排放要求，可匹配不同工艺组合，实现最经济的尾气配置。

杰瑞锂电池资源化回收成套装备主要包含密封破碎设备、低温挥发设备、综合分选设备、中温热解设备、脱粉设备。

密封破碎设备具有高精度氧含量控制、联动密闭给料等多重密封保证，同时配置应急绝氧、紧急灭火等应急系统，设备全性能高；破碎刀具采用耐冲击材质，使用寿命高；破碎设备筛网可调，可适应不同型号电芯破碎要求。

低温挥发设备通过电加热分区温控，温度精度高；设备采用特制复合密封，密封性能好，防止气体泄漏和粉尘逸散；配置惰气自动保护系统及安全泄压装置，具有紧急情况安全保证；设备配置特制抄板，物料加热均匀。

综合分选设备采用优化风道设计，极片、重物分离效率高；成套设备集成度高，占地面积小，维保方便；设备全程密封设计，无粉尘逸散。

中温热解设备耐热温度高，电加热分区温控，精准控温；内部流场设计，气体携尘量低；配置惰气自动保护系统及安全泄压装置，防止紧急事故发生；采用锂电池回收专用密封装置，确保安全生产环境。

脱粉设备采用创新的物料分散结构，设备磨碎小，能耗低；粉碎、分级组合设计，避免过粉碎，粉碎后的物料粒度分布窄；脱粉设备可控，可实现轻度破碎脱粉，实现高效剥离。

5.3 商业模式发展情况

随着我国动力电池开始进入批量化退役阶段，废旧电池回收利用管理政策密集出台并逐步落地实施，退役电池回收体系初具规模。废旧电池回收应主动从整车生产企业、经销商（4S店）、回收服务网点，采用逆向物流方式将退役动力电池回收，随后进入梯次利用及再生利用等环节。由于废旧电池回收利用行业发展势头强劲，行业内企业不断利用自身资源优势开拓上下游合作，逐步延伸产业链覆盖，尝试形成从电池生产到电池再制造的闭环。废旧电池回收是动力电池回收利用的核心环节，回收渠道的稳定性一方面显著影响企业回收成本，另一方面也决定企业后续再利用环节的业务量规模。按照回收主体的不同，行业当前存在着四种商业模式，依次为：一是整车生产企业为回收主体模式；二是动力电池生产企业为回收主体模式；三是第三方综合利用企业为回收主体模式；四是产业联盟为回收主体模式。

5.3.1　整车生产企业为回收主体模式

整车生产企业为回收主体模式即将新能源汽车生产企业作为回收主体，一方面与报废拆解企业达成合作，回收主要流向拆解企业的废旧电池，另一方面利用现有汽车销售 4S 店、售后服务店建设回收服务网点进行废旧电池替换和回收，其图解如图 5-13 所示。

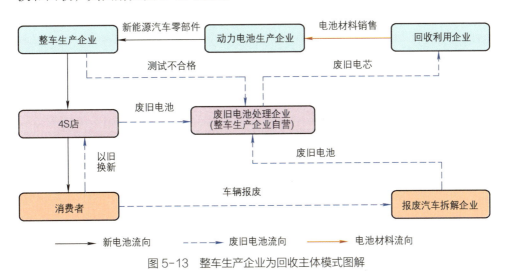

图 5-13　整车生产企业为回收主体模式图解

整车生产企业为回收主体模式的优势在于渠道优势显著，整车生产企业依托 4S 店和维修点，布局了上万个回收服务网点，具备现成的回收网络，回收成本低、效率高、信息反馈快且易于管理，目前工业和信息化部网站公布的近 1.5 万条新能源汽车动力电池回收服务网点信息中，整车生产企业的回收服务网点占比达到 95%，回收渠道优势显著。但这种模式回收的废旧电池以本品牌为主，受专业性及安全性的影响，长期发展会有一定的局限性。

采用这种模式开展动力电池回收利用业务的代表性企业有比亚迪、蔚来和特斯拉等。比亚迪凭借自身对电池核心技术的把握和电池装机规模的优势，自建电池回收的关键产业链环节，在自身生态内部打造了"电池生产—整车生产—电池回收—筛选评估—再生利用"完整的产业链闭环。在回收渠道方面，比亚迪在全国布局了由 50 余家电池回收服务网点和授权经销商组成的退役电池回收网络；在评估筛选方面，比亚迪旗下的宝龙工厂对废旧电池进行拆解评估，选择合适方式对电池进行高效的精细化拆解回收；在拆解回收方面，比亚迪旗下的惠州材料工厂统一负责回收正极材料。蔚来则通过与宁德时代、湖北科投、国泰君安国际共同投资成立武汉蔚能电池资产有限公司（简称蔚能），基于车电分离模式进行电池资产管理，购置电池包并委托蔚来为用户供应电池租用运营服务。同时，凭借着电池规格统一、状态可控且一致性好等优势，蔚能正在积极开发材料级自动化拆解、短流程湿法回收、正极材料再生等技术，打造更加环保、低碳的高效回收体系，致力于动力电池的全生命周期管理。

5.3.2　动力电池生产企业为回收主体模式

动力电池生产企业为回收主体模式即动力电池生产企业作为废旧电池回收主体，通过成立子公司、收购回收处理企业或者合作等方式布局回收网络，形成退役电池的闭环循环利用，实现电池材料回收降本，提高对上游原材料商的议价能力，其图解如图 5-14 所示。

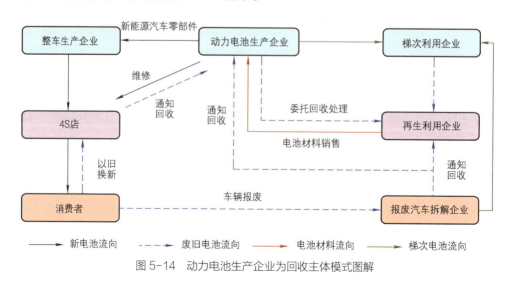

图 5-14　动力电池生产企业为回收主体模式图解

动力电池生产企业为回收主体模式的最大优势在于动力电池生产企业具有较高的技术水准和较大的渠道优势，可以通过自身技术获得高纯度的金属原材料并直接投入到动力电池制造之中，形成"生产—消费—回收—生产"的高效闭环，尤其是在原材料价格大幅波动的情况下可以做好成本控制。但是这种模式的劣势在于动力电池生产企业的自主回收存在限制，需要依赖于收购或合作的回收处理企业，运行效率相对较低，难以形成规模效应。

国内的宁德时代及国轩高科等动力电池生产企业均采用这种模式布局废旧电池回收利用业务，其中最具代表性的是宁德时代。多年来，宁德时代通过新建工厂、企业合作等多种方式参与电池回收行业技术开发和投资，不断完善在动力电池产业的战略布局，发挥产业协同优势，前瞻性布局回收业务，减少对上游资源的依赖，保障供应链稳定。宁德时代在 2015 年通过控股广东邦普的方式，前瞻布局动力电池回收利用，并于 2021 年在湖北宜昌新建邦普一体化电池材料产业园项目，建设具备废旧电池材料回收、磷酸铁锂及三元前驱体等集约化、规模化的生产基地。广东邦普是目前国内领先的废旧电池回收处理及高端电池材料生产的国家级高新科技企业之一，以回收业务为企业核心业务，上游布局镍、钴、锂等矿产资源，下游材料业务内化再生资源，生产用于电池正极材料制造的关键材料，整体助力宁德时代形成电池关键材料的内部循环，共同打造了"电池生产—使用—梯次利用—回收与资源再生"的闭环生态。同时，2021 年，宁德时代与德国巴斯夫建立战略合作关系，开拓了国外回收市场，推进回收业务快速发展，2022 年与合作方 ANTAM 和 IBI 签署协议共同投资建设印度尼西亚动力电池产业链项目，包括从红土镍矿开发、火法冶炼、湿法冶炼、三元电池材料到电池回收的全产业链项目。

5.3.3　第三方综合利用企业为回收主体模式

第三方综合利用企业为回收主体模式即第三方综合利用企业作为废旧电池回收主体，自主建立回收网络，从整车生产企业、动力蓄电池生产企业及报废汽车拆解企业等回收电池，完成从电池回收、运输到资源化利用全过程的商业模式，如图 5-15 所示。

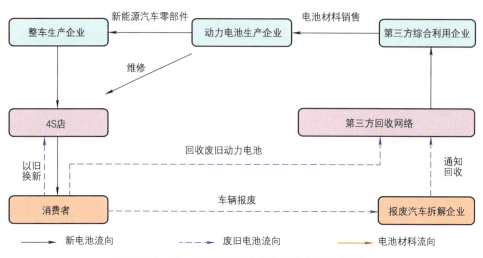

图 5-15　第三方综合利用企业为回收主体模式图解

　　第三方综合利用企业为回收主体模式的优势在于综合利用企业一般具有多年的回收运营经验，建立了相对稳定的回收网络，对回收服务网点、集中贮存的建设和物流运输管理具有丰富的经验，同时可深入研究与应用回收工艺，专业性较强，能够实现更高效的废旧动力电池资源化利用，是行业内应用较为广泛的模式，但其劣势在于需要企业自主建立回收服务网络，存在回收费用多、运输存储难及再销售渠道限制等难题。

　　行业内这种回收模式的代表企业有格林美、天奇股份及光华科技等企业。格林美从事循环产业 20 年，注重回收网络和产业合作生态建设，同时致力于打造新能源全生命周期价值链，在动力电池回收业务领域建立起了产业链优势。其成功的核心竞争力主要有两个方面：一是构建覆盖全国、辐射全球的回收网络体系；二是具备全方位领先的电池回收利用技术与产品。回收网络方面，格林美深化产业链上下游协同发展，不断拓宽渠道，广泛布局回收基地，行成"2+N+2"回收模式，重点聚焦京津冀、长三角、珠三角和中部新能源产业聚集地，与 1000 余家整车生产企业、电池生产企业和运营商等企业签署回收合作协议，并建立了 200 余个回收服务网点，行成一级终端回收、二级回收储运、三级拆解与梯次利用、四级再生利用的全流程回收渠道，同时还与合作方携手成功在南非、韩国、印度尼西亚布局动力电池回收基地、实验室等，在欧洲布局回收工厂，辐射全球。回收利用技术与产品方面，为打造动力电池全生命周期价值链闭环，格林美攻克了多项回收技术难题，并聚焦于新能源关键原料的定向循环模式，保障了新能源材料再造原料供应体系的安全，实现了从废料到原料到高端品牌产品的循环再造和精深加工模式。

5.3.4　产业联盟为回收主体模式

产业联盟为回收主体模式即由行业内的动力电池生产企业、整车生产企业、第三方综合利用企业或电池租赁公司共同出资成立产业联盟，如图 5-16 所示，发挥生产企业的网点优势和综合利用企业的专业优势，共同建立动力电池回收网络体系，可以实现回收业务的降本增效，可减少市场恶性竞争，是目前较为理想的商业模式，但在实际商业化运营层面仍在初步尝试阶段。另外，随着电池回收产业链智能化、绿色化水平提升，行业内开始探索形成互联网＋产业联盟模式，可以快速聚集产业资源，运作及发展空间大，投入小且有更多的机会，但需要有很强的资源整合和运营管理能力。

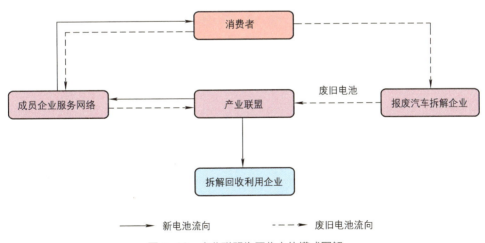

图 5-16　产业联盟为回收主体模式图解

产业联盟为回收主体模式的优势在于专业化分工保证了整个回收链条的完整性，通过产业链上下游的协同合作，减少了市场的恶性竞争，有效降低了整车生产、电池制造和材料回收成本，提升了整体回收效率和模式运行效率。

但这种模式的劣势在于作为新能源汽车核心零部件的动力电池属于各个厂商的核心技术，在末端拆解回收环节也需要严加管控，各个企业为保护自身核心技术，可能会形成彼此隔离的独立联盟，难以形成统一化、标准化的管理。

目前，产业联盟为回收主体模式仍在运行尝试阶段，互联网＋产业联盟的回收模式仍在探索中，但行业中已有上下游协调的合作案例。早在 2018 年，中国铁塔与中国一汽新能源汽车公司、东风电动车辆股份有限公司、江淮汽车新能源有限公司、比亚迪汽车有限公司、上海蔚来汽车有限公司等 11 家主流新能源汽车企业签署战略合作协议，推进梯次电池利用。根据合作协议，中国铁塔将与新能源汽车企业按计划、有步骤、分批次地组织开展全国范围内的退役动力电池回收合作。中国铁塔用自身及代维等合作单位遍布全国的资源，为新能源汽车企业提供退役电池回收的网点支撑服务，负责整个回收体系的运营、人员、管理、物流、仓储等工作。2023 年，天奇股份作为主要发起方，联合京东科技、生态环境部固体废物与化学品管理技术中心、北京市资源强制回收环保产业技术创新战略联盟等四方共同搭建"锂 ++"产业互联网平台，这一平台致力于促进生态各方构建锂电池循环产业市场机制，推动废锂电池收集、仓储、运输、梯次利用、拆解处理、再生利用产业链融合和规范化运作，以技术创新和数字化驱动促进废旧电池循环利用，探索废旧电池回收领域的新模式。

第 6 章 成果借鉴

6.1 地方案例分析

6.1.1 山东省新能源汽车动力电池回收利用发展模式

近年来,山东省把加快新能源汽车发展作为新旧动能转换、推进节能减排、加强生态保护、实现高质量发展的重要内容和举措,促使山东省新能源汽车产业发展已具备一定规模优势,带动新能源汽车以及其主要零部件,特别是动力电池产业得到迅速发展,基本形成了从电池材料到电芯,从动力电池系统集成、检验检测到梯次利用的产业链。

1. 山东省新能源汽车及动力电池产业发展情况

山东省新能源汽车起步较早,发展势头一直良好,生产规模也稳步上升。全省共有各类车企 28 家,主要生产大客车、重型货车、轻型货车及低速车等,其中中通客车、济南重汽客车、中通亚星客车等企业均在全国新能源汽车生产中排名前列。截至 2022 年 12 月底,山东省新能源汽车累计销量为 102.8 万辆,占我国新能源汽车总销量的 7.3%,位列全国第四。动力电池产业同时也得到了迅速发展，动力电池配套量约为 39.6GW·h，其中磷酸铁锂电池 20.1GW·h，占比 50.6%，三元电池 18.4GW·h，占比 46.4%。基本形成了从电池材料到电芯，从动力蓄电池系统集成、检验检测到梯次利用的产业链。据预测，2022—2030 年间，山东省退役新能源汽车约 82.9 万辆，占全国退役总量的 6.7%，位列全国第六，退役动力电池质量约为 24.9 万 t，占全国总退役动力电池质量的 5.7%。其中，退役三元材料电池质量为 11.8 万 t，占总退役动力电池质量的 47.4%，退役磷酸铁锂电池质量为 12.3 万 t，占总退役动力电池质量的 49.4%。

在巨大的"城市矿藏"的吸引下，山东各地市争相发展动力电池相关产业链。2021 年 8 月，吉利和欣旺达成立合资公司，总投资 50 亿元的吉利欣旺达动力电池项目落地枣庄。同年 12 月，欣旺达在枣庄布局动力电池、储能电池，以及配套的生产基地项目，投资 200 亿元。落地枣庄的国家锂电池产品质量监督检测中心（山东）取得了 CNAS（中国合格评定国家认可委员会）认可，并取得 CMA（中国计量认证）认证。2022 年 9 月，枣庄举办了中国国际锂电产品展览会，签约和在建项目 63 个，生产磷酸铁锂正极材料的创普斯（深圳）新能源科技有限公司、生产锂电池盖板和外壳的深圳市科达利实业股份有限公司、生产高端锂电用电解铜箔的深圳龙电华鑫控股集团股份有限公司均与枣庄签约，枣庄锂电项目可以说"百花齐放"，全面助力打造中国北方锂电之都。

滨州打造锂电原材料产业基地，山东鲁北智慧锂电新能源产业基地项目已列入山东省新能源汽车产业发展规划，全部建成后将形成新能源电池正负极材料、电解液、储能电池生产等产业链条，实现销售收入 995 亿元、利税 219 亿元，打造千亿级锂电产业集群。

济南引进了比亚迪整车厂和电池制造。济南弗迪电池项目位于济南高新区临空经济区，计划总投资约 100 亿元，规划建设 16 条动力电池生产线，满产产能 30GW·h／年，大大助力济南动力电池产业的发展。

济宁引进了宁德时代，投资 140 亿元建设济宁新能源电池产业基地项目，建设动力电池系统及储能系统生产线，项目规划用地面积约 2000 亩$^{\ominus}$。

$\ominus$　1 亩 ≈666.67m^2。

青岛国轩高科与肥东县政府签署投资合作协议，拟投资 120 亿元在肥东县境内的合肥循环经济示范园建设动力电池产业链系列项目，主要项目为动力锂电池上游原材料及电池回收等，项目规划占地 2280 亩。将保证国轩高科2025 年动力电池产能达到 100GW·h 的原材料供应，并切实解决锂电池回收和梯次利用问题。

烟台签约安瓦新能源半固态动力电池项目，总投资 60 亿元，占地 360 亩，建设 10GW·h 半固态电池产业基地，主要生产能量密度达 300～340W·h/kg 的半固态技术体系动力电池和储能电池，应用于整车、储能、换电等市场领域，项目达产后预计可实现年产值 100 亿元，税收近 10 亿元。同年，创明电池北方数字化基地 10GW·h 项目也落户山东烟台，投资 50 亿元，占地 350 亩，项目达产后，可实现产能过 10GW·h，年产值近 100 亿元。

临沂 2022 年召开了国际性锂电组产业发展博览会，在博览会开幕式暨主轴论坛上集中签下了 32 个重点工程项目，总计签下额 1335 亿。其中，锂电组产业发展工程项目 26 个、总股权投资额 1095 亿，锂电组节能环保产业发展基金工程项目 1 个、规模 200 亿，锂电组产业发展技术合作工程项目 3 个，人才合作工程项目 1 个，电子零件信息工程项目 1 个。工程项目全面覆盖临沂四区一市及临沂高新区，形成了全面开花、优势互补、协同创新的锂电组一体化产业发展大格局和优良产业发展生态，加速促进 2025 年锂电组产值达到 800 亿的目标实现。

泰安锂电产业基础较好、优势明显，锂电新材料产业集群入选了 2022 年度山东省特色产业集群，3～4 年内将突破千亿级，把泰安打造成"泰山锂谷"。2022 年 7 月，圣阳股份年产 4GW·h 圆柱锂电池项目在泰安开工，总投资约16 亿元，为泰安市推动新能源产业高质量发展注入新动能，有助于加快泰安市新旧动能转换，促进锂电产业结构优化升级，完善新能源产业链。

山东省还具备从正负极材料、锂电池隔膜、电解液到电芯，再到动力电池系统集成的相对完整的锂电产业链。全省有锂电正负极材料企业 20 余家，电解液研发销售企业 110 余家。其中鲁北万润智慧能源科技（山东）有限公司，建设 66 万 t/ 年磷酸铁锂电池正极材料项目，总投资 172 亿，年产值

1100 亿。中北国技（北京）科技有限公司在山东淄博的电池正极材料生产项目，一期计划年产磷酸铁锂 200t，年产值预计将达 2800 万元，利税近 1400 万元。山东创普斯新能源年产 18 万 t 磷酸铁锂正极材料项目启动，项目占地 320 亩，总投资约 60 亿元，项目建成投产后，预计可实现年产值 450 亿元。上海汉行科技有限公司在山东济宁签约汉行钠离子电池项目，该项目一期规划建设年产 10 万 t 普鲁士蓝类正极材料和 10 条电芯制造生产线，首次投资预计达 51 亿元，项目建成后，钠离子电池普鲁士蓝类正极材料将实现规模化量产。

山东宸盛新能源科技有限公司、山东信泉新材料科技发展有限公司、山东联化新材料有限责任公司、山东京阳科技股份有限公司等 7 家企业启动年产共约 30 万 t 负极材料项目。

山东石大胜华化工集团股份有限公司、山东氰能化工材料有限公司、日照盛泉新材料科技有限公司、山东法恩莱特新能源科技有限公司、山东利兴化工有限公司等 18 家公司启动年产共约 90 万 t 的电解液项目。

2. 山东省新能源汽车动力电池回收利用产业发展情况

作为动力蓄电池应用大省，山东省在新能源汽车保有量、废旧电池回收量、再生利用加工能力等方面都有较强的优势，因此，山东省在动力电池梯次和再生利用方面也在加力破局。截至 2022 年 12 月底，山东省全省范围内已设立回收服务网点 735 个，已培育了 15 家废旧动力电池综合利用企业，其中梯次利用企业 12 家，再生利用企业 3 家。梯次利用企业以铁塔能源有限公司山东省分公司为代表，2022 年营业额 1.33 亿元。全省范围内换电业务服务外卖及快递骑手 4 万余名，累计建立换电站 4000 余个，投入新电池 130MW·h。运营 14.5 万个低速充电端口，注册用户 120 万户，月充电用户接近 30 万名，切实解决了部分电动自行车用户充电难问题。备电业务解决社会备电需求 1000 多个点位，利用梯次电池 14MW·h。围绕绿能结合基站分布式能源开展光伏、储能等试点工作，利用梯次电池 350MW·h。山东绿能环宇低碳科技有限公司作为目前山东省唯一一家入选工业和信息化部公告发布的符合《新能源汽车废旧动力蓄电池综合利用行业规范条件》企业名单的企业，2022 年回收电池约 1.3 万 t，营收约 4 亿元。2022 年山东约有 3.24GW·h 电池淘汰进行梯次利用和再生利用。

3. 山东省新能源汽车动力电池回收利用产业发展模式

拥有完整产业链的山东省在动力电池回收利用上却存在回收利用效率低、动力电池梯次利用下游产业链不完善导致梯次电池外流、回收利用相关人才匮乏、回收利用存在安全隐患且相关技术薄弱等问题。面对这些问题，山东省已出台相关政策举措，从顶层制度上管理和规范行业发展，同时指导成立"山东省动力电池回收利用协会"，以搭建产业链条发展与政府间沟通的桥梁纽带。

（1）加强顶层设计，持续完善管理制度体系

2020 年 6 月 11 日，山东省工业和信息化厅制定并公布了《山东省新能源汽车动力蓄电池回收利用工作实施方案》，为加快山东省新能源汽车动力电池回收利用体系建设，在进一步加强管理、规范行业发展、推进资源综合利用等方面进行部署。

2021 年 9 月 15 日，山东省工业和信息化厅印发《山东省工业和信息化领域循环经济"十四五"发展规划》，提出推进六大工程，包括工业固体废物资源化工程。具体要求是推动新能源汽车生产企业和废旧动力电池梯次利用企业的合作，提高余能检测、充足利用、安全管理的技术水平，加快动力电池规范化梯次利用。加强废旧动力电池再生利用和梯次利用成套化先进技术与装备的研发，完善动力电池回收利用标准体系，培育废旧动力电池综合利用企业，促进废旧动力电池梯次利用和再生利用产业发展。

（2）指导成立协会，协调引导省内产业发展

山东省工业和信息化厅指导中国铁塔股份有限公司山东省分公司、山东绿能环宇新能源有限公司、东方旭能（山东）科技发展有限公司、希格斯新能源有限公司、山东中庆环保科技有限公司、山东晟泉节能环保服务有限公司以及山东省信息技术产业发展研究院、山东省标准化研究院、山东省产品质量检验研究院共九家单位共同发起成立"山东省动力电池回收利用协会"，搭建产业链条发展与政府间沟通的桥梁纽带，做好顶层协调及设计，加强产业化、标准化及技术攻关，组织产学研用对接，加强企业科技创新能力的提升，

全面提升全省动力电池产业发展水平，解决省内动力电池回收利用技术薄弱问题。

充分发挥协会的协调引导作用，协会发起单位山东省标准化研究院将与协会共同推进山东省动力电池回收利用团体标准及地方标准的建设。协助政府征集退役电池回收利用领域的基础要求类、管理规范类、梯次利用类、再生利用类、设施设备类及考核评估类标准。山东省信息技术产业发展研究院作为工业和信息化部认定的工业产品（电子信息）质量控制和技术评价实验室，可参与动力电池回收利用行业规划、法规、政策、标准的研究制定，承担电池回收行业管理的技术检测、认定、评价等工作。山东省产品质量检验研究院作为中国合格评定国家认可委员会（CNAS）认可的国家级实验室和中国国家认证认可监督管理委员会（CNCA）批准的认证机构，可参与动力电池检验检测工作，指导动力电池的可梯级利用，以及对电池剩余价值的评估等技术的研究。

在政策引导层面，建议监管部门进一步严格废旧电池的回收流程，重点打击各类非法行为，阻断废旧动力电池流入非法渠道，并提高资源化再生利用企业的安全和环保准入条件，使废旧动力电池得到妥善的回收利用，促进社会、环境的发展。

在回收布局方面，以动力电池回收利用企业为主体，通过企业自建、合作共建等方式在新能源汽车生产、动力电池生产、报废机动车回收拆解、综合利用等环节搭建企业可共用的回收服务网点，总结动力电池回收利用试点示范经验，形成可复制推广的回收利用模式，实现大范围推广应用。

在数据统计方面，融合互联网、大数据、物联网等新兴技术，提高动力电池回收利用的质量和效率。采用大数据等手段，提高废旧动力电池评估及分选效率，强化分类、包装、运输、存储、梯级利用等环节协作。联合新能源汽车及动力电池企业、动力电池分选及拆解企业、梯次利用企业等主体，共建逆向的大数据系统建立，实现对废旧动力电池的可追溯管理系统。

在人才培养方面，协会将以济南市为中心在山东省范围内布局人才培训中心，参与制定行业人才发展规划，组织行业技术培训、专业技能培训和人才交流工作，接受委托组织行业职工等级考核，全面发展培养产业人才。

在行业发展方面，协会将成立专家委员会，为山东省动力电池回收利用行业的发展建言献策，促进动力电池回收利用产业升级，发现并研究动力电池回收利用重难点，调查并了解动力电池回收利用技术、下游产品的开发应用和下游生产厂商的技术现状，组织行业新技术、新工艺、新产品推荐和推广应用，推动动力电池回收利用行业科技进步。发现并提出可以在本行业内推广应用的产学研科技成果，协助做好行业标准化工作，提出在本行业内亟须制定的相关标准。

山东省动力电池回收利用协会将整合上下游资源，充分发挥山东省动力电池产业链完整的优势，加强资源共享，共同研究新能源汽车动力电池回收利用体系建设、信息系统建设、合作模式建设、标准体系建设、技术创新应用等。加强与其他优秀省份的交流与合作，共同推动动力电池行业健康有序发展。

6.1.2 贵州省新能源汽车动力电池回收利用发展模式

在全国新能源汽车行业快速发展背景下，贵州省相关部门不断出台利好政策，积极推广新能源汽车普及应用，成效明显。2022 年贵州省新能源汽车迎来爆发式增长，新增近 9 万辆，新能源汽车保有总量超 16 万辆，同比增长 114%，高于全国平均增速 20 个百分点，动力电池装机量也随之增长。受使用寿命和循环次数的限制，2017 年前后首批大规模应用的新能源动力电池将在 2023—2024 年迎来第一波退役潮。新时代西部大开发助推新格局加速构建，国家生态文明试验区、内陆开放型经济试验区、重要能源基地等加速建设，为贵州省新能源汽车动力电池回收利用产业发展提供了有利的条件。

1. 贵州省新能源汽车动力电池回收利用产业发展路径

（1）谋篇布局新能源汽车动力电池回收利用产业发展

"十四五"以来，在"双碳"目标背景下，为促进新能源汽车动力电池回收利用产业发展，贵州省相继发布了多项政策措施和地方规划。

2021 年 8 月，贵州省新型工业化工作领导小组印发实施《关于推进锂电池材料产业高质量发展的指导意见》，成为全国首个从省级层面对新能源电池及材料产业明确扶持政策的省份。明确提出推动循环梯次利用，支持优强企业布局新能源汽车废旧动力蓄电池循环梯次综合利用项目，探索建立回收利用管理机制和综合利用体系，强化溯源管理。

2021 年 11 月，《贵州省新能源汽车产业"十四五"发展规划》发布，支持废旧动力电池在储能、备能、充换电等领域创新应用，加强余能检测、残值评估、重组利用、安全管理等技术研发和平台建设。

2022 年 5 月，贵州省新型工业化工作领导小组印发《2022 年推进贵州省新能源电池及材料产业高质量发展行动方案》，构建完善新能源电池及材料研发、生产、测试、应用、资源回收一体化产业生态体系，支持符合条件的地区布局建设新能源电池回收利用项目。11 月，贵州省工业和信息化厅编制了《新能源电池及材料研发生产基地建设规划（2022—2030 年）（征求意见稿）》，提出在已有的"原矿—新能源电池材料—能源电池—新能源电池应用"产业链基础上建立电池回收和梯次利用环节，优化产业布局，形成新能源产业闭环，推动新能源电池全价值链发展。建立健全电池回收网络系统，发展先进技术，提升回收效率。

2022 年 5 月，贵州省商务厅等七部门印发《贵州省报废机动车回收建设管理暂行实施办法》，确定由县级以上地方工业和信息化主管部门会同同级有关部门对新能源汽车废旧动力蓄电池梯次利用企业的梯次产品生产、溯源情况进行监督检查，并要求回收拆解企业应当按照国家有关要求对报废新能源汽车的废旧动力蓄电池进行拆卸、收集、贮存、运输及回收利用，回收拆解企业拆卸的动力蓄电池应当交给动力蓄电池回收服务网点或符合要求的废旧动力蓄电池综合利用企业，规范废旧动力蓄电池回收拆解、利用过程。

2022 年 5 月，贵州省发展改革委等八部门印发《关于支持铜仁市打造国家级新型功能材料战略性新兴产业集群的若干政策措施》，支持铜仁市建成全国新型功能材料产业集聚基地，加快形成正极材料、负极材料、隔膜、电解液、电池集成整装、废弃电池回收利用于一体的研发生产全产业链，打造"电池级锰盐—三元前驱体—三元正极材料—新能源汽车动力电池—梯次综合利用"

产业链条，积极发展废旧电池回收利用等"补链"产业。

2022 年 11 月，贵州省发布《关于加快建立健全绿色低碳循环发展经济体系的实施意见》，提出"持续推动新能源汽车废旧动力电池综合利用"。2022 年 11 月，《贵州省碳达峰实施方案》提出实施循环经济助力降碳行动，健全资源循环利用体系，推进退役动力蓄电池等新兴产业废弃物梯级利用和规范化回收处理，加快废旧锂离子电池回收工程建设。2023 年 3 月，贵州省工业和信息化厅、省发展和改革委员会、省生态环境厅等部门联合印发《贵州省工业领域碳达峰实施方案》，明确提出推进再生资源循环利用，推进新能源汽车动力蓄电池回收利用体系建设，促进动力电池梯次利用、再生利用。

除了省级层面出台新能源汽车动力电池回收利用产业有关政策措施，贵州省各市州也先后印发相关配套政策文件，进一步完善新能源电池回收利用政策体系。

2022 年 1 月，黔东南州印发《黔东南州"十四五"工业发展规划》，提出着力推动资源循环利用，实施资源综合利用工程，健全新能源电池等再生资源回收利用体系，建立梯次利用产品评价机制。

2022 年 4 月，黔南州福泉市印发《福泉市"十四五"工业发展规划》，提出在新材料方面将围绕"材料—电芯—电池—应用—回收利用"全生命周期产业链，配套引进锂电池回收等相关产业，进行稀有金属提取、电池的拆解重组二次利用等。

2022 年 7 月，黔西南州印发《黔西南州"十四五"工业发展规划》，提出推动义龙新区建成锂离子电池梯次回收绿色利用基地建设，引导企业发展锂离子电池梯次回收绿色利用产业，构建电池材料—电池配件—单体电池—电池模组—电池回收以及检测的完整锂离子电池产业链体系。

2022 年 9 月，贵阳市印发《贵阳贵安推动"电动贵阳"建设实施方案（2022—2025 年）》，提出支持相关企业自建、共建废旧动力电池梯次利用项目，探索梯次利用、再生利用的电池循环经济商业模式。

2022 年 11 月，毕节市印发《毕节市废旧物资循环利用体系建设实施方案

（2022—2025 年）》，提出提高废旧动力蓄电池等再生资源利用规模和技术工艺水平，大力推广废旧动力蓄电池梯次利用，推动废旧动力蓄电池回收利用。

2023 年 2 月，六盘水市印发《六盘水市"十四五"工业发展规划》，提出积极发展锂电池回收与再利用产业，重点推进钟山产业园区新能源汽车动力电池回收循环利用中心项目建设。

（2）成立新能源汽车动力蓄电池回收利用专业委员会

2022 年 11 月，在贵州省工业和信息化厅等单位的支持下，贵州省资源节约综合利用协会会同贵州磷化新能源科技有限责任公司等单位发起成立了"贵州省新能源汽车动力蓄电池回收利用专业委员会"（以下简称专委会），成员单位包括中伟循环、红星电子材料等。专委会的成立，是贵州省新能源汽车动力电池回收利用产业建设迈出的重要第一步。专委会将围绕构建贵州省动力电池回收、梯级利用和再资源化的循环利用体系，开展产业发展研究，搭建技术创新平台，推动重大项目建设，完善技术标准体系，规范行业自律行为，努力打造成为贵州省新能源汽车动力电池回收利用技术交流、产业促进的高端平台，在新时代西部大开发上闯出新能源汽车动力电池回收利用的贵州之路，筑牢新能源汽车及动力电池材料产业高质量发展的绿色基石。

2. 贵州省新能源汽车动力电池回收利用产业发展成效

（1）贵州省动力电池回收体系建设情况

近年来，随着新能源汽车保有量快速增长，贵州省各市州加速推进回收服务网点的建设。截至 2023 年 3 月，全省共有 221 个新能源汽车动力蓄电池回收服务网点。其中贵阳市建成回收服务网点最多，共 60 个，约占贵州省回收服务网点的 27.1%。遵义市回收服务网点共计 39 个，占比 17.6%。铜仁市回收服务网点共计 30 个，占比 13.6%。六盘水市回收服务网点共计 19 个，占比 8.6%。黔西南州和黔南州回收服务网点均为 17 个，占比均为 7.7%。毕节市回收服务网点共计 15 个，占比为 6.8%。安顺市和黔东南州回收服务网点数量较少，均为 12 个。

对回收服务网点所属单位进行分类，其中汽车生产企业 209 个，占比

94.6%，梯次利用企业 8 个，汽车拆解企业 3 个，科研机构 1 个。对回收服务网点性质进行分类，包括汽车销售服务公司（4S 店）、汽车修理厂（包括保养、维修公司）、公交公司、报废汽车回收拆解公司、梯次利用企业、货运服务公司等，其中以汽车销售服务公司为主，数量达到 150 个，占比达到 67.9%；其次为汽车修理厂（包括修理、保养等），数量达到 54 个，占比为 24.4%；梯次利用企业 6 个，报废汽车回收拆解公司 3 个，公交公司 2 个，再生资源回收服务点 3 个。

当前贵州省内汽车生产企业 / 梯次利用企业参与回收网点建设的模式具有多样化。一是汽车生产企业在销售公司（4S 店）所在地建设回收网点，这种模式最为常见，数量为 150 个，占比为 67.9%。二是汽车生产企业与当地汽车修理厂、报废汽车拆解企业、梯次利用企业等合作共建共用回收网点，数量为 61 个，占比为 27.6%。三是梯次利用、报废汽车拆解等企业与各地汽车维修厂、梯次利用公司、报废拆解厂以及资源回收公司等合作共建回收网点，数量为 10 个，占比为 4.5%。

（2）贵州省动力电池回收利用发展情况

截至 2022 年底，贵州省共计培育 2 家企业入选工业和信息化部公告的符合《新能源汽车废旧动力蓄电池综合利用行业规范条件》企业名单，分别为贵州中伟资源循环产业发展有限公司和贵州红星电子材料有限公司。其中贵州中伟资源循环产业发展有限公司获得"梯次利用"和"再生利用"双资质。

贵州中伟资源循环产业发展有限公司（以下简称中伟循环）是中伟新材料股份有限公司（以下简称中伟股份）全资子公司。为减少废旧动力蓄电池对环境的污染，促进资源的循环利用，中伟股份布局投资建设废旧动力锂电池综合利用产业，2020 年 3 月建成 1 条综合回收循环利用废旧锂电池生产线，年生产硫酸镍 6000 金属吨⊖，硫酸钴 2000 金属吨，并在 2021 年入选第二批符合《新能源汽车废旧动力蓄电池综合利用行业规范条件》企业名单（再生利用）。2022 年，中伟循环建成废旧动力蓄电池梯次利用产线并投入使用，

⊖　金属吨表示特定金属的质量。

197

入选第四批符合《新能源汽车废旧动力蓄电池综合利用行业规范条件》企业名单（梯次利用）。

贵州红星电子材料有限公司（以下简称红星电子）专注于锂电材料再生利用研究与产业化，专业从事锂电池循环利用技术的研究、开发、生产。以废旧三元材料为主要原料，同步回收镍钴锰锂金属元素，制备镍钴锰三元复合氢氧化物和电池级碳酸锂，用于三元锂电正极材料的制备，实现废旧三元材料的再生利用。红星电子注重再生利用技术的创新研发，自主研发无机法再生利用回收工艺，该工艺非传统的萃取反萃取工艺，采用还原浸取除杂技术实现了钴镍锰锂元素同步全回收，工艺用水全闭路循环，零排放，水循环体系小，钴镍锰的回收率达到了 98% 以上，锂的回收率达到了 95% 以上，生产过程无二次污染。红星电子于 2022 年入选第四批符合《新能源汽车废旧动力蓄电池综合利用行业规范条件》企业名单。

与此同时，贵州锦尚新材料科技有限公司年产 10 万 t 动力锂电池循环利用项目、贵州中伟资源循环产业发展有限公司废旧锂电池综合回收体系建设项目、贵州嘉弘能源科技有限公司新能源汽车废旧动力电池回收及梯次利用项目、贵州鑫茂新能源技术有限公司年产 14 万 t 锂电池正负极材料回收再利用制造基地项目、贵州磷化集团 2 万 t 电池回收项目等动力蓄电池回收利用项目正在积极建设中。

3. 贵州省新能源汽车动力电池回收利用产业下一步重点工作

一是研究出台《贵州省新能源汽车动力蓄电池回收利用实施方案》，建立健全新能源汽车动力电池回收利用体系，鼓励关键环节技术研发创新应用，推动动力电池回收利用产业高质量发展。

二是加快完善新能源汽车动力电池回收网络体系。建立健全回收服务网点和创新回收渠道，搭建网点综合信息化管理服务平台，强化溯源管理，对回收服务网点及过程实现数字化、智能化动态管理。

三是支持建设一批退役动力电池梯次利用、高效再生利用的先进示范项目。遵循国家相关技术规范，建设若干再生利用示范生产线，建设一批退役动力电池高效回收、高值利用的先进示范项目，培育一批动力电池回收利用标杆企业。

四是加强废旧动力电池贮存和运输监管。新能源汽车生产企业、动力蓄电池生产企业、报废汽车回收拆解企业、梯次利用企业及再生利用企业等单位应按照新能源汽车动力蓄电池回收服务网点建设和运营有关要求，对废旧动力蓄电池进行规范贮存和运输监管。

五是建立政策激励机制。探索利用省新动能基金、新型工业化发展基金等基金和省工业和信息化发展专项资金，支持新能源汽车动力蓄电池回收利用产业，包括动力蓄电池回收利用有关的基础性技术研发、技术创新、技术改造、产业化应用、信息化项目建设。

6.2　企业案例分析

6.2.1　瑞浦兰钧能源股份有限公司

1. 企业简介

瑞浦兰钧能源股份有限公司（以下简称瑞浦兰钧）成立于 2017 年，是青山实业结合其自身丰富的矿产资源在新能源领域进行投资布局的首家企业。瑞浦兰钧主要从事动力 / 储能锂电池单体到系统应用的研发、生产、销售，专注于为新能源汽车动力及智慧电力储能提供优质解决方案。

瑞浦兰钧依托青山实业的强大实力和丰富资源，以大规模工业化智能制造技术为基础，高性能、高一致性电池设计技术为核心，通过产业链协调发展，突破产品一致性和成本两大瓶颈，打造行业内最具性价比的动力 / 储能电池制造企业，助推全球新能源产业的发展。瑞浦兰钧同时在上海、温州、嘉兴设有研发中心，拥有千人规模的研发团队。目前，瑞浦兰钧产品技术实力已达到国内领先水平，主要产品为方形铝壳、刀片磷酸铁锂电池和三元电池，应用领域覆盖乘用车、商用车（城市公交车、物流车、货车等）、特种车、工业车辆、工程机械装备和船舶等动力领域，以及风光电新能源电力储能接入、电网电力储能、后备电源等储能领域。

2022 年瑞浦兰钧研发投入达 5.26 亿元，目前已获国家高新技术企业、省级科技型中小企业、浙江省未来工厂、浙江省数字化车间、浙江省领军型创业团队、浙江省领军型创新企业（培育）、浙江省绿色工厂、浙江省无废工厂、浙江省企业研究院等荣誉。瑞浦兰钧拥有国家级 CNAS 实验室、德国莱茵 TÜV 目击实验室、邓白氏注册认证企业资质、IATF 16949 质量管理体系、ISO 14001 环境管理体系、ISO 45001 职业健康安全管理体系、ISO 50001 能源管理体系、ISO 27001 信息安全体系等，已授权专利共计 551 项，软件著作共计 20 项。

据中国汽车动力电池产业创新联盟统计，2022 年，瑞浦兰钧在国内动力电池企业装车量排名前十，装车量达到 4.52GW·h，且随着产能释放，总装机量增长态势明显。随着瑞浦兰钧业务的发展，早期生产服役的产品已经开始逐步进入批量化退役阶段，作为三大回收主体之一的动力电池厂商，瑞浦兰钧将主动承担社会责任，积极布局电池梯次利用与回收业务。

2. 发展模式

瑞浦兰钧作为锂电池制造厂家，为客户提供包括设计—生产—销售—交货—售后服务—材料回收的全价值链条产品及服务。除了在瑞浦兰钧内部布局退役电池梯次利用业务领域，展开相关研究、筹备、生产制造活动，在原材料回收端，瑞浦兰钧在 2021 年与格林美签署合作协议，共同建立动力电池全产业链，实现锂电池安全回收、贮存和绿色处置，从资源端开始提供优质解决方案，确保全流程物质循环利用。

作为连接客户与产品纽带的锂电池制造厂家，瑞浦兰钧在动力电池梯次利用与回收领域具有以下天然优势：

1）退役电池来源稳定一致。目前瑞浦兰钧回收和梯次利用的退役电池有以下来源：98.5% 来源于瑞浦兰钧生产销售给客户，并已服役完成达到退役标准的动力电池；0.6% 来源于生产过程中产生的不合格电池包（PACK）、模组、单体；0.3% 来源于瑞浦兰钧内部及在客户端进行试验验证后的电池包、模组、单体；0.2% 来源于售后更换的电池包、模组、单体；0.4% 来源于从外部第三方回收服务网点收购的退役电池。相对于以外部收购为主要来源的第三方梯次利用厂家，电池生产厂家接收的退役电池质量可靠、数量稳定、结构一致，更有利于规模化、平台化处理和利用。

2）退役电池信息完善，可追溯性强。由于来源稳定且多为内部电池，瑞浦兰钧回收和梯次利用的退役电池均有完善的数据信息。生产过程中产生的不合格电池包、模组、单体等退役电池具有生产过程、下线测试过程追溯数据；客户端产生的退役电池具有完善的工况运行数据；内部及在客户端进行试验验证后的电池包、模组、单体等退役电池具有生产过程、下线测试过程追溯数据、试验数据；售后更换的电池包、模组、单体等退役电池具有生产过程、下线测试过程追溯数据、客户端测试数据。这些产品均有完整的追溯数据，回收后对相关数据进行分析，无须进行复杂、长期的余能、一致性检测。可缩短生产周期、节省大量的生产成本。

3）梯次利用产品市场定位清晰。瑞浦兰钧现有销售平台与客户群体可覆盖梯次利用的模组、PACK 产品。如储能备用电源、家庭小储能、售后备品备件利用等，由于客户需求量大、稳定，可以进行批量化生产制造，更有利于将来导入自动化。

4）技术成熟。瑞浦兰钧在大规模生产制造过程中积累、储备了大量电芯性能检测、分选配组的专业技术，可将这些技术应用到梯次利用产品的筛选、配组中，有效地降低生产过程中的资源浪费、质量成本以及安全风险。

5）制造资源与成本控制。瑞浦兰钧利用原生产线折旧、退役的设备、工装，搭建 PACK、模组拆解线体，达到对制造资源再利用的目的，实现梯次利用电池成本与质量的平衡。

3. 核心技术

瑞浦兰钧 2019 年开始对梯次利用与回收技术进行研究储备，成立了 2 个预研项目团队，对退役电池梯次利用在基站备用电源、低速动力、小型家储等不同使用场景的产品需求进行调研、预研与测试验证。截至 2022 年底，共申报梯次利用与回收相关专利 9 项，内部积累专用技术 16 项，发表科研文档、论文 4 篇，对退役电池回收利用的关键课题均有深入研究并初具成效。现有已应用的技术如下：

1）基于不同温度的电压一致性评估技术。根据电池组中单体电池在充电、放电初期以及充电、放电"平台期"电压差异较小，具有较好的一致性，而在充放电末端，电池之间的差别比较明显的特性，通过对整套系统进行充放电、常温—高温静置的方式，运用统计学的方法对电芯一致性进行评估。

2）基于电压曲线拟合法的健康状态（SOH）评估技术。估算 SOH 的方法主要有内阻测试法、直接放电法、电压曲线拟合法等。瑞浦兰钧根据内部不同材料体系的电芯充放电 MAP[⊖] 数据库，获取基准电压曲线。通过采集回收 PACK 的充放电数据并结合基准拟合曲线进行分析，准确地估算出动力电池 SOH。

3）高适用性的整包梯次利用处理技术。动力电池组通常由多个电芯串联达到整车使用电压，在退役时，一般是有个别电芯由于工况温度、内阻、自放电等原因导致整包表现劣化，常规的方法是拆解 PACK 并将不合格电芯报废、合格电芯重新组装梯次利用，这种做法效率低、经济性较差。瑞浦兰钧通过制定电池拆解与回收成本分析模型，计算出不同电池包状态电芯不合格（NG）个数的处理措施收支平衡点，在不良电芯少于平衡点时，开发出通过绕过（bypass）NG 电芯的方式、结合电池管理系统（BMS）软件定制化屏蔽采样点功能，对整包直接改造，实现低成本高效率的梯次利用。

4）柔性拆解处理技术。通过汇总现有电池包的数据并进行结构特征类别分析，瑞浦兰钧将拆解过程按照可重复性、操作数量、技术实现性、安全风险、可行性等维度进行权重打分排列分析，将拆解自动化需求程度分为高中低等级，高等级自动化工序在整线拆解过程中运用"AI 自学习 + 视觉识别系统 + 六轴机器人"对产品的模块进行识别、定位、自动拆解。经实测，此自动化拆解系统可兼容已有的 8 种 PACK 的 80% 工序并有进一步提升空间，部分工位相对于人工操作效率提升 2~3 倍，为将来批量化应用打下基础。

⊖ 充放电 MAP 图是一种描述电池充电与放电特性的图表，通常用于确定电池或电池组的性能参数，例如电池容量、电池内阻、电池寿命等。这种图展示了在不同的充电与放电条件下，电池的电压与电池电量之间的关系。

4. 发展成效

瑞浦兰钧经过梯次利用电池的市场调研、客户需求分析、技术预研等前期筹备工作后，已启动内部梯次电池利用示范项目的实施。通过使用客户端售后替换电芯、试验电池、B品电池组成小型储能系统，采取"削峰填谷"用电，降低厂内用电成本。

根据厂内用电模式（图 6-1）与峰谷时间比较，瑞浦兰钧内部储能项目每天进行 2 充 2 放（6 时、12 时充电；9—11 时、15—17 时放电），按每年使用 300 天，系统效率 88% 核算，投资回收周期约为 2.1 年。整个使用周期约为 6 年，净收益约为投资成本的 1.4 倍，预计达到很好的经济效益和社会效益。

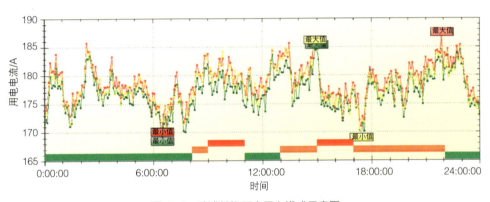

图 6-1　瑞浦兰钧厂内用电模式示意图

5. 发展规划

退役电池梯次与回收利用业务的开展是瑞浦兰钧 2026 年零碳电池总产能大于 200GW·h 阶段目标和"零碳工厂"目标实现的重要组成部分，将助力实现"创新智慧能源，点亮绿色未来"的公司愿景。同时，瑞浦兰钧是温州本土化企业，具有区位优势，在退役电池回收与梯次利用方面，不仅可以处理自己的退役产品，也可以辐射温州周边区域，将第三方来源的退役电池进行集中处理。

根据预估的梯次利用产能需求发展，瑞浦兰钧在温州龙湾海通园区建设了一条梯次利用专用试验线。积极探索回收渠道 - 梯次利用 - 材料回收的商业模式，同时对前期储备的技术进行批量应用验证，初步构建起动力电池全生命周期闭环产业链，可基本实现废旧动力蓄电池"先梯次后再生"的有效资源利用模式。

6.2.2 广州汽车集团股份有限公司

1. 企业简介

广州汽车集团股份有限公司（以下简称广汽集团）致力于为人类美好移动生活持续创造价值，自品牌成立之初，无论面对何种竞争环境，始终坚持竭力对社会负责。在新能源汽车生产者责任延伸制度公布以来，广汽集团积极履行职责，先后提出 GLASS 绿净计划、2^6 能源行动与 1578 战略纲要，明确动力电池可回收、可梯次的产业目标，提出构建能源生态的战略纲要。广州广汽商贸再生资源有限公司（以下简称广汽商贸再生资源）是广汽集团全资控股的汽车工业废弃物循环利用企业，主营业务涉及废钢回收、报废汽车拆解（含新能源汽车拆解）、退役动力电池回收再利用等多个领域，现阶段是广汽集团退役动力电池生产者延伸职责的主要履责主体。

广汽商贸再生资源以广汽埃安动力电池车间、格林美及华友的退役电池再利用产线等成熟案例为蓝本，通过技术与市场的深度合作，拓展电池再利用业务。公司通过了电池梯次利用业务相关的 ISO 质量、环境、职业健康安全管理体系认证，荣获广州市首个废旧动力电池梯次利用产业试点示范项目奖补，是广州市首家列入工业和信息化部公告的符合《新能源汽车废旧动力蓄电池综合利用行业规范条件》的梯次利用企业。

2. 发展模式

得益于广汽集团自主品牌及合资品牌新能源汽车产业的迅猛发展，公司从自身的产业链定位出发，以"华南地区高品质梯次产品供应商"为发展目标，确立"动力电池售后网络建设—退役动力电池梯次利用—报废电池精细化拆解—电池材料再利用"的发展路线。广汽商贸再生资源依托广汽集团各品牌主机厂的退役电池渠道资源，通过广汽商贸的电动汽车销售、使用、售后、拆解等产业链支撑，为客户提供"来源可知、质量优异"的梯次电池产品。

在售后网络建设方面，"网点合规，回收便捷"是公司梯次利用业务的开展基础。借助广汽商贸的汽车销售店网络，通过自建、共建、共享的方式，广汽商贸再生资源建成了覆盖全国新能源汽车热点地区的退役电池回收网络，为主机厂、新能源车主提供近地化的退役电池回收服务；在网点合规性方面，公司遵照《新能源汽车动力蓄电池回收服务网点建设和运营指南》的相关要求，完成自有电池回收网点的消防与安全改造工作，同时对合作方提供的共建共享回收网点进行定期的合规性检查。

在退役电池分选方面，"检测精准，分选高效"是公司梯次产品生产的核心前提。在检测分选能力的建设方面，公司拥有广汽埃安、孚能电池等主机厂、电池厂的动力蓄电池检测维修授权，积累了大量动力蓄电池的车端使用情况及历史故障信息。基于历史数据与拆解退役后的充放电循环测试数据，结合特定的筛分算法可实现退役电池的高效分选。经第三方验证，公司的梯次产品一致性良好，性能优于相应梯次应用领域的新品电池。

在梯次电池设计生产方面，"安全可靠，品质优良"是公司梯次产品的主要竞争力。在产品的标准化方面，广汽商贸再生资源在电池再利用的各环节均严格执行相应的国标，同时，公司坚定贯彻集团的指示方针，牵头、参与了多项行业、团体与企业标准的编制，争取在退役电池再利用行业树立广汽标准。在质量管控方面，公司组建了高水平的产品研发和实车验证团队，充分参考车用动力电池模组、整包的设计理念，在元器件选型、来料验证与成品试验方面建成了全流程的质量管控体系。

3. 发展成效

"履行职责，赋能主业"是广汽商贸再生资源的不变初心。经过三年的发展，公司的梯次利用业务已初具成效。

（1）回收网络建设成效

在电池回收方面，广汽商贸再生资源年均回收废旧动力电池700t，现有自建、共建回收网点10个，涵盖集中贮存型回收网点5个，回收服务覆盖京津冀、珠三角、长三角、中西部地区等新能源汽车保有量集中的地区。其中广汽商贸再生资源自建的5个回收服务网点，其设施配备除满足《新能源汽车动力蓄电池回收服务网点建设和运营指南》要求外，额外增加了动力电池的故障诊断设备、高效的电性能检测设备与电池均衡维护设备，提升退役电池回收转运过程安全性的同时，实现退役电池在回收端的初步分选。

为进一步提升电池回收暂存环节的安全性，广汽商贸再生资源开发了自有知识产权的无线温感告警系统，可对状态不明确的退役电池进行实时的监控和云端安全管理。

（2）溯源体系建设成效

为完善退役电池溯源管理，公司在报废新能源汽车回收、退役电池拆解、电池梯次再制造等环节依次建设了车同轨、企业资源计划（ERP）及制造执行系统（MES）信息化系统。利用便携式扫码枪、手机 APP 扫码以及产线设备的自动扫码，结合各环节的信息化作业流程，确保退役电池和梯次电池的厂商代码、产品类型、电池类型、规格代码、回收渠道乃至装车车架号等溯源信息的全记录。公司定期遵照相关法规要求，将动力电池溯源情况交国家溯源监控平台及当地工信主管部门备案。

（3）梯次利用技术成果

在梯次检测分选技术方面，公司充分利用产业链优势，致力于动力电池全生命周期管理，推动退役电池梯次利用业务从"黑盒"模式转变为清晰透明的"白盒"模式。依靠全生命周期信息流，结合线下检测对退役电池进行两段分选，大幅度提升退役电池在梯次利用过程的有效检测率，改善梯次电池产品的一致性和本征安全，降低生产环节的能耗与碳排放。

在梯次产品设计方面，"精诚服务，匠心永恒"是广汽商贸再生资源的核心理念，公司先后推出了工程叉车动力电池、低速代步车动力电池、便携式储能电源、家用储能电源、整包梯次储能系统等多种梯次电池产品，其中工程叉车系列梯次产品通过了权威质检单位的车规级安全检测。

4. 发展规划

2022 年，广汽集团自主品牌新能源汽车的产销量实现翻倍增长，动力电池未来几年的退役量将显著提升。广汽商贸再生资源将坚定贯彻集团的战略目标，立足于为广汽集团履行新能源汽车生产者延伸职责，持续开拓市场化的电池回收再利用业务。

（1）整合集团优势资源，构建能源科技公司

广汽集团将整合优势资源，将广州广汽商贸再生资源有限公司提升为优湃能源科技（广州）有限公司，着力提升电池再利用研发能力，吸纳集团内新能源汽车充电、换电、储能、租赁等动力电池关联业务，打造贯通动力电池全生命周期的闭环服务链。通过全流程的溯源数据优化动力电池的资产管理，实现产业链的整体增值。

（2）电池回收网点业务多元化

退役电池回收服务网点的消防及安全设施要求严格，且网点多位于新能源汽车聚集的城市核心地段，建设成本与运营成本高昂。为保障电池回收网络的经济性，广汽商贸再生资源在布局"区域中心—城市服务站—近地服务点"三级回收网络的同时，将积极拓展电池售后维护、性能检测、残值评估认证等多元化业务。

（3）电池再利用业务纵深推进

并非所有退役动力电池都具备梯次利用价值，加之梯次产品使用退役后仍然面临着最终的报废处置，再生利用是动力电池的最终流向。广汽商贸再生资源沿着产业链纵深的方向滚动扩增梯次利用产能的同时，将择机探索更高效的再生利用方式，以实现动力电池利用价值的最大化，反哺推动新能源汽车产业的可持续发展。

广汽商贸再生资源将在广汽集团的战略部署下，持续完善退役动力电池的回收再利用能力，更好地为集团履行生产者延伸职责，助力新能源汽车产业高质量发展。

6.2.3　山东绿能环宇低碳科技有限公司

1. 企业简介

山东绿能环宇低碳科技有限公司（以下简称绿能环宇）成立于2020年8月，由4名自主择业退役军人创建，是山东省德州市军民融合新能源产业孵化基地、退役军人创业示范企业、山东省创新型中小企业。绿能环宇致力于新能源梯次产品研发与应用及电池无害化处理并使其产业化，公司倡导利用有限资源，创造无限循环，以科技研发为先导，以市场要求为导向，注重科技投入，提高企业自主创新研发能力。

绿能环宇专注动力电池全生命周期价值的创造，提供完善的新能源车辆与动力电池循环利用解决方案，以"退役回收"推动"循环再生"实现"绿色发展"，深化电池回收、电池维修、梯次利用、整车回收等业务，建立完善的新能源汽车后市场解决方案。电池回收方面，绿能环宇已建立成熟的电池回收体系，并与宁德时代、格林美、丝路彩虹、吉利汽车等企业和动力电池报废点建立合作关系，确保稳定的电池来源。电池维保服务方面，绿能环宇已具备宁德时代、普莱德、国轩高科等全型号电池维修资源与维修能力，同时探索开展电池金融、电池银行业务，为电动汽车运营商提供电池延保、电池置换业务。梯次利用方面，绿能环宇研发生产的梯次产品已应用于多种可靠场景，如用户侧备电储能、军队移动储能，通过自有生产及合作赋能的方式，确保产能供应。在整车回收方面，绿能环宇在全国与37家报废企业签署合作协议，通过平台标准制定确立新能源报废车合规体系，可进行报废车增值处理，同时，在西北、华北、华东等区域建立74处评估交易网点，通过平台统一评估车辆，推动二手车交易秩序化。

绿能环宇自成立以来，不断优化产业布局，形成"4+2"全国战略布局，建立北京总部基地、山东生产基地、苏州生产基地、济南生产基地，以及北京电池维保中心和海南新能源二手车交易中心。

两年来，绿能环宇整体业务稳健发展，2022年营业额突破4亿元大关，并于2022年入选工业和信息化部公告发布的符合《新能源汽车废旧动力蓄电池综合利用行业规范条件》企业名单，成为目前山东省唯一一家废旧动力蓄电池综合利用规范企业，为山东省动力蓄电池回收利用产业发展形成示范效应。

2. 发展模式

1）完善电池回收体系。绿能环宇基于大数据的快速评估、战略合作单位稳定保障、回收中心及网点支撑建立梯次利用供应链体系，与电池厂、主机厂、车辆运营商、报废拆解厂、动力电池回收企业等构建稳固的战略合作，形成稳定行业客户电池市场资源，可实现区域广泛、高效低本的回收效果。同时绿能环宇提前谋划布局对私市场电池回收，联合上下游资源，已在全国建立动力蓄电池回收网点 74 个。

2）梯次利用技术开发。绿能环宇注重整包利用和模组利用的技术性和安全性，突出梯次利用场景中农用机械绿色化，目前已具备 2.5GW·h/年的梯次利用产能，能够综合利用的电池类型覆盖了目前行业内的主流电池型号。根据退役车用动力电池包指标进行分选，按应用场景分为整包、模组、电芯三级利用，整包应用于标准化储能和农用机械油改电项目；模组应用于电动三轮车、踏板式二轮车、慢速车、户外储能、家庭储能；电芯一致性筛分后，再装配作为可循环利用的小型储能电池包产品，具有低成本、高性能、技术风险小等优点。

3）电池维保业务开展。依托自身优质的电池资源、专业的工厂技术人才、丰富的电池备件资源，开展快换式电池维修维保业务，实现备件成本降低 20%，人工成本降低 10%，维修时间效率大幅提高，动力电池快换快修、芯级维修，切实解决主机厂与客户电池维修难、时间长、费用高的业务痛点。

4）自主研发技术创新。公司自主研发的专门用于梯次模组利用的 BMS 控制板，可以在 12~100V 电压区间进行采样控制，控制模组的充放电状态。同时研发具有自主产权的模组检测柜，能在一个完整的充放电循环内给模组进行 SOH 体检，测出模组内每块电池的综合性能，包括容量、交直流内阻、自耗电、温度等电池主要的参数变化曲线，并在多个模组同时体检，模组之间可以交换充放电，每次只有不到 10% 的电能损耗，充分体现了节能环保的理念。仓储区放电设备可连接逆变器，可将回收电池包的电能反馈到电网，是具有反馈能力的节能设备。

5）农机电动化特色研发。农业机械化是加快推进农业农村现代化的关键抓手和基础支撑。农机电动化一是有利于保护生态环境，减少尾气排放，保障作业人员身体健康；二是有利于绿色农业的发展，要产出绿色农产品，不仅是限制农药和化肥的使用，还需要从生产机械的使用方面加以限制，电动农机无尾气排放,实现农业生产绿色化、无害化;三是有利于智慧农业的发展,智慧农业的发展离不开智能化、自动化设备。智能化技术的最佳载体是电动化的平台,农机电动化是智慧农业发展关键性基础。绿能环宇充分发挥自主研发 BMS 优势,通过整包利用和模组利用,逆向研发市场现有农业机械设备,主攻 45 马力(33kW)以下农机产品。目前主要产品有电动拖拉机、电动播种机、电动植保追肥一体机。产品均采用梯次电池整包利用技术及信号源供电,作业时采用北斗导航 + 机械接触式导航 + 机器视觉导航 + 精准定位定距模式,在农业作业时可切换遥控导航模式。

绿能环宇利用技术、资源、人才三方面的自身优势,推动了动力电池回收综合利用梯次产品运营孵化项目,称为"骑士之家"项目,该项目自主开发的小程序,集智能电池研发和储能系统、智能换电站、充放电安全监测平台于一体,将大数据、互联网、人工智能等新一代数字化技术贯穿于换电站终端和用户终端,构成了智能换电多能协同的物联生态系统。项目有以下优点:①多车型兼容型标准电池包:具备适配国内主流两轮车型硬件衔接及通信协议互通的兼容性标准电池包;②大数据监管平台:具备车辆管理、电池管理、轨迹管理、运营管理等多功能大数据监管平台;③电池寿命延长算法:基于大数据运营平台数据分析,结合运营调控政策的电池寿命延长策略算法;④电池包安全系统:拥有 BMS 电池效率管理系统及自主安全防御机制,可主动监测外部环境状态,自主进行安全机制的启动。项目所采用的三元锂方壳电池,比传统电池的能量密度及续驶里程高出 2 倍以上。在换电安全方面,项目为智能换电站配备了温度、烟感监测、气溶胶灭火装置等在内的多项安全保护措施,将火灾或其他危险发生概率降到最低。

3. 发展规划

1)长短结合打牢基础。绿能环宇坚持动力电池回收、梯次技术研发、梯次产品研发、电池维保服务长线业务,不断扩大主机厂、电池厂、拆解厂、运营商业务资源,结合各类拍卖平台及交易所等短线业务资源,进一步夯实业务发展基础。开发"电收收"应用程序,实现电池回收网络快速传播,在北京、天津、德州、滨州、沧州试点标准化回收。与华能、华电、国网、铁塔等大型储能生产商、建设商展开联系合作，进一步拓展回收路径。

2）高低结合突出技术。高端产品战略推进，不断完善自研 BMS 技术，突出硬件、完善软件，搭建云端监控平台；低端产品加快投产，进一步加快小储能产品研发生产；特色产品持续推进，深耕细分市场，推进农机电动化、物流车储能电源、牧民移动式电源等产品市场推广；军民融合技术拓展，参与军队产品预研，加强配套合作。

3）产业链纵横拓展。横向业务拓展以提升产品检测能力及组包能力为主，增加电池分容、激光焊接、电池检测以及大型组包设备，进一步完善电池检测大数据平台。纵向业务向下延伸，新增年产量 3000t 电池破碎打粉与电池物理化修复产线，采用"单体电池带电破碎 + 高温热解 + 多组分筛分选 + 干法剥离 + 铜铝分选"工艺，可处理三元材料电池及磷酸铁锂电池，通过物理分选方法，实现锂电池有价金属回收，产品为废旧锂电池中的极柱、外壳、正负极集流体、正负极粉材料，单体电池破碎分选自动线设计可满足极片破碎分选，进一步促进废料电池合理利用，提高电池无害化处理能力。

4）产、学、研一体化。绿能环宇利用自身优势，结合多方教育资源，建立新能源与节能环保产学研基地，基地定位是以新能源电动汽车、动力电池管理、动力电池梯次回收利用、人工智能和大数据等技术为核心，集科技研发与服务、成果转化、项目孵化及产业化、人才培养与引进等功能于一体的开放式、示范性、创新型科研实体和公共服务平台。打造新能源与节能环保产业研发中心，实现科技创新和产品迭代，推动科技成果转化；培养技术技能人才、应用开发人才、科技研发人才、复合型人才，吸引技术领军人才；打造完整的动力电池梯级利用产业链、供应链，赋能传统行业转型升级；利用好政府提供的各项政策，精准化对接，促使技术链、人才链、产业链、政策链四链融合，以期形成"新能源 + 动力电池梯次利用 +X"产业生态。

6.2.4　广东宇阳新能源有限公司

1. 企业简介

广东宇阳新能源有限公司（以下简称宇阳新能源）成立于 2020 年，是一家专业从事锂电池储能研发、生产、销售及服务于一体的定制型生产厂家，可提供产品的组装、快速交货以及售后服务的一站式解决方案和全程服务，在东莞设有研发中心和销售中心基地。同时，宇阳新能源致力于退役动力电池或系统回收、梯次循环利用、电池梯次运用前拆解技术研究，并已于2022年12月入选工业和信息化部公告发布的第四批符合《新能源汽车废旧动力蓄电池综合利用行业规范条件》企业名单。

宇阳新能源紧跟国家绿色环保的战略，本着自主创新的发展理念，不断追求技术领先及生产工艺革新，建立了完善的研发和质量保证体系。凭借优越的品质管理控制能力及合理的业务定位与优质客户资源，宇阳新能源得到了快速的发展，实施了一套完整、科学的质量管理体系，随时提供产品使用指导及技术咨询，为客户解决了后顾之忧。宇阳新能源主营产品包含储能锂电池包、动力锂电池包、自动导引车（AGV）电池包、各大品牌锂电池电芯光伏离网/并网、储能逆控一体机、不间断电源（UPS）、光伏发电系统等，产品广泛应用于电动交通工具、电动工具、AGV、家用储能、户外基站、户外路灯、工业用电等领域，并已将产品出口至英国、津巴布韦、尼日利亚、南非、加纳、肯尼亚、智利、菲律宾、叙利亚等国家。

宇阳新能源坚持产品定位高端化，坚持以人为本，以客户的需求为导向，坚持以用户的满意度来打造企业良好服务口碑，树立产品品牌形象。宇阳新能源拥有十多名资深研发人员，均来自世界知名新能源企业，拥有丰富的行业应用开发经验，为客户提供一站式解决方案。产品通过UN38.3、MSDS、CQC、CE、UL等一系列国际权威认证、ISO 9001质量管理体系认证、ISO 14001环境管理体系认证、ISO 45001职业健康安全管理体系认证，且获得多项国家发明专利、外观设计专利、实用新型专利。

2. 发展模式

宇阳新能源秉持"专注锂电综合利用产业，持续快速地为客户提供可靠的解决方案，为'双碳'目标尽绵薄之力"的发展理念，并始终坚持100%资源循环方式，将退役电池或次品/试验电池通过全自动拆解流水线作业拆解成模组或单只电芯，电芯分容分选、电芯开路电压（OCV）分选，套电池膜、重新配组装配成梯次产品，并将不可梯次利用电池转卖给行业内的再生利用规范企业，以完成锂电池全周期闭环管理。宇阳新能源旗下有多个直营网点，网点可通过有价回收方式进行动力电池回收，以符合锂电池生产者责任延伸要求。

宇阳新能源始终坚持创新。核心团队拥有多年产品研发经验，掌握行业领先的电池标准化设计、电池系统管理、单体电池及成品检测、试验等业内领先技术。

3. 发展成效

宇阳新能源为助力国家实现碳达峰碳中和的伟大战略目标，持续推进清洁生产工作，积极引进行业新型能量回馈型设备，使生产效率不断提高的同时，有效降低了单位产品能耗。宇阳新能源通过梯次利用动力电池，可把社会车辆退役的动力电池重新梯次利用到其他小型载具中，实现社会面的能量回收，大量减少退役电池废弃处置造成的环境污染和资源浪费。宇阳新能源梯次利用主要产品方向为储能类和动力类产品，包括铁锂壁挂式系列、铁锂机架式系列、叠加式储能电池系列、逆变器集成储能电池系列、塑胶外壳系列、叉车电池系列、储能柜系列、动力储能系列、动力电池系列、锂电池太阳能路灯包、锂电池电芯系列等。

铁锂壁挂式系列产品和铁锂机架式系列产品均主要应用于油电混合储能系统，电网调频储能系统，新能源通信基站、核心机房，新能源发电（太阳能、风能、光伏/风能混合）接入储能系统，智能电网、微电网系统，移动式集装箱存储系统，移峰储能系统和负载跟踪储能系统等。

叠加式储能电池系列和逆变器集成储能电池系列主要应用领域包括通信基站、数据中心、通信户外柜以及太阳能混合动力系统和家用储能系统等，主要产品有家庭壁挂式、小高压堆叠储能电源等。

动力电池系列产品（图6-2）主要应用范围包括低速三轮车、物流车、高尔夫球车、环卫车、巡逻车及电动摩托车。产品具有温度保护装置保障电池组安全，循环寿命长，符合低碳、节能环保的价值理念，主要为48V/60V/72V系列产品。

图 6-2　宇阳新能源部分动力电池系列产品

储能柜系列产品（图 6-3）主要应用领域包括太阳能储物柜、长久 UPS 电池（不间断电源）、电话交换机、电信机房、SMR（软件机器人），以及医院、银行及大中型企业应用分布式服务器机房独立 UPS。

图 6-3　宇阳新能源部分储能柜系列产品

动力储能系列产品包括微观网络储能、常规能量型储能系统、功率型储能系统。其中常规能量型储能系统主要应用于电网调峰、削峰填谷、新能源配套、配电台区等，具有模块化设计、容量灵活配置、高能量密度和大容量电芯的特点；功率型储能系统主要应用于发电侧辅助调频、新能源并网等，具有模块化设计、容量灵活配置、高倍率充放电电芯及响应速度快的特点。

4. 发展规划

作为锂电池行业的先行者，宇阳新能源将继续响应国家号召，致力于为无电和缺电场景提供电源支持并实现能源效率、经济效益和环境效益效率最大化；同时，贯彻落实优化用能结构、使用清洁低碳新能源、生产低碳节能产品等措施，以尽快建成零碳企业。宇阳新能源立足研发、销售、管理齐头并进的发展策略，还将继续专注于新能源电池梯次利用技术研发、生产及经营，加大电芯梯次利用程度，全面开拓并布局全国回收网点，进一步完善电池回收、拆解、重组等环节，提升退役动力电池市场化回收能力，实现动力电池回收梯次利用数据可溯性，致力于成为锂电池新能源领域的明星企业，为客户创造价值、为社会做出贡献、为员工创造幸福。

6.2.5　重庆弘喜汽车科技有限责任公司

1. 企业简介

重庆弘喜汽车科技有限责任公司（以下简称弘喜）成立于 2020 年 7 月，现有职工 500 余人，主要经营报废机动车回收、报废机动车拆解、汽车零部件再制造、废旧动力蓄电池回收及梯次利用、二手车出口等业务。自成立以来，弘喜一直深耕于汽车循环经济产业，致力于打造国内一流、国际领先的循环产业集团，在凉风垭厂区、微企园厂区、大燕湾厂区三个区总投资约 7 亿元，占地面积约 410000m^2。

截至目前，弘喜已拥有多项自主知识产权，拥有先进的生产线和测试设备，通过了 ISO 9001：2015 质量管理体系、ISO 14001：2015 环境管理体系、ISO 45001：2018 职业健康安全管理体系等认证，相关产品已通过 MA、GB、CQC、CNAS、CB、UN38.3、FCC、CE 等认证，所有系列产品均符合欧盟 ROSH 标准，并且已于 2022 年入选工业和信息化部正式公告的第四批符合《新能源汽车废旧动力蓄电池综合利用行业规范条件》企业名单。

凭借自主创新、整体开发能力，弘喜可为客户提供一体化电池解决方案。弘喜目前具有商务部颁发的"报废机动车回收拆解企业资质认定证书"，已建成报废汽车拆解线 3 条，年拆解能力达 20000 台，也拥有废旧动力蓄电池拆解、梯次利用生产线，作业面积达 4800m^2，完全建成后年回收处理废旧动力蓄电池能力为 1 万 t、梯次产品生产能力为 200MW·h。另外，弘喜拥有发动机再制造生产线 1 条，年再制造发动机能力为 5000 台，已在潼南高新技术产业开发区南区购置土地 248 亩,未来将具备年回收拆解报废机动车 6 万台、再制造零部件 40 万套的能力。

产品从以下几个方向布局:二手车销售,依托公司报废车平台,有大量的优质二手车资源,优势明显;承接新能源汽车的维修及售后,延保服务,拖车服务等;新能源汽车电池包回收,年回收处理 1 万 t 退役动力电池,年产梯次产品 200MW·h;梯次利用动力电池、储能电池、低速电动车电池及移动通信基站储能电池、光伏储能电池。

2. 发展成效

回收来源方面,弘喜是商务部认定的报废机动车回收拆解企业,具有新能源汽车回收拆解资质,其废旧电池的来源主要有两个方面,一是从公司回收的报废新能源汽车上拆解,另一个是直接回收废旧动力电池。在报废新能源汽车来源上,弘喜通过与长安汽车、长安福特等汽车生产企业签订协议,可获得相关企业的试验车;通过与环球车享等租赁公司签订协议,可获得相关企业批量处理的废旧车;也通过开发车辆回收程序来自建车辆回收网络及参与公开招投标等方式回收新能源车辆。在直接回收废旧动力电池上,弘喜已建成 180 多个回收服务网点,可通过回收服务网点回收废旧动力电池,也直接回收各大汽车主机厂的开发用电池。目前,弘喜回收电池的类型主要是三元锂电池和磷酸铁锂电池,其中三元锂电池约占 75%,磷酸铁锂电池约占25%。

溯源体系建设方面,为了规范电池包溯源的流程和方法,确保电池包回收利用过程及重新进入市场后可以得到有效追溯,以备新能源汽车国家监测与动力蓄电池回收利用溯源管理平台使用,对退役电池包上线拆解前进行扫码识别,使用标示和一对一记录的方法对电池包从源头进行管理,将电池包的数据信息录入公司的数据中心进行存档,使在各个过程都能够追溯到源头。通过溯源综合管理,给每一颗动力电池一个数字化身份,从退役变为产品原料,在生产、加工、仓储物流、渠道、门店、终端以及召回等全流程进行信息化管控,弘喜全过程管理力求百分百全溯源,让每一颗动力电池从车上退役到重新进入市场做到智慧溯源。

先进技术方面，弘喜依托新能源汽车回收拆解企业业务，延伸开展退役电池梯次利用，已建设完成包含整车检测拆解、电池拆解、检测分选、重组集成等多个环节的整体工艺路线，如图 6-4 所示。重组集成过程中，弘喜采用带蓝牙功能的电池管理系统（BMS），通过手机 APP 连接到 BMS，实时查看电池工作时电压、电流、温度等状态信息，了解电池的使用情况及健康状况，具有控制充放电开关及应急功能，同时，弘喜采用集成全球定位系统（GPS）远程监控功能，准确定位，对电池产品实时跟踪，随时监控产品的运行状态，查看电池信息以及位置信息，可防偷防盗等。

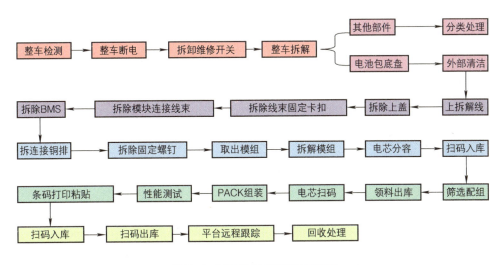

图 6-4　弘喜整体工艺路线示意图

产品布局方面，弘喜通过采用自动化拆解线和智能化分容检测设备，力争在动力、储能、启动电池等多领域成为锂电行业领跑者，并可实现模块化结构设计及个性化设计，以满足不同用户的需求。目前，弘喜研发的梯次利用产品已广泛应用到多个领域，可细分为叉车电池系列、低速车电池系列、储能电池系列和光伏电池系列等。部分产品示意如下：

1）叉车电池（图 6-5），适用于各种工业叉车，电池组尺寸可按叉车电池仓一对一定制，具备液晶屏实时显示电量、电压，支持 RS232、RS485 通信，可远程监控设备状态。

电池型号	HX72-640	额定电压	76.8V
充电方法	恒流/恒压	额定容量	640A·h
均充电压	87.6V	质量	≤480kg
工作电压范围	60~87.6V	外形尺寸	1000mm×690mm×322mm×2组 500mm×380mm×145mm×1组
过充保护电压	≤88.8V	最大持续充电电流	200A
过放保护电压	≥60V	最大持续放电电流	400A
工作温度	充电温度：0~45℃		放电温度：−10~55℃

图6-5　弘喜叉车电池产品及其规格参数

2）基站及家庭储能电池（图6-6），可应用于通信、金融、医疗、基站备用电源、太阳能电站等储能行业，采用磷酸铁锂电芯，安全性能优越，可靠性高。

电池型号	QF51.2-100	额定电压	51.2V
充电方法	恒流/恒压	额定容量	100A·h
均充电压	57.6V	质量	≤52kg
工作电压范围	44.8~57.6V	外形尺寸	440mm×320mm×220mm(5U)
过充保护电压	≤60V	最大持续充电电流	20A
过放保护电压	≥40V	最大持续放电电流	70A
工作温度	充电温度：0~45℃		放电温度：−10~55℃

图6-6　弘喜基站储能产品及其规格参数

3）便携式锂电池（图6-7），可适用于各种便携式用电的场景，如旅行、野外办公、应急等，配合逆变器使用可提供稳定的交流电源。

产品名称	便携式锂电池组
产品容量	1024W·h
工作温度	充电:0~45℃，放电:−20~55℃
均充电流范围及默认值	均充电流范围:1~10A，默认2A
均充电压范围及默认值	均充电压范围:14.2~14.4，默认值:14.2V
浮充电压范围及默认值	浮充电压范围:13.4~13.6V

图6-7　弘喜便携式锂电池及其规格参数

4）壁挂式锂电池（图6-8），可广泛应用于室内分布站、一体化基站、边际站、家庭光伏储能、分布式供电等领域。

产品名称	壁挂式锂电池组
产品容量	5120W·h
工作温度	充电:0~45℃,放电:-20~55℃
均充电流范围及默认值	均充电流范围:1~10A,默认2A
均充电压范围及默认值	均充电压范围:56.8~57.6V,默认值:56.8V
浮充电压范围及默认值	浮充电压范围:53.6~54.4V

图 6-8　弘喜壁挂式锂电池组及其规格参数

3. 发展规划

弘喜将继续贯彻落实"双碳战略",积极投身于生态文明建设中,同时作为重庆第一家进入工业和信息化部公告发布的第四批符合《新能源汽车废旧动力蓄电池综合利用行业规范条件》企业名单,将继续履行生产者延伸职责,争做行业标杆企业。

为此目的,2023 年弘喜计划开展以下工作:在技术突破方面,弘喜计划 2023 年申请 10 余项专利;在产业规模方面,弘喜计划 2023 年争取实现 0.4GW·h 梯次利用产业规模,实现产值 1.3 亿元,并纳税 400 万元,带动就业人员可达 500~600 人,经济效益和社会效益可观;产业布局方面,弘喜将加快重庆潼南区大燕湾新厂区建设,总投资额将达到 6 亿元,继续大力推动汽车零配件再制造产业和电池梯次利用的发展。

6.2.6　赣州腾远钴业新材料股份有限公司

1. 企业简介

赣州腾远钴业新材料股份有限公司(以下简称腾远钴业)成立于 2004 年,是一家集科研、生产、贸易于一体的跨国现代化企业,作为全球新能源产业链上的重要环节,腾远钴业布局赣州、上海、香港以及国外的刚果(金)等地区,产品主要应用于动力电池和 3C(计算机、通信和消费电子)类消费电池材料领域。凭借长期的市场积累和良好的品牌形象,腾远钴业已与众多行业龙头企业建立了长期紧密的合作关系,并成为众多全球知名品牌供应链中的重要一环。

腾远钴业工艺技术水平行业领先且具有独创性，已实现工艺自主研发、产线自主设计，关键设备自制，生产线连续化、自动化、智能化不断升级。此外，腾远钴业始终不忘社会责任，积极参加 ESG 体系建设及社会公益事业。

腾远钴业占地面积 400 余亩，已完成 3 万 t 废旧锂电池的拆解和破碎以及 5 万 t 电池废料的湿法冶炼线建设，正在建设梯次利用示范中心，可实现对上万吨退役电池进行运维和梯次利用。腾远钴业投入了智能立体库、拆解线、破碎线、自动化摩擦滚式装配线、电池性能测试用充放电设备、恒温恒湿试验箱、耐压绝缘测试仪、绝缘电阻测量仪等原值超过 2000 万元的研发、生产、试制、检测设备。经过评审，腾远钴业已于 2022 年入选工业和信息化部公告的符合《新能源汽车废旧动力蓄电池综合利用行业规范条件》的企业名单。

2. 创新技术

腾远钴业是国内较早专业从事钴湿法冶炼技术研发与应用的领先企业，一直以来专注于钴冶炼技术的开发，已被江西省科技厅认定为国家高新技术企业。目前，腾远钴业已掌握了电池废料预处理分离铜、铝技术、电池废料优先提锂技术、电池级碳酸锂制备技术、镍钴锰三元材料前驱体制备技术、高纯硫酸钴、高纯氯化钴制备技术等 30 余项核心技术，形成了钴自然资源冶炼、钴二次资源回收、三元前驱体制备相融合的技术，具有一定的技术优势。废旧锂电池领域主要创新技术如下：

1）在拆解流程中，腾远钴业采用半自动拆解及数控机床进行危险工序作业，数控机床拆除汇流排段配备自动烟感及自动防爆箱，可快速处置异常电池，保证工序的安全可靠。

2）对破碎工序进行工艺改造，加入氮气冷却及保护，进一步确保破碎过程的安全；采用碱式喷淋塔，活性炭吸附及紫外光解设备处理破碎线气体，避免了火法二噁英的排放。

3）湿法工艺兼容退役电池回收料、镍钴锰中间体等不同原料，适应原料市场的变化，具有经济性和可持续性。兼具镍钴锰混合溶液以及镍钴锰锂单一电池级硫酸盐，相互搭配生产，适应电池市场的快速变化，经济效益高，成本低。结合下游三元前驱体生产，以硫酸镍、硫酸钴溶液通过管道输送供应，减少了浓缩结晶工艺和下游重溶工艺，每金属吨产品节电、节水。

4）采取湿法工艺回收有价元素，无烟气排放，环境友好生产中产生的含盐废水采用蒸发结晶工艺回收副产盐类，蒸馏水回用于生产系统，水循环利用率高，副产物得以综合回收。废水除重工艺中产生的硫化镍钴渣回用于生产，提高了镍钴回收率，避免了危废产生，并可减少部分还原剂过氧化氢消耗。沉锂工艺结合机械式蒸汽再压缩（MVR）废水蒸发系统和除重工艺，母液循环，锂综合回收率高。

3. 发展模式

腾远钴业充分利用上市带来的发展优势，秉承"把中游做大，向上游拓展，往下游延伸，根植资源地作保障，着力新材料求发展"的战略方针，充分发挥现有冶炼产能及优势，积极介入镍、锂等能源金属领域。同时积极布局自然资源和二次资源，双轮保障资源供给；与产业链上下游优质企业优势互补、强强联合，共同打造产业链闭环，并致力于成为新能源电池材料领域最具竞争力的企业。

1）与汽车厂商、电池厂商、废旧锂电池回收网点、废旧锂电池拆解破碎厂建立紧密战略合作。与各大汽车厂商、电池产商建立战略合作，搭建废旧锂电池回收网点，构建自身的废旧锂电池回收体系，稳定废旧锂电池来源，经过腾远钴业自身的拆解破碎线，获得黑粉，稳定原料供应。

与具有废旧动力电池拆解破碎资质的黑粉生产厂商建立合作协议，搭建稳定的原料渠道，稳定原料供应。目前已与多家黑粉生产商建立合作关系。

2）回收板块实现闭路绿色循环，废旧锂电池来源及钴盐销路稳定。腾远钴业股东包含三元前驱体材料制造商、正极材料制造商，废旧锂电池回收战略协议涉及汽车厂商、电池制造商、拆解破碎厂商等，已经形成了废旧锂电池—钴盐—前驱体材料—正极材料—锂电池—汽车的板块闭路绿色循环，拥有稳定的废旧锂电池来源及钴盐销路。

3）立足六省交界位置，占据区位优势。腾远钴业立足赣州，周边有广东、福建、浙江、河南、湖南、湖北，地处六省交界，融入粤港澳大湾区，退役三元锂电池回收来源丰富，而且公司所在位置周围有锂电池三元材料及应用产业、钨新材料产业、稀土新材料产业和智能装备制造产业，具有一定的产业基础。

4. 发展成效

赣州腾远以数据为驱动，建设国产工业机器人和自主品牌智能装备应用的互联网＋智能制造示范工厂，打造工业互联网集成应用平台和数字化智能车间，搭建企业数据中心，购置与应用集散式控制系统（DCS）、数据采集与视频监控系统（SCADA）、制造执行系统（MES）等工业控制系统及计算机辅助设计（CAD）等工业软件，实现智能制造技术与信息技术融合，建成高效利用绿色化、智能化工厂。

腾远钴业已经逐步构建了五大产业生产布局：

1）动力电池前驱体材料生产基地：围绕高电压、高续驶、宽温域等前驱体材料性能特点，成立全资子公司赣州腾驰新能源材料技术有限公司，全面布局三元前驱体、四氧化三钴。

2）动力电池梯次利用生产基地：构建新型梯次利用新商业模式，实现动力蓄电池回收梯次利用数据可溯源性、应用安全性、生产高效智能化。2023年底将形成 10000t 梯次利用电芯生产能力。

3）动力电池材料再生利用生产基地：致力于用最低的总体成本，为客户创造更有价值的钴产品。打造从钴镍资源开发、冶炼，到锂电正极材料深加工，再到资源循环回收利用的新能源锂电产业生态。打造绿色低碳、循环再生产业运营模式、推动废旧动力电池无害化、规范化、高值化利用。构建动力电池回收—运用—回收闭环模式，实现年再生处理能力 5 万 t。

4）刚果（金）钴铜资源粗加工基地：在刚果（金）设立腾远钴铜资源有限公司，根植资源地作保障，已形成 1 万金属吨钴中间品、4 万 t 铜产能。

5）矿产资源生产动力电池材料原料基地：围绕"把中游做大，向上游拓展，往下游延伸，根植资源地作保障，着力新材料求发展"的战略方针，公司积极布局钴湿法冶炼中游业务，完成了产能从 6500t 钴金属量产品到 2 万 t 钴、1 万 t 镍、1 万 t 锰金属量规模产品的升级。

5. 发展规划

腾远钴业规划期内重点解决资源短板,坚持两条腿(自然资源和二次资源)走路,优先二次资源,积极布局国外,兼修内功,致力成为新能源电池材料领域最具竞争力的企业。打造钴镍资源—冶炼加工—锂电材料—废料回收的闭环链路,并坚持"三三三"的指导思想,即"把握三个关键:深挖城市矿山、寻求战略合作伙伴、用好资本市场平台;发挥三项优势:技术创新优势、业务组合优势、高效运营优势;做到三个实现:(自然 + 二次)双轮保障资源供给、(钴盐龙头 + 锂电材料)布局、(优势 + 合作)共同打造产业闭环"。

基于积极布局全球钴、镍、锂、铜、锰等能源金属自然资源及二次资源,不断拓展产品品种和服务领域的战略定位,未来五年,腾远钴业将在充分发挥现有钴铜冶炼产能和优势基础上,积极介入镍、锂等能源金属领域,努力往上游拓展,拥有自有矿山、做大二次资源,力争实现成为新能源电池材料领域最具竞争力企业的总体战略目标。

6.2.7　上海伟翔众翼新能源科技有限公司

1. 企业简介

上海伟翔众翼新能源科技有限公司(以下简称伟翔众翼)成立于 2019 年,位于上海市嘉定工业区,是由伟翔环保科技发展(上海)有限公司(以下简称伟翔环保)与上海众翼实业有限公司共同投资的新能源汽车废旧动力蓄电池综合利用的绿色科技企业。伟翔众翼已于 2022 年 12 月入选工业和信息化部公告符合《新能源汽车废旧动力蓄电池综合利用行业规范条件》的企业名单。

伟翔众翼与国内新能源汽车企业、动力电池生产商、保险公司、公交公司、出行公司、4S 店以及拆车厂等企业建立了战略合作关系,同时发挥国外动力电池服务网络优势,积极与国内外主流新能源车企建立互利互惠的长期战略合作关系,共建动力蓄电池全生命周期管理机制,形成动力电池产业闭环,构建属地化动力电池回收利用与安全处置的长效机制,加快新能源汽车产业的发展。

目前,伟翔众翼与沃尔沃汽车达成动力电池回收综合处理合作,为沃尔沃汽车亚太总部园区设计制造的动力电池梯次利用风光储充一体化项目已投入使用。为上汽大众园区设计制造的动力蓄电池模组梯次储能系统项目已投入运营。另外，伟翔众翼与战略合作车企联合开发动力电池整包梯次利用储能系统，将进一步降低梯次利用成本，利用峰谷电价差为客户实现降本增效的目的，同时也对电网起到削峰填谷的作用，并在一些场合有效解决电力增容的问题，可广泛应用于新能源汽车充电场站、工商业园区等应用场景。整包梯次利用光伏储能系统、车联网（V2X）信号站等动力电池梯次应用场景也在商业化开发中，可以为偏远地区、孤岛、矿山等没有覆盖电网的区域解决用电问题，具有广泛应用前景。同时伟翔众翼也是上海铁塔备电、储能服务的合作伙伴。

伟翔众翼先后得到了 ISO 45001、ISO 9001、ISO 14001 等体系认证，自主开发基于卷积神经网络的锂电池梯次利用剩余使用寿命预测方法、基于模型预测控制的风光储一体化电动汽车充电系统、对锂电池正极失效钴酸锂结构重整修复的方法等专利技术。

伟翔众翼的新能源汽车动力蓄电池综合回收利用示范项目于 2022 年 7 月投产，设计处理动力电池 10000t/ 年，其中梯次利用电池组装生产量为 3000t/ 年，再生利用电池处理量为 7000t/ 年，建立动力电池回收、存储、运输、拆解、梯次利用、再生利用等全过程处置体系，为上海新能源汽车产业发展和动力电池回收体系的建立提供支持。

2. 发展模式

（1）网点建设情况

在伟翔环保已建立的国内废旧电子电器产品的社会回收网络和网点基础上，伟翔众翼正在搭建动力电池服务、物理破碎和综合回收利用的三级动力蓄电池服务网络，就近为客户提供动力电池回收与处置服务。伟翔众翼在上海已建成综合回收利用示范基地。在国际市场，伟翔众翼的股东之一伟翔环保在全球 22 个国家 40 多个地区建立电池回收服务网络，是巴塞尔公约成员单位，具有国际危废运输许可证，能为国内汽车及动力电池生产商在国际市场提供动力电池回收处理服务。基于此，伟翔众翼具备全球化的动力蓄电池服务能力。

（2）回收工艺和先进技术

废旧动力电池材料再生阶段工艺主要分为材料再生破碎分选前处理工艺和化学处理工艺两个阶段。伟翔众翼工艺先进性主要表现在以下 10 个方面：

1）自主设计全自动物理破碎分选工艺。材料再生破碎分选前处理工艺采用自主研发物理破碎分选工艺，使用全自动产线设计，降低运行成本的同时提高了安全性。

2）安全、节能环保的破碎技术。运用成熟带电破碎技术确保电池在充满电状态或存有剩余电状态中，都可以进行安全破碎。带电破碎适用于各种种类的动力电池。安全破碎系统使满电动力电池在气氛保护下进行破碎，在绝氧环境中，电池因为破碎短路也不会产生燃爆现象，相比传统放电破碎技术，带电破碎技术可有效避免放电过程中成本高、效率低和污染严重等缺陷。

3）投资少、面积小的先进工艺。和传统火法工艺相比，伟翔众翼项目的建设投资少，是火法工艺建设成本的 10% 以内，场地使用面积缩减 50% 以上。

4）安全的物料失活系统工艺。工艺设有物料失活系统，可以使碳化锂失去活性，出来的物料不会自燃，增加了整个系统的安全性。

5）高效、低碳、节能环保的全组分类回收工艺。本工艺可以实现全组分回收，各材料的回收率都达到了 99% 以上，各组分分离效率高，黑粉品位超过 95%。通过三级冷凝技术回收电池中 99% 以上的有机溶剂电解质，相比传统燃烧处理挥发性有机物（VOC）的方法，更加环保和节能，进一步降低了碳排放。

6）采用"锂-基阳级电池组和电池的混合回收方法"技术专利。伟翔众翼采用"锂-基阳级电池组和电池的混合回收方法"发明专利，生产工艺中产出的盐可以直接作为前驱体的原料使用，且纯度接近 99.5%。可直接返还电池生产企业作为优质原料进行使用，是具有更高经济效益且环保的技术方案。

7）采用"一种对锂电池正极失效钴酸锂结构重整修复的方法"技术专利。伟翔众翼采用"一种对锂电池正极失效钴酸锂结构重整修复的方法"发明专利，对失效的正极材料钴酸锂进行直接修复，重新用于电池的制造中，节省了中间环节。

8）自动化程度高的化学湿法线。在浸出、除杂阶段、固液分离阶段，自动实现进料和出料，减少了人工误操作，出料含水率比普通压滤机减少10%。在洗渣阶段，采用了机洗和制浆洗相结合的方式，洗渣效率高，使设备更紧凑，减少了设备投资。

9）高回收率的工艺。化学湿法线镍、钴、锰的回收率超过98%，锂的回收率超过85%。湿法线的产品为电池级的硫酸镍、硫酸钴、硫酸锰、碳酸锂，可直接用于电池生产的原材料。

10）100%废水回用工艺。废水处理采用蒸汽再压缩蒸发技术，处理过程中的废水可100%回用，实现零排放，比普通蒸发设备节能50%以上。

（3）产品应用

伟翔众翼研发生产的梯次利用产品可适用于以下不同的应用场景。

1）光伏路灯。与光伏路灯厂商合作，将退役但仍有一定循环次数寿命的动力电池电芯用于光伏路灯的储能，可帮助降低路灯制造成本，广泛使用于没有电网支持的农村、山区和其他经济落后地区。

2）通信基站备电。中国铁塔在全国拥有190万个基站，对备用电源有大量需求，2018年开始停止采购铅酸电池，统一置换成磷酸铁锂新电池。退役动力电池的模组在成本上更有竞争力，中国铁塔于2018年通过《关于做好新能源汽车动力蓄电池回收利用试点工作的通知》成为试点企业。为满足如铁塔持续性大量优质备电产品需求，伟翔众翼已成为铁塔上海合作伙伴，根据铁塔技术标准开发的多规格备电产品已通过现场测试。梯次利用模组也可用于叉车和UPS系统等。

3）梯次储能。通过将动力电池模组重新检测分容做成的储能项目，采用能实时监测每一个模组/电芯健康状态的电池管理系统并专注于中小型风能和光伏储能，在保证安全的同时充分利用动力锂电池残余价值，光伏储能也可接入公共电网，起到能源补充、能源优化及发挥削峰填谷的经济性、绿色可持续发展性作用，为企业有效降低碳排放，提升厂用电或园区用电可再生能源比例。在电网容量不足时，储能也可以起到增容作用。

　　根据 GB/T 36276 标准设计开发的储能系统，可为智慧楼宇建筑绿色节能方案和新能源汽车充电站提供梯次利用储能系统，确保输出电能质量和可靠性，实现削峰填谷降低电能成本的经济效益，实现使用绿色可持续能源环保效益。伟翔众翼为沃尔沃汽车亚太总部园区设计建设梯次电池光储充示范项目，有效降低碳排放，支持沃尔沃全球使用绿色可持续发展资源策略方针，履行优化电池生命周期的生产商延伸责任。

3. 发展成效

　　伟翔众翼自 2019 年成立以来，已与多家车企、动力电池厂商、保险公司、拆车公司建立合作关系，正在逐步发挥其作为上海动力电池综合回收利用示范基地的作用。取得的成效主要包括：

　　1）通过与上海废旧动力电池主要来源渠道的客户加强合作，以优质服务能力和低碳环保的工艺技术提升客户黏性，形成稳定的动力电池回收来源，促进废旧动力电池就近回收处理，避免废旧电池长途运输的安全风险以及废旧电池流散不规范的处理企业中进行污染化处理，减小环保压力。同时，伟翔众翼将回收处置的退役电池信息及时上传国家溯源管理平台，可帮助车企客户履行生产商责任。

　　2）利用动力电池梯次利用能力，将退役后仍有一定循环寿命利用价值的动力电池，通过多种应用场景应用于光储充、光伏路灯、备用电源等项目，有效发挥动力电池的剩余价值，对于无梯次利用价值的动力电池再重新回收再生材料，形成动力电池全生命周期的闭环管理。

　　3）推广低碳环保的动力电池回收处理工艺。废旧动力电池从电芯 / 极片制成黑粉（后续通过湿法化学提纯提炼成金属材料），是容易产生污染和高能耗的环节。伟翔众翼采用低碳环保的工艺技术，可以在保证对废旧动力电池循环利用的同时，形成真正的绿色循环经济，助力动力电池行业的节能减排。

　　综上所述，动力电池回收利用应该是绿色循环经济，因此低碳环保和安全是伟翔众翼始终坚持的经营宗旨，在动力电池拆解、存储、运输、生产、梯次利用等环节，伟翔众翼高度重视安全管理，例如废旧动力电池运输全部采用第九类运输车辆，不会为了节省运输成本造成运输环节的电池着火等安全风险。此外，随着动力电池的大量退役，处置过程中的能耗和污染将会造成巨大的社会负担。伟翔众翼通过技术创新，采用低碳环保的工艺技术对废旧电池进行再生利用，有效减少碳排放，生产环节不产生废水，废气进行无害化处理，对电池中的电解液等危化品全部进行回收处置。

4. 发展规划

伟翔众翼作为上海动力电池综合回收利用示范基地，承担协助建立上海动力电池回收体系的责任。为此目的，伟翔众翼计划开展的重点工作包括：

1）支持属地化管理和溯源体系建设，促进废旧动力电池的信息溯源和全生命周期闭环管理，避免废旧电池流到小作坊处置造成环境污染。

2）发挥市场化的运营机制，为不同客户量身定制动力电池服务模式，增加客户黏性，同时建立开放互利的上下游合作平台，形成稳定可靠的废旧动力电池来源和回收渠道。

3）推广储能等梯次应用场景和商业化使用，争取在安全、可控的前提下对动力电池进行价值最大化利用，最终再对梯次利用电池进行回收处置，形成闭环管理。

第 7 章　专家视点

退役动力电池高效循环利用趋势：低碳、低成本、低污染

曹元成　华中科技大学　教授

一、锂电池回收是新能源汽车产业可持续发展的必要条件

为了有效解决传统燃油汽车产业面临的全球化石能源不可逆消耗以及随之而来的全球环境污染问题，新能源汽车技术在最近十几年得到了快速发展，电动汽车成为大众购车优选，形成了逐渐取代传统燃油车的趋势。目前各国已陆续公布燃油车的禁售时间，德国宣布 2030 年禁售燃油车，英国、法国宣布 2040 年开始禁售燃油车，我国海南也率先提出将于 2030 年全面禁售燃油车。这些政策也进一步促进了新能源汽车产业的大规模扩张。2020 年国内新能源汽车销量达 136 万辆，2021 年达 352 万辆，2022 年达 688 万辆，保守估计 2025 年销量可达到 1500 多万辆，新能源汽车的发展已呈现不可逆之势。

动力电池装机量的迅速增长，带来了对电池原材料的大量供应需求。原材料中的磷、铁、镍、钴、锰，尤其是磷、铁等元素，在我们国家的资源储量较为丰富，但锂资源的供应却处于紧缺状态，原因主要在于我国锂矿来源

主要以盐湖提锂为主，品位偏低，且盐湖存在镁含量偏高，综合开采成本过高等问题，目前我国 70% 实际可用锂矿原料仍依赖进口。

新能源产业可持续发展不仅要解决关键原材料资源短缺难题，还需要解决废旧电池大量退役带来的环境污染问题。众所周知，电池内部各成分均存在巨大的环境危害性，一节一号电池烂在地里，能使 $1m^2$ 的土地失去利用价值，并造成永久性公害。随着新能源汽车销量和动力电池装机量的不断攀升，可预见的动力电池规模化递增性退役浪潮即将到来。据统计，2022 年我国新能源汽车动力电池理论退役量达到 23.11 万 t/ 年的规模，开始进入大规模退役期；2030 年，我国的动力电池退役水平预期将达到 237.3 万 t/ 年，呈现爆发增长趋势。如果不妥当处理体量巨大的废旧电池，将带来严重的二次环境污染。废旧电池的回收处理需求已经刻不容缓。

2021 年国家发展改革委指出：发展循环经济是我国经济社会发展的一项重大战略。大力发展循环经济，对保障国家资源安全，推动实现碳达峰、碳中和，促进生态文明建设具有重大意义。从整个新能源上下游产业整体布局来看，动力电池的回收循环利用是响应"双碳"政策、推动循环经济产业、实现可持续发展的必要条件，首先锂电池回收以开发"城市矿山"的形式，能有效缓解电池生产阶段关键原材料资源短缺的局面，减少我国对外原材料进口的依赖，对于我国实现能源自主安全具有重大的战略意义；其次锂电池回收可以大规模消纳前期已经积累形成的大量废弃电池，极大降低环境污染风险；最后锂电池回收可以将传统的上游原材料合成、中游锂电池制造、下游新能源汽车生产等多个行业串联起来，形成产业闭环，对于推动我国新能源产业的健康和可持续发展具有重要意义。

二、绿色高效低碳无害化电池回收技术是未来的发展趋势

传统的锂电池材料回收技术主要包括火法冶炼、湿法回收两大分类。火法冶炼回收技术是指在高温条件下，加入还原剂，对失效材料进行还原焙烧，形成价值较高的金属合金，并经过后续湿法冶金提纯得到可用原料。该方法原理简单、操作方便，然而高温熔炼能耗极高，且会使部分材料分解生成有

害物质逸散到环境中，造成环境污染风险。湿法回收技术使用溶剂（主要是强酸）在一定条件下将电极材料溶解，随后利用化学沉淀、溶剂萃取、浸出过滤等方法将各金属成分逐级纯化分离。该方法无须高温、能耗低，但是酸、碱以及其他化学试剂的大量使用会提升整体工艺成本，且会产生大量有害废水，带来高额的附加处理费用和潜在的环境污染风险。

传统的回收技术都有一定的二次环境污染风险，且回收过程基于"分解－提取"的思路，电极材料的结构会遭到破坏，回收产物需要经过再合成才能用于新电池的制作，整体回收成本高昂，再生利用效益偏低。随着电池能量密度越来越高，电池成本的控制越来越严格，磷酸铁锂、磷酸锰铁锂等正极材料成为发展趋势，正极中蕴含的金属元素价值越来越低，传统的以提取有价贵金属为目的的火法、湿法回收工艺利润空间越来越小，势必造成快速发展的新能源产业和回收循环产业的脱节，影响整个循环产业的可持续发展。

因此，发展绿色清洁低碳的回收技术是未来的重要发展趋势。而物理法直接再生修复回收技术，因为其绿色环保、经济高效、节能低碳等技术特点，开始获得市场的关注和青睐。目前国内外都有对物理法直接再生回收技术的相关研究保持积极且更具有倾向性的态度。

国际能源期刊 *Joule*（《焦耳》）上刊登了一篇国外研究机构针对物理法、湿法和火法这三种再生技术的理论分析，详细阐述了三种回收技术在工艺复杂度、能耗、碳排放、成本与效益等各方面的分析对比，得出的结论是物理法直接再生技术工艺流程短，能耗和碳排放更低，且预期经济效益更高，如图 1 所示。

2022 年 9 月，在中国新能源汽车发展高峰论坛上，与会专家提出，在"双碳"目标的驱动下，正负极材料生产与回收过程中降碳技术的应用能够显著降低动力电池的碳足迹。高回收率、低能耗、低排放回收技术尤其是以物理法直接再生为代表的下一代回收技术，在节能环保、降低成本等方面具有明显优势。中国科学院院士、中国电动汽车百人会副理事长、清华大学欧阳明高教授提出：物理法回收利用技术的降碳减排潜力巨大，可实现碳排放下降 50%，未来若结合绿电，可实现动力电池关键材料生产过程的零排放。物理回收再生技术对我国动力电池产业打破欧盟"碳关税"贸易门槛具有重大意义。

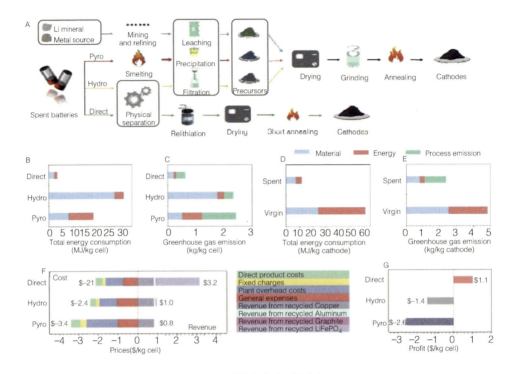

图1　三种技术方案对比分析

从规模化量产的角度进一步分析，物理法直接再生利用技术在产业化应用方面具有以下几个方面的优势：

1）固定投资成本低，物理法直接再生工艺无须化工用地，在一般的二类工业用地上租用厂房，即可建设产线；同时物理法工艺流程短，产线设备总投入较少，总体产业化固投成本较低。

2）绿色环保，物理法回收工艺不使用酸碱，没有废液和废气污染，对环境污染的影响风险较小，相对更加绿色环保。

3）节能减排低碳，物理法直接再生流程短，可以大幅降低生产能耗，在节约成本的基础上进一步降低碳排放，符合国家循环发展战略。

4）经济效益高，物理法直接再生工艺流程短，绿色无污染，整体生产成本低，同时回收产物综合利用率能达到98%以上，回收利用经济效益高。

综上所述，物理法直接再生技术具有绿色、高效、低碳等诸多优势，是一种具有巨大发展潜力的资源回收利用技术。

三、动力电池回收行业的竞争力在于成本管控

依托于国内新能源产业的快速发展和国内循环产业政策的支持，目前国内物理法直接再生技术的研究和产业化探索已经走在世界的前列，以武汉瑞科美新能源有限责任公司为代表的锂电回收循环利用企业已经率先实现了物理法直接再生技术的工程化量产，受到了市场的高度关注。同时越来越多的企业开始研究物理法直接再生技术，整个锂电回收循环利用行业呈现出多种回收技术齐头并进的趋势和局面。

物理法直接再生技术产业化不仅需要技术层面的突破，还需要政策和行业引导，鼓励物理法直接再生企业投入更大的精力和资源进行产业化攻关，扶持物理法直接再生头部企业快速发展；另一方面市场和行业对碳排放和碳足迹的关注，将会促进更多的回收企业加入到相关的技术研发和创新中来，从而推动物理法直接再生回收技术和产业的快速迭代。武汉瑞科美新能源有限责任公司作为直接再生技术领域的头部企业，世界首创了全干法短流程纯化再生一体化新工艺，在精准拆解、高纯分离、物理再生等工艺和装备上具有国际领先水平。

回收循环产业未来将伴随着新能源产业的规模化发展而逐渐壮大，其核心竞争力就在于成本管控，而物理法直接再生技术在成本管控方面有着明显的优势和发展潜力。随着碳酸锂市场价格的快速回落，早期不计成本的回收暴利模式已经一去不复返了。经济效益问题已经成为所有回收循环利用企业必须面对和解决的问题，生产制造成本相对于原材料的价格比重逐步提高，让很多高成本的回收循环企业面对两难的境地，逐步丧失市场竞争力，面临被淘汰的境遇。而物理法直接再生企业则因为低成本优势保持着竞争力，随着未来产业规模化的进一步发展，其成本管控的竞争力优势将会进一步凸显。

四、动力电池回收行业需要瞄准全球市场布局

从全球回收循环产业分析，中国电池回收企业进军全球动力电池回收市场，有利于形成闭环，构建动力电池全生命周期产业链，增强供应链的供给能力，提升成本议价权，已经成为必然趋势。其相关的限制和影响主要涉及三个方面：

1）从动力电池回收市场规模上分析，目前全球范围内的动力蓄电池退役潮来临，动力电池报废量在不断上升。行业研究数据显示，2021年全球动力电池总报废量达8.2万t左右，同比上年增长7.9%，2022年全球动力电池报废量大幅上涨至10万t左右，与2021年同期相比增长约22%，在全球节能降碳的发展背景之下，新能源市场增速将会不断加快，全球动力电池回收行业也将保持着快速增长的势头。动力蓄电池回收作为锂电后周期行业之一，受益于产业链整体的高景气运行，行业规模正在不断扩大。据北京研精毕智信息咨询有限公司的数据统计，2021年全球动力电池回收行业市场规模为13亿元，较2020年同比增长25.6%，到2022年底，全球市场规模上涨至18亿元以上，涨幅高达38.5%，早期推广的动力电池逐步进入报废期，将会带动行业整体规模持续上升，2028年全球动力电池回收行业市场规模预期将超过50亿元。正是全球各国新能源汽车产业的急速扩张，催生出一个庞大的全球动力电池回收市场。

2）从国家相关法律法规层面分析，目前全球动力电池回收产业的发展取决于相关国家的政策倾向，特别是欧美等国家和地区的区域性政策对行业的影响和扰动是显而易见的。例如，2023年3月31日，美国政府发布了IRA（通货膨胀削减法案）详细政策，明确要求政策实施时间内美国及其贸易协定国家在新能源原材料的供需中占有一定比例，然而根据电动汽车在美国的预期销量来估算动力电池产能并未满足IRA中规定的比例需求。由于当地矿物资源有限，需要通过动力电池回收来提供一部分动力电池产能。因此，美国本土供应的"城市矿山"将越来越受到重视。此外，2023年6月14日，欧洲全体议会通过了《欧盟电池与废电池法》。法规要求电动汽车电池与可充电工业电池计算产品生产周期的碳足迹，未满足相关碳足迹要求的将被禁止进入

欧盟市场。因此欧盟出台了"电池护照"的相关规定。电池护照可用于追踪电池供应链中的矿物和材料，记录电池的关键信息，包括电池的制造地点和制造方式。它还可以显示电池生产过程中的碳排放，以及通过记录电池在整个生命周期中使用的材料采取了哪些可持续生产措施，以便更有效地重复使用或回收。到 2026 年，电池护照将成为欧盟的强制性要求，以便为未来的可持续发展绩效提供全球统一的实施框架。全球各国政府，特别是欧美等国对于 ESG（环境、社会、治理）评价、碳足迹政策的逐步收紧，客观上推动了全球动力电池回收产业的快速发展需求。

3）从中国回收企业布局全球的战略方向分析，当前中国动力电池企业加速布局全球市场，特别是准入门槛相对友好的欧洲市场，包括宁德时代、蜂巢能源、远景动力等均已在欧洲布局生产线，但欧洲相关上游产业链较羸弱，对企业产能释放形成掣肘。迫于如此情势，中国企业逐步开拓欧洲电池回收市场，有利于形成产业闭环，构建动力电池全生命周期产业链，增强供应链的供给能力，加速自身本土化进程，提升成本议价权。

目前锂电池回收企业大多集中在中韩，欧美相关企业数量较少。在此竞争格局下，国内企业加大欧洲乃至全球动力电池回收布局，有望加快全球市场洗牌，占据竞争高地。

五、动力电池回收行业需要商业模式的创新来推动行业发展

目前动力电池回收行业仍然处在发展初期，存在着诸多问题，以原材料为例，现阶段回收市场的回收材料主要以电池厂商的生产废料（废极片、废电芯），以及部分退役动力电池为主，且失效废料的可回收原材料比例更高。据中汽数据研究统计，截至 2022 年底，新能源汽车累计报废 51 万辆，报废动力电池 24.4GW·h（24.1 万 t）。同时据中国汽车动力电池产业创新联盟数据显示，2022 年度我国动力电池累计产量达 545.9GW·h，以 5%~10% 的行业平均报废率来计算，电池厂的废料原材料都要高于每年退役动力电池可回收材料的总量。因此在当前阶段，处理电池厂的废旧材料就成为回收循环企业的重要工作。

　　以原材料和再生产品价格举例，2022 年 11 月份，电池厂废料正极片的价格突破了 10 万元 /t，而 2023 年 4 月，电池厂废料正极片价格只有 1.5 万元 /t，在短短不到半年，价格跌幅超过八成。同样的再生产品价格也呈现相似趋势，以碳酸锂举例，从最高峰的 60 万元 /t 下跌到低谷时的 15 万 /t。这种剧烈的价格波动不仅引入了大量的投机商和资本入局，进一步搅乱市场价格行情，还对回收循环企业的上游原材料采购和下游客户销售都产生了较为严重的负面影响。原材料厂商被迫囤货，回收循环企业购买不到原材料；销售方面客户不敢下单，回收循环企业销售业绩呈现低迷态势，大量回收循环企业被迫减产停产，整个回收市场一片惨淡。

　　对于回收循环企业来说，当前面临的种种困局是行业发展初期市场还未成熟且发展不规范所形成的局面，如何应对当前市场不成熟的过渡阶段，不仅需要政府的政策引导和协调，也需要回收行业协同上下游，共同探讨商业模式的创新应用。不管是代工模式，还是产品换原材料模式、战略投资模式等，都可以进行试验，通过商业模式创新来推动回收行业发展，逐步趋向行业市场成熟阶段过渡，以应对未来大规模的动力电池退役潮。毕竟只有回收循环产业的良性发展，才更有利于保证未来新能源产业的快速可持续发展。

退役动力电池绿色循环利用发展建议

吴玉锋　北京工业大学　教授

党的二十大报告要求"加快构建废弃物循环利用体系"。随着我国"双碳"目标的提出，动力电池生产、消费和退役数量进一步加速增长。截至 2022 年年底，我国电动汽车保有量突破 1300 万辆，约占全球半壁江山，全年退役动力电池回收量约 30 万 t，预计到"十四五"末，回收量有望达到百万吨级。如何构建退役动力电池绿色循环体系，关乎美丽中国建设和战略资源可持续供给，受到政府、企业和行业组织的高度重视。总体上，我国退役动力电池回收利用产业已初具规模，回收利用规范企业达到 84 家，基本形成覆盖全国主要省份的产业布局；在"固废资源化"国家重点研发专项、国家自然基金等国家、省市科技投入和企业自主创新支持下，围绕退役动力电池电芯和模块残值评估、异构兼容梯次利用、智能拆解和免放电安全破碎、高效解构优先提锂等关键技术方面取得重要突破和示范应用，对形成我国该领域技术优势和产业竞争力发挥了关键支撑作用。但面向新能源汽车及动力电池技术快速迭代和大规模发展，关键能源金属全球供应链不确定性增加、回收利用生态环境风险控制难度加大。本文拟简要梳理相关领域发展现状和趋势，识别潜在风险和问题并提出针对性建议，以期为高水平构建退役动力电池绿色循环体系提供参考。

随着全球碳中和进程加速推进，锂钴镍等关键矿产可持续供给越发受到重视，欧美日韩等主要发达国家近年来纷纷出台一系列退役电池回收利用发展计划和本土贸易保护政策，计划通过打造本土原料开采、电池制造、回收利用全产业链闭环，以确保本土新能源产业链安全稳定。如：美国投资 7400 万美元支持退役动力电池回收利用项目，并通过《通胀缩减法案》补贴本土退役动力电池循环实施；欧盟出台《新电池法规》，要求加强电池产品生态设计，提高再生原料使用比例，推动使用电池护照和互联数据空间，并通过碳边界调整机制强化对本土动力电池产业链保护。特斯拉、丰田等全球车企龙头和电池巨头积极部署电池回收业务，推出退役电池回收商业模式，加速全流程闭环，提升市场竞争力和供应链安全。全球锂矿巨头美国雅宝公司视退役电池为"新的矿山"，将回收利用作为新的关键增长点。由此可见，全球退役动力电池回收利用正从技术、政策、商业模式等多个方面展开全面竞速，围绕产品生态设计、循环经济模式、市场监管体系等方面累积优势和话语权，以提升本土关键资源供应保障能力。

面向国内外发展形势和我国社会经济高质量发展要求，国内退役动力电池回收利用产业发展仍存在若干风险和瓶颈，主要表现在：一是当前我国锂钴镍等关键矿产对外依存度已分别超过65%、99%、90%，且伴随未来电动汽车需求持续增长，部分资源缺口还将进一步扩大，能否实现原材料的减量或替代使用、高质循环再生等关键技术大规模应用直接影响着未来电池及汽车产业链、供应链的安全稳定；二是退役动力电池回收体系尚待完善、盈利模式尚不清晰，回收环节参与主体相对复杂、多级交易结构导致终端拆解利用企业废料收购成本居高不下，且存在一定比例退役动力蓄电池流入非正规渠道的风险；三是退役动力电池现有预处理工艺仍然相对冗长，低浓度含锂废水回收处理和石墨及磷铁等组分低成本高值再生难题尚未完全解决；四是尽管已开展生产者责任延伸、以租代售等政策和商业模式应用，但实施过程中与之适配的软硬件环境尚不完善，实施效果也有待于进一步验证和优化。

为加快构建退役动力电池绿色循环利用体系，要坚持系统化思维和全生命周期管理理念，形成具有可操作性的综合解决方案。首先，退役动力电池绿色循环利用体系涉及生产、流通、消费、回收、利用等全产业链多环节，要立足技术、标准、政策等多个维度，完善构建能够协调各环节利益相关者的有效机制，推动电池易回收易拆解设计，加大再生原料使用比例，提升生产者责任延伸履责绩效；加强全过程数字化精细溯源，支持企业共建规范化回收网络和供应链保障体系，鼓励以租代售、换电模式、共享经济等新兴商业模式应用，完善以旧换新、定向流转和闭合循环的激励机制；其次，应进一步聚焦制约退役动力电池绿色循环利用的薄弱环节和关键短板，突破退役电池大通量高效热解、深度提锂、廉价组分低成本高值再生等新技术、新装备和配套新材料等，进一步提升循环利用的资源效率和综合效益。同时，应加强回收利用全过程污染监测与碳排放核算，探索构建循环利用碳减排效应评估方法及其价值转化机制；完善原生和再生资源、国内国际原料市场的协同配置方式，持续优化适配政策措施和市场环境。

梯次利用储能领域的挑战与发展趋势

张彩萍　北京交通大学　教授

一、动力电池梯次利用发展现状

我国新能源汽车在过去 20 年从无到有迎来高速发展，截至 2022 年年底，全国新能源汽车保有量达 1310 万辆，已成为全球最大的电动汽车消费市场。一般情况下，当电动汽车动力电池剩余容量下降到标称容量 80% 后就不宜继续使用，预计 2025 年我国退役动力电池电量累计 137.4GW·h。为解决大量退役动力蓄电池的"出路"问题，发展梯次利用与再生利用相关技术与产业迫在眉睫。

梯次利用产品可应用于比汽车电能要求更低的场合如低速电动车、储能电站、通信基站等。近 5 年来，我国动力电池梯次利用量增速明显，2022 年动力电池梯次利用总量达 27GW·h。随着新能源汽车市场的快速发展，动力电池梯次利用的市场规模也将不断扩大。2018 年中国铁塔公司作为国家唯一试点企业，开展动力电池梯次利用示范工程建设，标志着我国动力电池梯次利用正式拉开帷幕。2021 年中国南方电网有限责任公司与中天科技集团合资建设了退役动力电池整包梯次利用集中式储能示范工程，电站规模达 11.7MW/26.7MW·h。2023 年 8 月，在内蒙古达茂旗建设完成了国际上规模最大的集中式 10MW/34MW·h 的数字无损梯次利用动力电池储能电站。但从应用层面整体来看，当前由于缺乏行业标准，关键技术还相对不成熟，梯次利用过程中仍存在运行经济与安全问题。

为了规范梯次利用市场发展，我国政府相继出台了多个动力电池梯次利用的相关政策。2018 年，工业和信息化部发布了《新能源汽车动力蓄电池回收利用溯源管理暂行规定》，明确要求建立"新能源汽车国家监测与动力蓄电池回收利用溯源综合管理平台"，对动力蓄电池生产、销售、使用、报废、回收、利用等各环节主体履行回收利用责任情况实施监测。2021 年 8 月，五部委联合发布《新能源汽车动力蓄电池梯次利用管理办法》，明确了生产责任延伸制度，鼓励进行电池包（组）、模块梯次利用，优先发展基站备电、储能、充换电等领域梯次产品。2021 年 9 月，国家能源局正式发布《新型储能项目管理规范（暂行）》，明确提出新建动力电池梯次利用储能项目，必须遵循全生命周期理念，建立电池一致性管理和溯源系统，梯次利用电池均要取得相应资质机构出具的安全评估报告。已建和新建的动力电池梯次利用储能项目须建立在线监控平台，实时监测电池性能参数，定期进行维护和安全评估，做好应急预案。上述政策及规范明确了梯次利用的技术方向与责任主体、限定使用场景，国家溯源管理平台推动动力电池全生命周期过程可追溯，未来产业环境对梯次利用更加友好。

二、动力电池梯次利用储能领域面临的问题和挑战

（1）动力与储能电池技术需求的不匹配性

电动汽车动力电池寿命一般 8～10 年，其中搁置时间占一半以上，动力电池初始设计循环寿命要求不高，而储能应用以发挥电池寿命周期最大能效为目标。为缩短投资回报收益周期，一般储能电站充放电频次较高，且对长时寿命提出更高要求。因此，动力电池梯次利用时面临运行工况迁移、寿命设计目标不一致等问题。

（2）梯次利用电池离散度大

退役动力电池规格型号多样、参数分散度大、老化机理路径复杂，电池组一致性较差，需要新型的成组方法，提高电池组利用率，抑制参数发散速度；同时与新电池相比，梯次利用电池安全性显著降低，加之不一致性问题突出，电池系统的主动安全管理和有效防护极具挑战。

（3）梯次利用储能领域安全问题突出

退役动力电池受历史运行工况和环境影响，电池健康状态差异较大。且随着电池老化，电池系统安全风险显著增加，储能电站容量达数十兆瓦时，电池系统由数千上万只电池串并联组成，单体不一致性及衰退速度迥异、电池整包利用给储能电站主动安全管理、被动安全消防设计带来极大困难。

（4）梯次利用储能领域标准不完善

已发布梯次利用标准主要涉及产品标识、拆解要求、梯次利用要求以及余能检测，重点规范了梯次利用电池的边界条件、作业流程、电性能检测方法，对梯次利用在储能应用的安全性要求和评价缺失，此外标准中关于余能检测的测试周期较长，缺少快速有效的状态测评方法。

（5）梯次利用储能领域商业模式不明晰

目前国内外梯次利用商业模式尚处于探索和示范阶段。随着电动汽车标准化模组、CTP、CTC 的设计得到广泛应用，整包利用、模组利用的模式逐步达成共识，但受动力电池材料价格波动、运输成本、运维成本等影响，各环节企业协同联动模式、梯次利用领域、盈利模式存在较强的不确定性，如何提升梯次利用的经济性是决定其持续发展的关键问题。

三、梯次利用发展趋势

预计 2030 年我国动力电池总退役量将达 380GW·h，其中退役磷酸铁锂电池的梯次利用量有望达到 175.7GW·h；我国规模化储能电池系统广泛应用于电力系统的发、输、配、用各个环节，市场规模增速高于全球。2022 年电化学储能装机量 11GW，预计到 2025 年底，电化学储能累计装机规模将达到 70GW，退役动力电池在储能领域梯次利用未来市场发展潜力巨大。因此，需要加快健全动力电池梯次利用市场体系，促进动力电池梯次利用行业健康有序发展。

在梯次利用储能技术领域，机理－大数据分析技术融合的状态高精度快速评估与预测、动态重构、接口标准化、模组／整包高效利用、安全在线评估、智能运维等将成为技术发展主流，而面向整包利用的低成本梯次电池储能电站多维分布式被动安全防护技术是工程化应用的关键技术。具备高效梯次利用价值的动力电池技术，从全生命周期角度开展动力电池单体与系统的结构、电性能和工艺参数的优化设计，循环性能和安全性能的提升策略，涵盖电池设计、车载运行、梯次利用的数据追溯系统构建是未来发展的技术方向。

　　动力电池梯次利用符合国家循环经济的发展战略，梯次利用要在技术经济分析和评价的基础上开展创新商业模式试点，建立电池企业、整车企业、回收企业、物流企业等多方协同联动机制，探索盈利的商业模式，巩固动力电池梯次利用经济优势，调动参与企业的积极性，从而实现动力电池梯次利用产业健康快速发展。

退役电池梯次利用检测技术现状及应用分析

抄佩佩　中国汽车工程研究院股份有限公司　总监

在国家"双碳"战略目标下，退役电池的梯次利用是促进新能源汽车产业蓬勃发展的重要技术支撑。自工业和信息化部发布《新能源汽车动力蓄电池梯次利用管理办法》以来，动力电池梯次利用产业相关鼓励政策、管理规范、标准体系等已愈发健全，但产业化应用还未大规模普及，关键技术研究仍处于探索阶段。退役电池检测作为产业链的重要环节，当前依然存在余能检测效率低、无法准确评估健康状态等主要问题，这将直接影响退役电池剩余价值评判，且易触发后期热失控风险，因此加快提升退役电池检测评估水平已成为当前产业健康有序发展的重要任务。

一、退役电池梯次利用检测标准现状

为满足退役电池梯次利用市场的发展需求，鼓励企业创新和技术进步，我国正在加速完善国家标准、行业标准及团体标准协调互补的标准体系。其中检测标准主要包含《车用动力电池回收利用 余能检测》（GB/T 34015—2017）及《退役动力电池模组余能检测及残值评估技术指南》（T/DZJN 38—2021）。GB/T 34015—2017 适用于车用废旧锂离子动力蓄电池和金属氢化物镍动力蓄电池单体、模块的余能检测；T/DZJN 38—2021 适用于车用退役动力电池和金属氢氧化物镍动力电池的单体、模组的余能检测与残值评估。

二、退役电池梯次利用检测技术应用研究

动力电池梯次利用前需对其健康状态进行评估，主要检测参数包含电池容量、内阻及自放电等。截至目前，相关测试方法的可靠性、准确性依然是行业发展难题。

1. 容量测试

行业机构及企业主要参考国标 GB/T 34015—2017 中的余能检测方法，即通过可用容量测试方法获取电池可放电容量真值，对退役动力电池在全 SOC

范围内进行单次恒流充放电循环测试。但由于单次循环充放电测试时间较长、退役电池数量庞大、电池在使用中难以实现满充或满放的工况，导致需配备大量测试人员、购置大量实验设备，消耗大量人力、物力，不利于梯次利用产业发展。

为弥补以上方法的不足，相关研究机构提出了针对非标准测试工况下的电池可用容量快速估计方法。该方法通过直接或间接利用电池在充、放电过程中的电压、电流及电池表面温度等测量信号，建立电池容量估计数学模型，进而实现对不同老化程度下的动力电池可用容量的估计。但对于退役动力电池，提取与辨识这些电化学性能参数难度较大，因此基于电化学模型估计电池容量的实际应用还需进一步研究。

2．内阻测试

电池内阻检测一般采用混合脉冲法和电化学阻抗谱，两者均为内阻无损测试法。

1）混合脉冲法是通过对电池施加一段恒电流，计算电池欧姆内阻和极化阻。该方法简单、易操作，在研究各类电池的内阻及功率特性上实用性较强，但只能对物理性电阻和极化电阻进行简单区分，无法解析电池内部反应过程的阻抗成分，在探究电池内部老化状态方面存在盲点。

2）电化学阻抗谱是通过对被测物体施加小振幅的正弦波电势（或电流），记录物体在不同频率下的响应，将复杂的电极过程进行分离，获得锂电池内部电极过程动力学参数和电极界面结构信息。该方法在研究复杂因素干扰的体系研究中有着突出的优点，但是需要预先了解电池内阻的大致水平，选择合理设备并设定测试参数，因此在实际应用方面还需突破。

3．自放电测试

目前常用的自放电率检测方法有直接测量法、脉冲测试法和等效电路法。

1）直接测量法是通过将电池进行多次充放电，获得稳定的放电容量，再计算得到自放电率。该方法可以较准确地获得电池可逆自放电和不可逆自放电容量，但是测试时间较长。

2）脉冲测试法通过对电池进行脉冲测试，获得电池由自放电引起的电压变化曲线，根据曲线斜率求得电池的自放电内阻，计算得到自放电容量损失。该方法可以节约测试时间，但无法区分自放电不可逆容量损失和自放电可逆容量损失。

3）等效电路法是将电池模拟成一个等效电路，通过不断调整等效电路参数值减小误差，当误差趋于零时，等效电路的参数值与被测量电池的参数值达到一致，等效电路的自放电电阻即为被测量电池的自放电电阻。该方法可以大幅缩短测试时间，提高测试精度。

三、发展建议

（1）丰富电池模组快速检测手段

退役电池梯次利用主要是以模组为单位，但当前检测技术仅在单体方面应用较为成熟，模组参数还无法准确检测，不能满足大规模退役电池投入梯次利用的要求，因此还需针对电池模组的特点设计更有效的检测手段，以推动动力电池梯次利用行业快速发展。

（2）推动无损检测技术应用

充分发挥无损检测所具备的非破坏性、互容性、动态性和严格性等优势，加快研发可靠性高、检测精度高、性价比高的电池无损检测设备，实现电池检测自动化及智能化。通过在不破坏电池的情况下，进一步提升电池各项参数检测的准确性，解决当下检测技术难题。

（3）完善电池性能评估体系

加强国家新能源汽车监测与动力蓄电池回收利用溯源综合管理平台建设，完善动力电池在生产、运行、售后、梯次等环节的数据信息采集，充分结合大数据分析技术，加快形成可产业化应用的动力电池安全及剩余寿命评估方法，推动车用退役电池梯次利用效率提升。

退役电池精细拆解回收装备技术的机遇与挑战

苑明哲　广州工业智能研究院　副院长

一、动力电池退役潮即将到来，绿色拆解回收是必然趋势

2022 年，我国新能源汽车销量高达 688.7 万辆，动力电池装机量也迎来爆发期，动力电池装机量达 294.6GW·h。动力电池是有寿命的，一般 5~8 年就要退役。退役的动力电池，一方面属于有害垃圾，需要环保处理；另一方面，也被看作是城市矿山，其中蕴含了大量有价资源，如镍、钴、锂等，这些金属在全球范围内都属于紧缺资源。因此，退役动力电池回收不仅有利于减少环境污染，同时回收利用退役电池中的不可再生资源具有重要经济价值，可有效缓解当前矿产资源紧缺和新能源汽车行业可持续发展问题。

据估计，2030 年中国新能源汽车将达到 2.45 亿辆，废旧动力电池总退役量达到 380.3GW·h。新能源汽车的快速发展不可避免带来动力电池回收与处理问题，安全、环保、高效地对废旧动力电池进行拆解回收是亟待解决的研究课题。预处理步骤是废旧动力电池资源化利用基础，将直接影响后续处理工艺。能否在电池回收预处理阶段实现精细拆解，保证拆解过程的安全、环保，以完成动力电池的各种有价资源的高效回收是业界关注的重点之一。

二、退役动力电池回收产业仍存在大量人工拆解，但已向自动化拆解过渡

2018 年工业和信息化部首次公布动力电池回收利用行业符合《新能源汽车废旧动力蓄电池综合利用行业规范条件》企业名单以来，至今已经有四批共计 84 家企业进入名单，这些企业被视为动力电池回收利用行业的规范企业。但实际上从事动力电池回收的企业有成千上万，大量退役电池并没有进入规范企业进行回收处理。这也导致大量退役电池实际上是在非正规企业乃至作坊中被拆解和处理，不可避免存在大量人工拆解。而人工拆解的缺点毋庸置疑，首先效率不高，在动力电池刚刚开始出现退役时，总量还不是很大，人

工拆解还可以应付。随着动力电池退役潮的到来，人工拆解很难高效完成大批退役电池的拆解。更为重要的是人工拆解具有非常大的安全和环保隐患，特别是电池拆解过程中有毒有害化学品的挥发会直接对拆解工人造成健康危害。

因此，已有部分装备公司和回收企业采用自动化装备拆解。但现有工艺仍存在一些缺点。目前以破拆工艺为主，高价值物料的回收率和纯度都不够理想，存在如锂回收率低、整体破碎后续湿法"三废"危险物含量高、能耗高等问题，严重阻碍了资源回收企业采用自动化拆解装备的热情和动力。

对于废旧动力电池回收工艺预处理的研究方向主要沿着机械分离法开展，即通过物理方法将电芯与其他材料分离。现有预处理通常采用破碎和粉碎等机械工艺，获得电极材料，后续通过湿法冶金或火法冶金工艺提纯。例如采用粉碎筛分的机械分离法，整体破碎混合的方式增加了后续萃取分离的工时和成本。为了提高回收的效率，机械分离方式的研究开始向着先将电芯和电池其他材料进行分离，再将同类材料混合的"先分后混"工艺发展，例如采用人工拆解将外壳和电芯分离，但人工拆解效率低，面对即将到来的动力电池回收高峰期，自动化精细拆解工艺的研究显得尤为重要。

经过预处理工艺获得黑粉的纯度与含杂率等指标对后段的火法、湿法、物理法等萃取提纯工艺影响极大。行业内目前所采用的前段工艺沿用了原3C废旧电池处理工艺，热解能耗碳排放高、回收过程含杂率高、高值正极材料回收率低，拆解产出大量废气、废液、粉尘，同时不可避免产生二噁英，给环境带来极大危害；另外电池石墨、隔膜，以及电解液等资源作为有害物质进行处理时消耗大量能源与环保材料，既不利于降碳减排，也制约着企业的生产效率。

针对废旧动力电池回收预处理工艺面临低回收率、低纯度、高含杂率、后段处理长流程、高成本、高能耗、高碳排放等难题，业内急需绿色低碳回收再生与资源化利用技术，通过柔性解构、极片梯级精拆、定向分离与深度除杂等回收新工艺，缩短后段湿浸工艺流程，满足行业节能、降本、降碳技术需求，实现废旧动力电池资源价值最大化。

三、退役动力电池预处理，精细拆解是出路

近年来有相关团队提出废旧电池精细化拆解工艺，即将锂电池的正极、负极、电解质和电解液等组成成分单独收集、按需处理，如图 1 所示。精细拆解回收过程可以在不破坏电池材料化学结构的情况下直接回收再利用。但是目前电池精细化拆解仍面临多种规格、多种材质、余电短路、高燃爆性、强腐蚀性、高毒 HF 气、易挥发性等难题，拆解过程中产生的有机电解质如何处理、废电解液如何回收与处置、正负极片如何彻底分离等问题也急需解决。

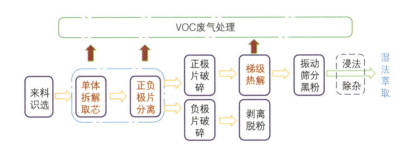

图 1　精细拆解新工艺

面对传统预处理工艺存在的瓶颈问题，广州工业智能研究院从 2013 年开始关注并致力于退役动力电池的精细化拆解技术和装备的研发，并在 2014 年获得国内首个相关专利。广州工业智能研究院创新性提出"应分尽分"理念，解当前"先碎再分"节能降本之困；采用"逆向制造"预处理路线，物料分类归集高值化工艺。

相比传统破碎工艺，基于逆向制造物理分选法的预处理新工艺，结合动力锂离子蓄电池制造过程，达到逆向制造智能柔性拆解目的，完成工艺创新。新工艺实现预处理工艺智能化拆解，壳体、正负极材料等高值物料精细分类归集，最大程度降低回收材料含杂率；装备在密闭空间运行，废气、废水高效收集统一处理；生产全过程燃爆预警监控，降低安全隐患。

基于逆向制造的精拆预处理新工艺，在成本、安全性、经济效益、环保等方面有着明显的优势。在生产应用中发现，采用精细拆解工艺，其加热混

合料量减少 30%~40%，单位能耗节约＞30%，节能效果显著，精细化拆解工艺得到的正极黑粉杂质含量远远低于 1%。总体来看具有以下收益：

1）全组分回收，不仅回收正极粉，还包括金属材料、电解液和负极石墨等的回收。

2）所获正极粉回收率高，纯度高，价格高，保证锂资源高循环利用率和回收企业高收益率。

3）高纯黑粉有效降低湿法回收的成本和环保压力，并可提升未来短程修复的可能性。

四、实现基于精细拆解的绿色回收仍面临挑战

1）虽然国家在出台政策规范和整顿退役电池的回收和处理，但目前回收渠道仍然较为复杂，大量退役电池流入规范企业以外的企业甚至作坊，在这些企业和作坊里不具备精细拆解条件，导致人工拆解仍然大量存在。回收渠道（货源）的建立和监管有待加强。

2）技术方面，精细拆解也还需要业界持续进行研发和提升。相关拆解技术和装备涉及光、机、电、环保、材料等多专业和领域的协作，能够掌握这一技术的企业还不多。

3）当前精细拆解装备也面临着对市场上不同电池类型的适应性难题。目前退役电池从外形上有圆柱、方形、软包之分，内部结构上有卷绕和叠片两大类，从材料上有三元、磷酸铁锂等不同体系，目前还没有能同时处理所有外形、结构的装备。针对不同外形、尺寸范围和内部结构开发对应的精细拆解设备，并提供分类、分拣技术和设备是可行的解决方案。

4）退役电池精细拆解生产线的工程规模和稳定性还需在实际生产中不断提升。

5）拆解设备运行中的安全、环保仍是大问题。如何避免拆解过程中的残电和易燃爆材料导致的着火、爆燃问题，如何处理电池中易挥发有毒有害物质的收集处理问题，是不可忽视的。

6）精细拆解的预处理技术与湿法回收乃至短程修复的协同将发挥更大的

效益优势，而后者也在持续的进步或研发中。

五、未来展望

退役电池精细拆解技术已经取得突破，将在应用规模和稳定性等方面与产业共同成长，为缓解资源压力、促进动力电池行业可持续发展奠定基础。随着动力电池退役总量的不断增长，短程提锂、短程修复等技术逐渐成熟，基于精细拆解的预处理技术会展现更大的生命力和技术优势。

,

新一代退役动力电池安全高效利用的多维策略思考

庄胜加　珠海中力新能源科技有限公司　总经理

近年来，随着电动汽车的普及和发展，我国的电动汽车保有量逐渐增加。根据统计数据显示，截至目前，我国电动汽车的保有量已经超过 1400 万辆。而根据未来发展的规划，到 2030 年，我国电动汽车的保有量有望达到 3000 万辆以上。伴随着电动汽车的普及，新一代退役动力电池的数量也将大幅度增加，这为退役动力电池综合利用带来了巨大的市场规模。

尽管退役动力电池的高效梯次利用具有广阔的市场前景，但退役动力电池高效梯次利用本身面临电池状态快速估计和寿命预测难、经济性差及安全性没法保障等共性难题。新一代退役动力电池与过去的电池相比，又有一些显著特点。首先，新一代退役动力电池的单体电芯容量越来越大，一般在 200A·h 左右，这意味着单体电池的能量储存能力更强，同时也意味着像二、三轮车梯次应用场景的消失。其次，新一代退役动力蓄电池采用了 CTP、CTB 和 CTC 的 PACK 方式，这种设计减少了电池包的零部件，带来了更大的可利用空间，提高了体积能量密度，减少了电池包的制造成本。但由于采用大量的结构胶固定电池，使得电池包退役后很难做到无损地拆解到电池单体。这两个特点使得新一代退役动力电池的梯次利用场景受到了一定的局限，只能整包利用，且应用于储能场景。

针对退役动力电池高效梯次利用面临的难题，结合新一代退役动力电池的特点，我们需要从多个方面进行解决。

第一，高精度的电池状态快速估计和寿命预测技术是退役动力电池高效梯次利用的基础，也是延缓电池衰减和保障电池安全运行的关键。由于电池内部电化学微观反应过程复杂、影响因素多样，同时退役电池历史数据规模大、来源广、类型复杂，从数据中获取电池特征/性能参数困难，从而限制了电池状态估计和寿命预测精度。因此，需要建立具有强泛化能力和持续自学习能力的电池寿命动态预测模型，通过多种机器学习优化算法，实现高精度的电池状态快速估计和寿命预测。

第二，通过国家大数据平台获取在车上运行时的电池数据，运用上述模型，筛选可梯次利用的电池包，并根据数据对电池包做相应的处理。这样可以确保选取的电池具备一定的能量储存能力和安全保障能力，提高电池的梯次利用效率。

第三，开展退役电池老化/失效机理的深层次映射关系研究，为主动安全防护提供技术支持。通过深入研究电池老化和失效的原因和机理，可以提前预测电池的寿命，并采取相应的措施延缓电池的老化过程，以保障电池系统的安全运行。

第四，通过开发全层级高效主动均衡、无电池簇并联大容量储能、级联型高压储能系统虚拟同步发电机、设备智能运维等关键技术，实现退役电池的灵活配组、整包利用、高效率集成及梯次系统的智能运维，降低成本以解决退役动力电池梯次利用的经济性问题。通过技术手段的改进和创新，可以提高电池的整体利用率和性能，降低梯次利用电池重组和系统集成的成本、提高退役动力梯次利用的经济性。

第五，为方便退役动力电池的整包利用，国家应出台相关政策法规，强制汽车生产企业在电池包退役后通过重刷通用通信协议的方式，实现对电池包 BMS 的应用控制。这样可以最大限度地利用动力电池包原有零部件，同时减少重组的成本，提高梯次利用的经济性。

最后，电池作为能量的载体，能量密度越高，越不安全；不管是全新的电池，还是退役的动力电池，都无法做到电池的本征安全。因此，在设计储能系统的时候，应该针对梯次利用储能系统热失控预警困难和灭火后易复燃的难题，研发梯次利用电池系统安全评估体系和智能预警监控方法，重点建设梯次利用储能系统实时多参数安全态势感知的一体化平台及电池簇快速灭火、防复燃相结合的主被动安全消防系统。通过以上主被动安全防护技术，实现储能系统的本征安全。

新一代退役动力电池的梯次利用面临着诸多难题，运用电池在线评估、智能预警、主被动安全防护等智能运维管理技术，实时监测电池的状态和性能，并预警可能出现的问题，及时采取相应的措施进行处理，能够确保储能电站安全高效运行。同时，通过灵活配组、整包利用、高效率集成等技术提高退役动力电池梯次利用的经济性。总之，通过技术创新、持续的研发投入和政策支持，相信在各方共同努力下，新一代退役动力电池梯次利用的各个难点一定能够迎刃而解，为推动新能源产业的可持续发展，为"双碳"目标的实现做出积极贡献！

动力电池绿色再生利用解决方案

戴旭闽　南通北新新能科技股份有限公司　副总裁

一、动力电池绿色再生利用的意义

近年来，新能源汽车销量呈爆发式增长。据统计，2022 年我国新能源车累计产量为 705.8 万辆，较 2021 年增长了 145%，新能源汽车的强劲需求也极大拉动了动力电池的消费，而动力电池所需的主要资源为锂、镍、钴，消费量巨大。以主流的三元电池类型的新能源汽车为例，一辆车约消耗碳酸锂 60kg、镍 50kg、钴 10kg，这些金属均为国内稀缺资源，对外依存度非常高。2020 年我国锂对外依存度 75.8%，镍为 93.3%，钴更是高达 97.9%。动力电池主要金属资源过高的依存度，与火爆的动力电池消费市场形成了尖锐的矛盾，事关国家战略资源的安全，也关系到新能源行业能否健康持久的发展。

大量的新能源汽车消费，会产生巨量的废旧动力电池，这将带来诸多机遇与挑战。一方面，废旧动力电池蕴藏着大量的资源，如锂、镍、钴、铜箔、铝箔、碳粉等；另一方面，废旧动力电池自身存在严重的环境危害性，诸如废旧动力电池残留电能引起起火爆炸、所含重金属和有机物泄漏对环境和人体造成长久严重危害等。

如何保障国家相关战略资源的安全，促进新能源行业的健康持续发展，并充分利用废旧动力电池蕴藏的资源，避免对环境造成危害，成为一道意义深远的国家战略考题。动力电池绿色再生利用便成为解决考题的唯一答案，通过绿色再生利用，可以循环利用动力电池所需的各种资源，取之于电池，用之于电池。实现资源有限、循环无限的可持续发展格局，降低我国动力电池所需资源的对外依存度。而且相对于从原生矿中获取金属资源，从废旧动力电池提取金属资源更加低碳环保，同时妥善处理动力电池报废过程中存在的各种潜在环保隐患，真正做到废旧动力电池无害化处理。

因此动力电池绿色再生利用战略可以解决新能源汽车发展的痛点，促进新能源汽车行业健康持续发展，它已经成为新能源行业不可或缺的重要组成部分。

二、行业困局

尽管废旧动力电池再生利用能发挥重要作用，但国内目前行业现状存在很多困局，主要有以下几个方面原因：

1. 报废电池量巨大

新能源汽车的动力电池报废周期一般为 5~8 年，随着新能源汽车销量爆发式增长，未来废旧动力电池量也将相应大幅增加。预计 2023 年年底，废旧动力电池量达 116 万 t，庞大的报废量会给再生利用带来巨大压力。另外，报废动力电池规格和种类繁多，各车型搭载的动力电池生产规格不一，动力电池种类也多，除主流的三元电池外，还有二元电池、磷酸铁锂电池等，各类电池成分和性质差异较大，给再生利用回收增加了诸多困难。

2. 法律法规不健全

到目前为止，国家有关部门针对动力电池回收利用发布的核心政策举措约束性不强，各责任主体尚未充分发挥相应作用，相关性的法规也缺乏可执行性和惩罚力度，这也导致了回收利用市场缺乏监管。特别是近年来新能源汽车的火爆，刺激了废旧电池回收市场的快速发展，目前我国从事废旧电池回收厂家已经超过 4 万家，仅 2021 年新增注册企业数量就达 24515 家，同比增长 5 倍以上，而工业和信息化部公告发布的规范企业仅 84 家，大量废旧动力电池通过各种渠道无序流通。再生利用环节则是"散乱小"的局面，绝大多数企业为小作坊式，在缺乏政策监管条件下，难以有效回收相关资源，且造成了严重的环境危害。这非常不利于动力电池回收行业的发展。

3. 再生利用水平低下

从事废旧电池回收的企业数量众多，且大多为小作坊式，废旧电池再生利用水平低下，废旧电池拆解主要还是以人工为主，自动化水平低下，且职工健康无法得到保障。

三、绿色再生利用解决方案

废旧动力电池如何做到绿色再生利用，成为行业内亟待解决的难题。南通北新新能科技股份有限公司（以下简称北新新能）作为国内较早进入废旧动力电池再生利用领域的企业，是江苏省唯一符合工业和信息化部《新能源废旧动力蓄电池综合利用行业规范条件》企业、国家级高新企业。以北新新能的发展成果为参考，寻找绿色再生利用的钥匙。作为行业的先驱和引领者，北新新能的绿色再生利用可以用五个关键词来诠释：短流程、全回收、高提纯、低能耗和微排放。

1. 短流程

短流程的核心是硬核的技术实力，通过先进的技术工艺缩短生产流程，从根本上降低再生利用过程中的设备投入、运行能耗、三废排放量以及生产成本，并提高生产效率。例如，北新新能采用一段浸出来取代传统的二段浸出，通过工艺技术升级强化浸出效率来实现流程的缩短，从而大量减少了动力设备的使用，并降低了浸出过程的废气排放量，用技术创新赋予生产制造节能和环保双重含义。

2. 全回收

全回收是对资源的极致利用，通过全回收，做到应收尽收，避免得不到回收的资源变为污染源。北新新能从源头上就开始采取全回收策略，在废旧动力电池拆解破碎工序的设计上，与头部系统设备提供商深入合作，基于多年的生产经验和技术积累，深度定制处理系统。寻求在拆除破碎环节全面回收废旧动力电池的各部件和物料，有效解决各类资源分离不彻底，相互掺杂的传统弊病，特别是减少动力电池正极废料中其他杂质的含量，从而有利于降低后续除杂工序的能耗和辅料消耗，减少三废产量。

在正极废料回收利用环节，除了回收三元正极材料所需的镍、钴、锰、锂金属产品外，还将混入正极料中的铜富集后生产电解铜产品，进入废水中的硫酸钠通过 MVR 蒸发结晶方式生产元明粉产品。

镍、钴、锂这些新能源金属的回收率，是衡量本行业内各企业技术水平的最为关键的指标。一方面，这些金属市场价格昂贵，回收率高则产生的经济效益高；另一方面，回收率高则这些金属进入废渣、废水中的量更少，造成的环境危害更少。得益于多年来的生产经验和技术积累，北新新能的回收率一直高于行业平均水平。公司不仅要实现资源种类上的全面回收，还要对关键新能源金属"全部回收"。在追求经济效益的同时，也履行了对绿色生产的承诺。

3. 高提纯

高提纯是对产品品质的极致追求，站在动力电池终端的角度思考，动力电池原材料纯度越高，动力电池性能就越好。北新新能在技术上，采用深度分离工艺确保产品纯度；在生产管理上，推行质量管理体系，对各生产环节层层把控，采用生产质量预警机制，提前预防质量问题。一旦出现产品品质异常，即启动 24h 响应机制，即在 24h 内查明品质异常原因并采取纠正措施。通过多重手段守牢产品质量红线。

4. 低能耗

发展新能源事业的本质，便是通过低碳绿色能源淘汰落后能源，为人类构建更加绿色环保的生活环境。作为新能源行业的重要一环，废旧动力电池再生利用事业同样被赋予追求绿色低碳的使命。北新新能主动服务"双碳"目标，追求低能耗生产模式，并将低能耗渗透到技术、装备、生产操作甚至是日常办公的各个方面。

北新新能电力输入主要来自东黄海和长江交界处的海上风电场，资源禀赋独特。同时自建屋顶分布式光伏电站，使用"绿电"用于生产系统，降低工业电的使用比例，在行业内起到模范引领作用。在热能方面，充分利用 MVR 蒸发结晶系统产出的蒸汽冷凝水余热，通过换热器及冷凝水回用等手段，充分使用余热来减少生蒸汽的使用量。在设备选型上，选择高效节能电机，并采用大量自动控制系统，及时自动关停用电设备和蒸汽阀门，避免能源的过度消耗。

5. 微排放

废旧动力电池再生利用处理不当，则意味着严重的环境危害，因此实现微排放甚至零排放，是动力电池绿色再生利用的关键。

北新新能以高度的社会责任感，坚持低排放甚至是零排放。在废旧动力电池拆解破碎工序上，通过深度定制的拆除破碎系统，实现铝、铁、铜等金属杂质在拆除破碎过程中得到充分回收，明显减少这类金属进入正极废料中的比例，从而大幅降低这类杂质在后续处理过程中产生的渣量；生产系统所有废水均通过 MVR 蒸发处理，转化为洁净的蒸汽冷凝水后，大比例回用于生产系统，实现清洁生产。

如今新能源革命的热潮席卷全球，必将对人类社会的发展进步带来深刻的影响。作为新能源事业的重要组成部分，废旧动力电池再生利用行业需义不容辞扛起绿色制造的旗帜，主动服务"双碳"目标，迎合"两山"理念，严守国家法律法规，坚守环保底线，通过技术研发、生产管理和提升智能制造水平来提升绿色再生利用质量，共同谋划新能源事业的未来。

经销商动力电池回收管理体系构建

王水利　蓝谷智慧（北京）能源科技有限公司　总经理

在我国"双碳"发展目标的引领下，新能源汽车产业规模快速发展，销量不断攀升，为动力电池的发展提供了良好的市场需求环境，随之而来的问题是退役动力电池回收利用。据数据分析预测，到 2025 年，中国累计退役动力电池将达到 137.4GW·h，需要回收的废旧动力电池将达到 96 万 t，2030年将达到 300.1 万 t。

一、现阶段我国的动力电池回收体系建设处于初级阶段

面对动力电池回收巨大的市场，众多企业争相入局，但是总体来说，动力电池回收市场目前处于行业发展初期，竞争格局较为分散，尚未出现龙头企业。而且整体行业规范性仍有待提升。据公开数据显示，截至 2022 年年底，190 余家汽车生产、动力电池综合利用等企业已在全国各地设立了1 万多个回收服务网点，但多家网点实际上尚未开展此项业务。

现阶段我国动力电池实际回收尚未形成规模化回收，动力电池回收主要来源于研发试验和生产制造产生的不良品及废料，真正从新能源汽车上回收退役动力蓄电池相对较少。

动力蓄电池回收正成为一项以政府通过政策引导、众多企业参与的新兴行业，随着行业发展日渐规范，动力电池回收渠道也必将逐渐规范，必须找到一套可行性强的渠道模式来规范动力电池回收网络。通过新能源汽车主机厂经销商 4S 店（以下简称经销商）进行动力电池回收将是未来最具备竞争力和可行性的渠道模式。

二、通过经销商回收终端个人车主电池具备天然优势

目前布局动力电池回收业务的主要有四类企业：动力电池厂商、新能源汽车主机厂、电池材料企业和第三方电池回收企业。

现阶段回收的动力电池除了研发试验和生产制造产生的不良品及废料，

还有少部分来自出行公司、公交公司随整车退役的动力电池（多数车辆仍能作为二手车再销售），回收渠道较为清晰。但随着新能源车报废潮的来临，未来由个人车主报废的动力电池将成为动力电池回收的主要构成部分，动力电池来源广泛而分散。动力电池生产商通过新能源汽车主机厂的经销商，以逆向物流的方式回收废旧电池。车主将报废的电池交回附近的新能源汽车主机厂经销商 4S 店，依据电池生产商和新能源汽车主机厂的合作协议，新能源汽车主机厂以协议价格销售至电池生产企业，由电池生产企业进行回收再制造。

在此背景下，借助新能源汽车主机厂经销商回收废旧电池，将是最方便、具备成本优势的回收方式。因为经销商是能触达终端车主最直接的渠道，而且此模式具有以下得天独厚的优势：

第一，新能源汽车主机厂依靠在当地布局的汽车经销商网络来进行车辆销售维修服务，各品牌主机厂已基本形成覆盖全国的网络体系，在长期的运营中双方已经形成良好的合作关系，具备充分信赖性。

第二，经销商建立的 4S 店，位置多位于汽车城或郊区，有独立的车间及配件存储库房，稍加改造即可满足国家对于收集型回收服务网点的建设要求，建设成本低。

第三，在汽车销售竞争愈加激烈的情况下，汽车经销商单纯依靠车辆销售及维修获取的利润大幅下降。与此同时新能源汽车废旧动力电池回收行业随着新能源车辆的大规模退役，市场前景越来越广阔，参与废旧动力电池回收可作为新的业务模式，提高经销商现有资源及其他社会资源的利用率，成为经销商新的利润增长点。

三、经销商电池回收现阶段问题

现阶段经销商主观意愿较差，部分经销商重点精力仍在车辆销售、维修服务上，未能充分参与到电池回收业务上来，必须通过政策引导，激发经销商积极性，建立回收途径，在助力国家环保、电池溯源等方面才能起到切实有效的作用。

根据《新能源汽车动力蓄电池回收利用管理暂行办法》，汽车生产企业应承担动力电池回收的主体责任，需依托经销商作为电池回收的第一责任方，现阶段并无强制措施。且主机厂与经销商在动力电池回收方面无绑定政策，经销商回收的保修范围外的动力蓄电池未定向回流至主机厂，部分经销商将回收的零散的动力电池就地高价卖给当地小贸易商，面临无法对动力电池进行溯源管理等规范化处理的困境。

四、经销商动力蓄电池回收管理体系构建方法

第一，通过加强立法，加快推进生产者责任延伸制度以及加大动力电池溯源管理力度，降低废旧动力电池流入非法渠道的可能性，从国家层面出台强制性措施，约束退役车辆第一步必须先回流至经销商 4S 店进行处理。

第二，主机厂通过商务政策，引导车主到店进行车辆处理，比如在客户购车时，必须缴纳一定比例的购车保证金，车辆报废前必须回到 4S 店，由 4S 店将动力电池进行回收后，车架再处理至报废厂，同时 4S 店退还购车时缴纳的电池保证金。保证金政策无疑会对二手车买卖市场造成一定影响，为了规避这个问题可以在同二手车商进行业务交易时，根据购车发票将保证金向下游买家进行转移。当最后一任车主或二手车商将车辆报废前，回到 4S 店，将动力电池交到 4S 店，同时 4S 店将保证金退还至最后一任车主或二手车商，实际上这个模式很简单，即谁持有动力电池谁来承担保证金，直至最后动力电池流回 4S 店后，保证金政策结束。

五、前景预测

按康波周期经济学理论分析，2025 年全球经济将迎来拐点，伴随疫情的结束，全球经济即将复苏，届时正值大规模电池退役期的到来。提前进行经销商网络布局，培养经销商回收能力，加强行业及立法规范，规范商业模型，依靠汽车经销商进行动力电池回收将是一条可行之路，也是国家规范动力电池回收渠道的有效路径。

新能源商用车退役动力电池的梯次利用解决方案

梁　涛　河南利威新能源科技有限公司　董事长

随着新能源汽车的不断普及，动力电池退役逐步迎来一个高峰，如果不加以妥善处理，将会对社会环境、资源压力和公共安全造成极大影响。目前新能源汽车产业链相关方尚未形成完整的物质流和信息流，动力电池产业链前后端脱节，整车生产企业、电池生产企业与回收利用企业尚未建立起有效的合作机制。此外，动力电池退役涉及的主体较多，退役电池所有权问题多样化，缺乏相应有效的监督管理。

为此，立足产业实际，研究构建新能源汽车退役动力电池回收利用标准体系，通过各相关方合作，推行先梯次利用后再生利用的可循环利用方式，科学回收其中的稀有金属钴、镍、锂以及其他贵金属等资源，打造循环产业链，优化产业结构，实现资源多样化是发展趋势，也是行业使命。同时，开展电池回收、分选、存储、运输、梯次利用、无害化物理拆解、提纯冶炼等关键领域的共性标准研究与制订，推动行业领域标准化规范运营，正是现实之需且意义重大。在国家倡导实现"双碳"目标及生态环保的背景下，宇通作为全球领先的公共出行解决方案商，大中型客车市场占有率全球领先，并于 2018 年正式组建了全资子公司河南利威新能源科技有限公司，开始了退役商用车电池的回收及综合利用的行业布局，在"助力绿色发展，承担社会责任，构建美好生活"的主旨下，积极参与退役动力电池回收及循环利用的行业发展。

一、新能源商用车动力电池批量退役迫在眉睫

自从国家大力推动新能源汽车的研发和产业化发展以来，以宇通为代表的商用车企业一直走在技术攻关和产业化示范的前列。自 2012 年宇通客车承担国家 863 项目《关于高新技术研究发展计划的报告》以来，宇通新能源客车已经销售 17 万辆（纯电动）新能源车，形成了覆盖新能源客车关键技术的自主研发和产业化能力。当前，新能源车型产品已经占到宇通客车的 70% 以上。

自 2014 年以来，客车电动化趋势加速明显。北京、上海、广州、深圳、

天津、郑州等主要大中城市纷纷推动了公共交通电动化进程，截至 2022 年年底，全国已有超过 30 个城市的公交电动化程度超过 90%，累计推广新能源客车超 64 万辆。

按照新能源商用车服役 60 万 km 计算，2014 年开始大量推广的新能源汽车到 2021 年就年满 6 年，每年按照 10 万 km 计算，已经到了退役的阶段。可以预见，2015—2018 年大量投入使用的新能源商用车中，在未来 3 年（2024—2026 年）将有超过 60 万辆新能源商用车面临退役。大量退役动力电池将面临如何进行无害化处置和资源有效回收的问题。

二、新能源商用车退役动力电池的解决方案

1. 新能源商用车退役动力电池的回收渠道及处置方式

（1）新能源商用车退役动力电池的权属

整车企业的商用车销售后，动力蓄电池权属已进行转移，但前期签署的回收服务条款会约定整车企业优先获取或进行退役动力电池回收服务。根据《新能源汽车动力蓄电池回收利用管理暂行办法》，要求主体责任为汽车整车企业，最终退役动力电池权属是由用户方及整车企业共同商议后通过一定方式转移到整车企业进行处置。

（2）新能源商用车退役动力电池回收渠道

商用车退役动力电池回收渠道主要通过回收服务网点进行。回收服务网点一般由售后服务网点、备品备件网点、自建或共建的全国回收服务网点等组成。

当前共建回收服务网点成为行业热点，与整车企业合作共建服务网点的主体有回收利用规范企业、报废车辆拆解企业、大型物流运输公司以及部分车辆运营客户等。

（3）新能源商用车退役动力电池的处置

当前新能源商用车退役动力电池主要为方形磷酸铁锂电池，退役后绝大部分通过数据分析平台进行筛选、检测、研发重组后形成梯次利用产品，应用方向目前主要为：储能备电、通信备电、应急储能、路灯备电、梯次储能

系统、小动力电源等。部分产品直接进行报废回收，通过拆解、破碎和湿法冶炼，再生利用形成碳酸锂等产品，再次应用到新能源汽车产业链上。

2. 新能源商用车退役动力电池的梯次利用解决方案

（1）梯次利用产品的定义

所谓动力电池梯次利用，是指在发展电动汽车过程中，对动力电池生命周期以及可再使用性进行估测后，将电池系统从车上拆下来为一个个单体，并重组"再就业"成为一个新的电池储能系统。梯次利用是一种对退役电池的合理二次利用方式，不仅能够节省大量的资源，还是一个拥有广阔前景的市场，近年来国内外相关企业都在布局动力电池梯次利用项目。

（2）梯次利用产品的场景

梯次利用重组电池产品目前主要应用在移动电源、中小规模储能、通信基站储能、低速电动车、电动自行车及路灯照明等铅酸替代领域。当动力电池不能完全满足车用需求时，可以应用于其他场景，继续发挥其价值，做到资源利用的最大化。根据动力电池性能衰退程度，可将回收利用大体分为四个阶段，从第一阶段向下级延伸，直至完全不能满足各场景的使用要求后进入第四阶段，即再生利用环节。第一阶段的动力电池可应用于对放电功率要求稍低的低速电动车、电动三轮车等动态工况场景；第二阶段的动力电池可应用于通信基站备电、户外移动电源、家庭储能、车载备电等对电池性能要求较低的应用场景；第三阶段的动力电池主要为低端储能场景，如路灯备电、楼宇备电等；第四阶段的动力电池将被再生利用，回收金属元素。前三个阶段的动力电池为梯次利用环节，充分发挥梯次电池各阶段性能，是提升电池全生命周期价值的重中之重。

（3）梯次利用产品的核心技术

第一，快速余能检测评估与电池包拆解分选技术。

快速安全的电池包拆解对于梯次利用企业来说是梯次利用的第一步，通过对回收电池包的拆解从而取得相应的电芯或模组进行重组利用，因此拆解效率影响到最终成本。梯次电池在可利用率、剩余容量、循环次数、产品规格、退役时间、退役批次等方面差异很大。如何建立动力电池全生命周期检测系统、无损预测电池寿命，是梯次利用的关键所在，在这方面多家企业已经研发出了余能快速检测设备，针对梯次回收的电芯及模组进行快速检测。

第二，基于应用场景与环境要相适应的电池管理系统 BMS 技术。

退役电池的 PACK 与 BMS 是作为电池系统内部独立的部件进行安装的，退役下来的电池运行数据难以得到匹配查询，在梯次利用时需重新对动力电池进行配组。动力电池不同生产批次、经过不同使用过程后往往会存在一致性差的问题，这一问题也使梯次利用场景对电池 BMS 管理系统均衡策略有较高要求。利威新能源等企业已经在梯次利用 BMS 的主动均衡及被动均衡技术方面进行探索并取得了一定成果，也进行了产业化应用。

第三，梯次利用电池的溯源管理技术。

按照新能源汽车动力蓄电池回收利用管理暂行办法要求，梯次电池综合利用企业必须建立动力蓄电池溯源信息系统。以电池编码为信息载体，构建"新能源汽车国家监测与动力蓄电池回收利用溯源综合管理平台"，实现动力蓄电池来源可查、去向可追、节点可控、责任可究。确保退役动力蓄电池产品在组装、使用、交易、售后以及报废回收过程中，能够既满足国家溯源管理要求，又能节约成本和高效运营，这是行业企业需要重视和不断优化的一项重要工作。

（4）利威新能源在退役动力电池梯次利用上的实践和技术亮点

第一，铁塔基站上的应用。

利威新能源在铁塔基站上应用了三款梯次产品，规格型号为 51.2V100A·h、51.2V200A·h 和 51.2V300A·h。产品具备电池安全管理系统，设计寿命为 6 年。其主要功能是在基站主电源无法使用时，系统自动切换到基站备用电源。

第二，储能上的应用。

利威新能源在储能上主要应用在两个领域：工商业储能和户用储能产品。工商业储能为大型储能产品，产品规格型号为 400kW/1.33MW·h，设计寿命为 10 年。其主要功能是削峰填谷，根据市电在不同时间阶段的电价差赚取相应利润。

户用储能电源结合光伏组件、光伏逆变器、配电系统等，将太阳能转化为家庭负载所用的电能。家庭储能产品电压具备低压户储产品及高压户储产品，低压户储产品主打 24V 和 48V 电压平台，模块电量从 3kW·h 到 12kW·h；高压户储系统电压从 96V 到 360V，模块电量从 5kW·h 到 36kW·h。

第三，小动力上的应用。

利威新能源在小动力上应用了多款梯次产品，应用于小型环卫车、低速物流车、电动叉车等领域，主打 24V、48V、72V、80V 低电压平台。电池电量从 5kW·h 到 32kW·h 均有布局，可代替传统铅酸电池使用。

三、新能源商用车退役动力电池行业展望

当前新能源动力电池产业链的上下游企业仍然存在各自为战的现象，对共性领域的标准化问题研究未形成有效合力，梯次电池的使用场景缺乏有效管控：哪些场景下可以使用梯次电池、哪些场景禁止使用梯次电池没有相应要求；在梯次电池的应用中，对其如何监控、出现事故后责任如何判断都是行业监管的空白地带。

梯次利用最为关键的问题就是检测认证分级分类环节，只有正确判断退役电芯或模组的工作状态，才能进行相匹配的梯次利用。动力电池在理论上可以回收梯次利用，但新动力电池的产品结构和生产工艺设计上，很多企业为提高电池组工作的可靠性，采用激光焊接工艺将电池串联起来，或者采用箱体灌胶方法。这样的连接结构加大了动力电池梯次利用的难度，梯次利用企业将旧电池拆解后重新组装成电池组的成本过大，一定程度上阻碍了动力电池梯次利用的推广。

因此，针对退役动力电池的检验检测分级分类及梯次产品检测认证就显得尤为重要，目前针对退役动力电池分类分级检测及梯次产品监管认证处于空白状态。随着梯次利用产业快速发展，由梯次产品引发而不断增加的安全事故产生，梯次产品的安全监管要求延伸，退役动力电池分级分类检测及梯次产品安全监管相应的检测机构必须承担起检测监督、监管认证的责任，同时建议新能源上下游企业可以通过一定机制建立起信息共享、数据共用的机制，共同提高新能源全生命周期的利用效率。

动力电池梯次利用市场趋势及技术路线

王杰钢　武汉蔚澜新能源科技有限公司　总经理

新能源汽车动力电池梯次利用是一种非常有效的方式，可以在电池寿命结束后将其二次利用。这种方式不仅可以减少电池的浪费，也可以为新兴的能源电池产业提供更多的资源。梯次利用是新能源汽车产业发展的趋势，也是实现环保的重要手段。随着新能源汽车规模的进一步扩大，梯次利用市场将迎来巨大的发展机遇。同时，随着技术的不断进步，动力电池梯次利用市场还可以向更多领域进行拓展，如能量存储、光伏储能、UPS 储能系统、交通智能化等方面，都可以成为电池梯次利用的潜在市场。本文将从梯次利用的市场趋势、技术路线和未来前景等方面做出阐述。

一、市场趋势

动力电池梯次利用是指当新能源汽车的电池寿命结束后，将废旧电池转化为多种应用形式的高值产品或能源储存装置，主要包括储能电站、家庭储能设备、移动充电设备、新能源汽车用针对低温环境的电池等。目前，全球新能源汽车动力电池梯次利用市场规模逐年扩大。根据市场研究机构 Lux Research 数据，到 2025 年，全球梯次利用市场规模将增至 350 万辆。这与新能源汽车的快速增长密不可分，新能源汽车电池的梯次利用有效解决了资源利用程度低等问题，将会在未来起到重要作用。

梯次利用技术的不断升级也吸引了越来越多的投资者。随着技术的提升，原本被认为不符合二次利用条件的电池也可以实现梯次利用。例如，采用电化学处理技术，可将电池中的钴、镍、锰等有价金属从废电极材料中提取并再利用。在国内，华能信托、比亚迪、格力电器、华为等大型企业都已经开始布局梯次利用，行业发展呈现出前所未有的利好趋势。预计在接下来的一两年内，梯次利用将迎来新一轮的快速发展，相关企业的市场竞争也将更加激烈。

政策也将成为推动梯次利用市场发展的关键力量之一。国家发展改革委和国家能源局发布的《"十四五"新型储能发展实施方案》中，提到要突破储能电池循环寿命快速检测和老化状态评价技术，研发退役电池健康评估、分选、修复等梯次利用相关技术。此外，相关的税收政策、财政资金配套等也在不断优化，政策的整体支持有望为梯次利用市场带来更多的发展机会。

需要注意的是，梯次利用市场也存在一些不可忽视的风险。例如，在二次利用前，必须对废旧电池进行严格的安全检查，并杜绝使用造假的安全认证，确保市场的稳健发展。此外，梯次利用的成功还需要一个完整的回收和再利用产业链，这对新能源产业的整合能力提出了更高的要求。同时，废旧电池回收困难、废旧电池危害未知等因素也可能会导致市场的一些风险。

二、技术路线

虽然梯次利用电池具有广阔的市场前景和潜力，但是现阶段也存在一些技术瓶颈。首先，电池的梯次利用需要考虑电池的安全性、成本和电池寿命等问题，这需要电池技术的不断创新。其次，电池的梯次利用需要技术成熟的生产工艺和流程，这需要借助工业化规模生产的优势和优化生产流程，从而使得梯次利用电池成为一个具有实际商业价值的产业。

动力电池梯次利用涉及的技术细节非常复杂，其中最为重要的是电池的检测和分类。通过精细化分类检测废旧电池，可以实现废旧电池中高质量原材料的回收再利用，实现最大限度的资源再生利用。同时，电池的梯次利用需要考虑电池的安全性、成本和电池寿命等问题，这要求电池技术的不断创新和优化，以降低梯次利用成本，提高电池利用效率。具体来说，需要从以下几方面做出努力。

1. 技术创新

目前电池的能量密度和寿命都存在瓶颈，而且电池充放电过程也容易导致电池表面化学反应的发生，增加电池自燃等风险。为了应对这些问题，需要对电池材料、结构、电池系统的设计等方面进行技术创新，提升动力电池的续驶里程和寿命，从而更好地支撑新能源汽车的发展。

2. 生产工艺优化

电池的梯次利用需要具备技术成熟的生产工艺和流程。一方面要注重降低生产成本，通过优化生产流程和缩短生产周期，降低维护成本和废弃成本，从而增加电池梯次利用的经济效益；另一方面则要考虑生产的环境影响问题，对生产过程进行节能降耗，从而降低梯次利用电池全生命周期对环境的影响。

3. 检测技术发展

动力电池梯次利用需要对电池进行精细化分类检测才能实现废旧电池中高品质原材料的回收利用。随着电池技术的不断发展，电池检测技术也需要不断更新，尤其是在电池材料、结构、性能等方面不断优化，更好地满足分类检测的需求。

三、未来前景

未来，动力电池梯次利用有望成为新能源汽车行业发展的重要推手，并将在未来的可持续发展中发挥越来越重要的作用。下面来详细介绍几个方面。

首先，动力电池梯次利用与新能源汽车产业链深度融合。如今，人们对于新能源汽车的需求越来越高，而新能源汽车的核心部件之一就是动力电池。梯次利用可以充分利用电池的寿命，达到最佳的效果。新能源汽车和梯次利用的深度融合，将有效地促进新能源汽车的大规模应用。

其次，全球新能源汽车发展极其迅速，意味着梯次利用市场潜力巨大。据来自市场咨询公司 Navigant Research 发布的数据，预计到 2025 年，全球新能源汽车库存量将达到 2100 万辆。这说明新能源汽车的市场已经达到广泛应用的阶段，这也为梯次利用提供了巨大的就业机会和资本回报潜力。

再次，技术创新将持续提高梯次利用的效率。随着科技的不断进步及各大企业的持续投入，梯次利用的技术水平将不断提升。现在已经有一些企业在梯次利用方面进行了突破，例如在电池的二次利用方面进行了深入的研究，并取得了不错的效果。技术创新的推进将无疑进一步提高梯次利用的效率，为新能源汽车行业提供了更加强大的支持。

　　最后，政策扶持为梯次利用发展带来了强有力的支持。政府通过金融、税收、科研等方面加大支持，以推动废旧电池的梯次利用，助力电池梯次利用的技术成果在市场中应用。例如，国家发展改革委、国家能源局等政府机构联合发布了多个产业政策，划定了废旧电池梯次利用的标准规范、技术流程等等，从而进一步促进了梯次利用事业的发展。

　　综上所述，新能源汽车动力电池梯次利用市场前景非常广阔，但其发展需要充分考虑技术创新、政策扶持和市场需求等因素的影响。随着新技术不断推陈出新和市场需求的增长，梯次利用市场前景将会越来越好，为新能源汽车产业提供更多的资源。

附录 符合《新能源汽车废旧动力蓄电池综合利用行业规范条件》企业名单

附表 1 第一批符合《新能源汽车废旧动力蓄电池综合利用行业规范条件》企业名单

序号	所属地区	企业名称
1	浙江	衢州华友钴新材料有限公司
2	江西	赣州市豪鹏科技有限公司
3	湖北	荆门市格林美新材料有限公司
4	湖南	湖南邦普循环科技有限公司
5	广东	广东光华科技股份有限公司

附表 2 第二批符合《新能源汽车废旧动力蓄电池综合利用行业规范条件》企业名单

序号	所属地区	企业名称	申报类型
1	北京	蓝谷智慧（北京）能源科技有限公司	梯次利用
2	天津	天津银隆新能源有限公司	梯次利用
3		天津赛德美新能源科技有限公司	再生利用
4	上海	上海比亚迪有限公司	梯次利用
5	江苏	格林美（无锡）能源材料有限公司	梯次利用
6	浙江	衢州华友资源再生科技有限公司	梯次利用 再生利用
7		浙江天能新材料有限公司	再生利用

（续）

序号	所属地区	企业名称	申报类型
8	安徽	安徽绿沃循环能源科技有限公司	梯次利用
9		中天鸿锂清源股份有限公司	梯次利用
10	江西	江西赣锋循环科技有限公司	再生利用
11		赣州市豪鹏科技有限公司	梯次利用
12	河南	河南利威新能源科技有限公司	梯次利用
13	湖北	格林美（武汉）城市矿产循环产业园开发有限公司	梯次利用
14	湖南	湖南金源新材料股份有限公司	再生利用
15		深圳深汕特别合作区乾泰技术有限公司	梯次利用
16		珠海中力新能源科技有限公司	梯次利用
17	广东	惠州市恒创睿能环保科技有限公司	梯次利用
18		江门市恒创睿能环保科技有限公司	再生利用
19		广东佳纳能源科技有限公司	再生利用
20	四川	四川长虹润天能源科技有限公司	梯次利用
21	贵州	贵州中伟资源循环产业发展有限公司	再生利用
22	厦门	厦门钨业股份有限公司	再生利用

附表3　第三批符合《新能源汽车废旧动力蓄电池综合利用行业规范条件》企业名单

序号	所属地区	企业名称	申报类型
1	河北	河北中化锂电科技有限公司	再生利用
2		蜂巢能源科技有限公司	梯次利用
3	江苏	江苏欧力特能源科技有限公司	梯次利用
4		南通北新新能源科技有限公司	再生利用
5		浙江天能新材料有限公司	梯次利用
6	浙江	杭州安影科技有限公司	梯次利用
7		浙江新时代中能循环科技有限公司	梯次利用 再生利用
8		安徽巡鹰动力能源科技有限公司	梯次利用
9	安徽	合肥国轩高科动力能源有限公司	梯次利用
10		池州西恩新材料科技有限公司	再生利用

（续）

序号	所属地区	企业名称	申报类型
11	福建	福建常青新能源科技有限公司	再生利用
12	江西	江西天奇金泰阁钴业有限公司	再生利用
13		江西睿达新能源科技有限公司	再生利用
14	湖南	长沙矿冶研究院有限责任公司	梯次利用
15		湖南凯地众能科技有限公司	再生利用
16		金驰能源材料有限公司	再生利用
17		湖南金凯循环科技有限公司	再生利用
18	广东	江门市朗达锂电池有限公司	梯次利用
19		广东迪度新能源有限公司	梯次利用
20	陕西	派尔森环保科技有限公司	梯次利用 再生利用

附表 4　第四批符合《新能源汽车废旧动力蓄电池综合利用行业规范条件》企业名单

序号	所属地区	企业名称	申报类型
1	天津	天津巴特瑞科技有限公司	梯次利用
2		天时力（天津）新能源科技有限责任公司	梯次利用
3		天津动力电池再生技术有限公司	梯次利用
4	河北	风帆有限责任公司动力电源分公司	梯次利用
5		北汽鹏龙（沧州）新能源汽车服务股份有限公司	梯次利用
6		河北顺境环保科技有限公司	再生利用
7	吉林	富奥智慧能源科技有限公司	梯次利用
8		吉林铁阳盛日循环科技有限公司	再生利用
9	上海	鑫广再生资源（上海）有限公司	梯次利用
10		上海毅信环保科技有限公司	梯次利用
11		上海伟翔众翼新能源科技有限公司	梯次利用 再生利用
12	江苏	江苏华友能源科技有限公司	梯次利用
13	浙江	浙江立鑫新材料科技有限公司	再生利用
14	安徽	安徽海螺川崎节能设备制造有限公司	再生利用
15		安徽南都华铂新材料科技有限公司	再生利用

（续）

序号	所属地区	企业名称	申报类型
16	福建	龙海协能新能源科技有限公司	梯次利用
17		上饶市环锂循环科技有限公司	梯次利用
18		江西睿达新能源科技有限公司	梯次利用
19	江西	全南县瑞隆科技有限公司	再生利用
20		赣州腾远钴业新材料股份有限公司	再生利用
21		赣州市力道新能源有限公司	再生利用
22	山东	山东绿能环宇低碳科技有限公司	梯次利用
23		河南派洛德再生资源有限公司	梯次利用
24	河南	河南再亮新能源再生有限公司	梯次利用
25		河南科隆电源材料有限公司	再生利用
26	湖北	武汉蔚澜新能源科技有限公司	梯次利用
27		骆驼集团资源循环襄阳有限公司	再生利用
28		长沙市安力威动力科技有限公司	梯次利用
29		湖南瑞科美新能源有限责任公司	梯次利用
30	湖南	湖南邦普汽车循环有限公司	梯次利用
31		湖南五创循环科技有限公司	再生利用
32		湖南天泰天润新能源科技有限公司	再生利用
33		东莞市博森新能源有限公司	梯次利用
34	广东	广东宇阳新能源有限公司	梯次利用
35		广州广汽商贸再生资源有限公司	梯次利用
36		深圳市杰成镍钴新能源科技有限公司	梯次利用
37	重庆	重庆弘喜汽车科技有限责任公司	梯次利用
38		重庆标能瑞源储能技术研究院有限公司	梯次利用
39	贵州	贵州中伟资源循环产业发展有限公司	梯次利用
40		贵州红星电子材料有限公司	再生利用
41	甘肃	甘肃睿思科新材料有限公司	再生利用